Frank Sokollik · Peter Helm · Ralph Seela

KNX für die Gebäudesystemtechnik in Wohn- und Zweckbau

Frank Sokollik · Peter Helm · Ralph Seela

KNX
für die Gebäudesystemtechnik in Wohn- und Zweckbau

6., neu bearbeitete und erweiterte Auflage

VDE VERLAG GMBH

ICS 35.110; 33.040.40; 29.020

Bibliografische Information der Deutschen Nationalbibliothek
Die Deutsche Nationalbibliothek verzeichnet diese Publikation in der Deutschen Nationalbibliografie; detaillierte bibliografische Daten sind im Internet über http://dnb.dnb.de abrufbar.

ISBN 978-3-8007-4033-8 (Buch)
ISBN 978-3-8007-4055-0 (E-Book)

Titelbild: Rainer Schmitt, Lytas, Mannheim

Druck: Medienhaus Plump GmbH, Rheinbreitbach
Printed in Germany 2016-11

Vorwort

Immer mehr Komfort, ein stark gestiegenes Umwelt- und Energiebewusstsein und die ständig wachsenden technischen Möglichkeiten haben in den letzten Jahren zu einer erheblichen Zunahme der elektrisch gesteuerten Funktionen in Wohn- und Zweckbauten geführt. Hierbei stößt aber die bisherige Elektroinstallation wegen ihres erheblichen Verkabelungsaufwands und ihrer geringen Flexibilität sehr schnell an ihre Grenzen, vor allem, wenn sie auch auf Veränderungen der Gebäudenutzung reagieren muss. Zur Lösung dieses Problemkreises wurde ursprünglich in Deutschland der kabelsparende und flexible *Europäische Installations-Bus (EIB)* geschaffen, der sich wegen seiner Vorzüge zunehmend auch europaweit bewährt hatte.

Der EIB erlaubte erstmalig, sämtliche Verbraucher direkt mit elektrischen Energiekabeln fest zu verbinden, aber die Zuordnung zu den abgesetzten Schalt- und Steuerelementen jederzeit mit wenigen Programmeingaben und ohne jeden Eingriff in die bestehende Installation zu ändern.

Inzwischen ist eine entscheidende Fortentwicklung des bewährten Systems *EIB* erfolgt, indem es um Elemente der beiden Bussysteme *BatiBUS* (Frankreich) und European Home System *EHS* (EU-Gemeinschaftsentwicklung) erweitert wurde. Hieraus ging der *Kommunikationsstandard* **KNX** hervor, der heute das Bussystem mit der weltweit größten Verbreitung in der Haus- und Gebäudesystemtechnik ist. Folgerichtig wurde im Titel der vorliegenden 6. Auflage dieses Buchs auf den Verweis zum Vorgängerbus EIB (wie er noch in der 5. Auflage erfolgte) verzichtet.

Als internationale Nutzerorganisation wurde die *KNX Association* gegründet. Sie ist Begründer und Eigentümer des Standards KNX. Die Mitglieder sind Hersteller- und Anwenderfirmen, die Geräte und Komponenten für die verschiedenen Funktionen sowie Anwendungen entwickeln und vermarkten, die für eine intelligente Haus- und Gebäudesystemtechnik eingesetzt werden. Derzeit gehören zur KNX Association etwa 400 Mitgliedsunternehmen in über 125 Ländern.

Der **KNX-Standard** umfasst alle üblichen Medien für eine Busübertragung im Gebäude, wie Zweidrahtleitung, Powerline, Funk und Ethernet/Internet. Insbesondere ermöglicht der Standard KNX zwei Konfigurationsmodi, die zugleich einen unterschiedlichen Umfang der KNX-Projekte erlauben und dabei aber sehr verschiedene Anforderungen an die Anwendungen stellen (vgl. hierzu auch Bild 1.11). Diese unterscheiden sich hinsichtlich ihrer Leistungsfähigkeit, der dafür notwendigen Werkzeuge sowie insbesondere ihrer unterschiedlichen Anforderungen an die notwendige Qualifizierung der Errichter und Betreiber.

Der sog. *System-Modus* (S-Mode) ermöglicht komplexe Funktionen und auch große KNX-Anlagen. Alle nach dem S-Mode entwickelten Geräte werden mit dem Software-Werkzeug ETS konfiguriert und in Betrieb genommen. Der Umgang mit diesem anspruchsvollen Werkzeug ist nur gut ausgebildeten Fachleuten möglich.

Der sog. *Einfache Modus* (E-Mode) ist gedacht für einfache und schnelle Lösungen von Aufgabenstellungen mit einer beschränkten Anzahl von Geräten und einem geringen oder spezialisierten Funktionsumfang. Daher ist der E-Mode auch beherrschbar durch Fachkräfte mit einer Basisschulung für KNX.

Seit der 5. Auflage dieses Buchs erfuhr der KNX-Standard wesentliche Überarbeitungen, und die neue Version KNX 2.1 ist verbindlich veröffentlicht. Die vorliegende 6. Auflage berücksichtigt die wichtigsten Erweiterungen und Neuerungen. So wurde die Funkübertragung als zukunftsträchtige Technologie durch eine Multikanal-Nutzung erweitert und für die ETS zugänglich gemacht (siehe Abschnitt 2.7). Wichtige Anpassungen gab es bei den Kommunikationsmedien Zweidrahtleitung (Abschnitt 2.1) und Powerline (Abschnitt 2.6). Völlig neu erarbeitet ist das Sicherheitskonzept des KNX. Obwohl es noch den Status als Arbeitspapier hat und damit noch nicht Bestandteil der Spezifikation ist, werden *KNX Data Security* und *KNX IP Secure* in dem neu aufgenommenen Abschnitt 2.9 behandelt. Schließlich enthält das Kapitel 5 die wichtigsten neuen Datenpunkttypen. Im Abschnitt 4.5 wird die neueste Version des Projektierungstools ETS in der Version ETS5 vorgestellt. Das Kapitel 3 berücksichtigt die wichtigsten neuen KNX-Geräte.

Um eine möglicherweise vorhandene Schwellenangst vor der immer mehr Gebiete der Informationstechnik umfassenden Bus-Technologie zu überwinden, enthält dieses Buch nicht nur die wesentlichen technischen *Grundlagen* sowie die zugehörige *Gerätetechnik* und deren Installation (Kapitel 1 und 3).

Ergänzend hierzu werden auch die wichtigen Anwendungsbereiche *Planung, Projektierung, Inbetriebnahme, Service und Fehlersuche* ausführlich dargestellt (Kapitel 4). Damit erhält der Leser zunächst einen greifbaren praktischen Nutzen sowohl für seine Qualifizierung als auch für seine Arbeit bei Errichtung, Betrieb und Service.

Darüber hinaus kann es notwendig werden, sich mit der *Technologie* und der *Struktur* des Bussystems näher zu beschäftigen, um ein tieferes Verständnis dieser neuen Technik zu erreichen, insbesondere für einen sicheren Umgang mit dem S-Mode (Kapitel 2). Dazu gehören aber auch Kenntnisse darüber, wie gesichert wird, dass Produkte *verschiedener Hersteller* in einer Installation verwendet werden können (Interworking, Kapitel 5). Spätestens dann, wenn nicht alles so perfekt funktioniert, wie es eigentlich sollte, erweist sich ein vertieftes Wissen als erforderlich und sehr nützlich.

Mit dieser gewählten, *abgestuften Darstellung* in der völlig neuen 6. Auflage des bewährten Buchs wird einem sehr breiten Leserkreis zunächst die Möglichkeit gegeben, einen Gesamtüberblick zu gewinnen und sich ein *Basiswissen* anzueignen.

Darüber hinaus bieten die Autoren auch an, dieses *Basiswissen schrittweise zu vertiefen*. Insbesondere kann der einzelne Leser hierfür sein KNX-Medium auswählen, für das er ein besonderes Interesse hat, z. B. für Zweidrahtleitung oder Powerline oder Funk oder Ethernet/Internet. In jedem Falle aber erhält dieser breite Leserkreis ein praxisorientiertes Wissensangebot zum KNX-System.

Wir haben uns bemüht, den Gesamtumfang des Buchs trotz der erheblichen inhaltlichen Erweiterungen nur geringfügig zu vergrößern, indem wir auf weniger wichtige Dinge verzichtet haben. Darüber hinaus hoffen wir erneut, dass das Buch durch seine Neubearbeitung weiter an Übersichtlichkeit, Anschaulichkeit und vor allem an Aktualität gewonnen hat. Hierzu wird nicht zuletzt das stark veränderte Bildmaterial beitragen mit neuen und verbesserten Zeichnungen sowie mit vielen neuen Gerätefotos.

Mit der 6. Auflage wird auch ein Wechsel der Autoren vorgenommen. Prof. Dr. habil. Werner Kriesel, der dieses Buch seit der 3. Auflage als federführender Autor begleitet hat, scheidet aus Altersgründen aus. Die Autoren danken ihm für seine jahrelange, prägende Arbeit an diesem Buch, ohne die die jetzt vorliegende neue Auflage nicht möglich wäre. Ralph Seela, der eng mit den Autoren Frank Sokollik und Peter Helm an der Hochschule Merseburg zusammenarbeitet und die Labore auf dem Gebiet der Gebäudesystemtechnik leitet, kommt neu hinzu.

Unser besonderer Dank gilt den *Firmen* und *Institutionen*, die uns durch Bereitstellen von Informationen und Bildmaterial unterstützt haben. Darüber hinaus hat uns in der Vergangenheit die *Gunther-Schroff-Stiftung*, Waldbronn/Karlsruhe bei vielen Arbeiten zu Bussystemen einschließlich KNX/EIB wirkungsvoll gefördert, wofür wir uns nochmals ganz ausdrücklich bedanken.

Im Herbst 2016

Frank Sokollik
Peter Helm
Ralph Seela

Inhaltsverzeichnis

Autoren

Kapitel 1, 2 und 5: ***Frank Sokollik***, Jahrgang 1949, war nach seiner Ausbildung zunächst an der Technischen Hochschule Merseburg und dann langjährig in der Industrieautomation in Berlin und Ilmenau/Thüringen tätig. Die Schwerpunkte lagen dabei auf dem Entwurf und der Realisierung von Software- und Hardwarelösungen für die Steuerung thermischer Prozesse. Seit 1997 war er auf dem Gebiet Prozess- und Gebäudeautomation am Fachbereich „Informatik und Kommunikationssysteme" der Hochschule Merseburg tätig. Zu seinen praxisnahen Lehrveranstaltungen gehörte speziell die Gebäudesystemtechnik einschließlich mehrerer umfangreicher Industrielabors, insbesondere auch für das KNX-System. Seit 2015 ist er im Ruhestand.

Kapitel 4: ***Peter Helm***, Jahrgang 1959, hat in der Industrie an der Entwicklung feldnaher Buslösungen gearbeitet. An einer zertifizierten EIBA/KONNEX-Schulungsstätte in Leipzig und als Mitglied eines Arbeitskreises der EIBA/KONNEX Association hat er Ausbildungsinhalte und Schulungsunterlagen für die KNX/EIB-Schulungsstätten erarbeitet. Danach war er an der Staatlichen Studienakademie Sachsen/Berufsakademie Bautzen tätig, einem KNX-Scientific-Partner der KONNEX Association Brüssel. Heute vertritt er am Fachbereich „Informatik und Kommunikationssysteme" der Hochschule Merseburg die Gebiete Steuerungstechnik, Automatisierungsgeräte, Fabrikautomation und Kommunikation (Bussysteme).

Kapitel 3: ***Ralph Seela***, Jahrgang 1967, arbeitete nach seinem Studium zunächst im Fachbereich „Elektrotechnik, Informationstechnik und Medien" an der Fachhochschule Merseburg. Heute ist er im Fachbereich „Informatik und Kommunikationssysteme" der Hochschule Merseburg tätig. Er ist hier als Laboringenieur für Automatisierungs- und Gebäudesystemtechnik angestellt und betreut verantwortlich insbesondere das Laborpraktikum für KNX.

1 Grundlagen

1.1 Konventionelle Elektroinstallation und Bussystem

Seit den Anfängen der Nutzung elektrischer Energie werden elektrische Verbraucher, z. B. Glühlampen, direkt über einen Schalter mit elektrischer Energie versorgt. Die Verdrahtung mit Aus- oder Wechselschaltern bestimmt in der konventionellen Elektroinstallation dabei die Funktion. Die Anzahl elektrischer Verbraucher je Haushalt war ursprünglich relativ gering, daher wurden auch nur wenige Steckdosen benötigt. Diese Situation hat sich im Laufe der Jahrzehnte aber grundlegend gewandelt. Komfort, Sicherheit, Umweltschutz und nicht zuletzt die Minimierung der Betriebs- und Energiekosten sind heute im zunehmenden Maße die angestrebten Ziele einer intelligenten Gebäudesystemtechnik.

Die weitere Entwicklung hat zur Einführung immer neuer elektrischer und elektronischer Geräte geführt, sowohl im Privatbereich als auch im Zweckbau wie Büro-, Verwaltungs- und Geschäftshäusern. Ein weiterer starker Anstieg der Zahl gebäudetechnischer Systeme entsteht durch neue Funktionen und Anwendungen. Hierzu gehören intelligente Heizungs- und Klimaanlagen, vernetzte Systeme für Audio-/Video- und Telekommunikationstechnik (Home-Entertainment), Sicherheitstechnik, Solaranlagen, Photovoltaik und vieles mehr.

Dies führt zu einer immer komplexeren Elektroinstallation, da in den meisten Fällen nicht nur reine Starkstromleitungen zur Versorgung der Geräte mit elektrischer Energie verlegt werden müssen, sondern weitere zusätzliche Leitungen zur *Informationsübertragung*. Die Kabel für die Versorgung der elektrischen Verbraucher und die Leitungen für die Informationsübertragung werden voneinander getrennt. Immer mehr Geräte verfügen über Melder/Sensoren oder Stellglieder/Aktoren, so dass ein ständiger Informationsfluss zwischen verschiedenen Komponenten notwendig wird, damit alle gewünschten Funktionen überhaupt realisiert werden können.

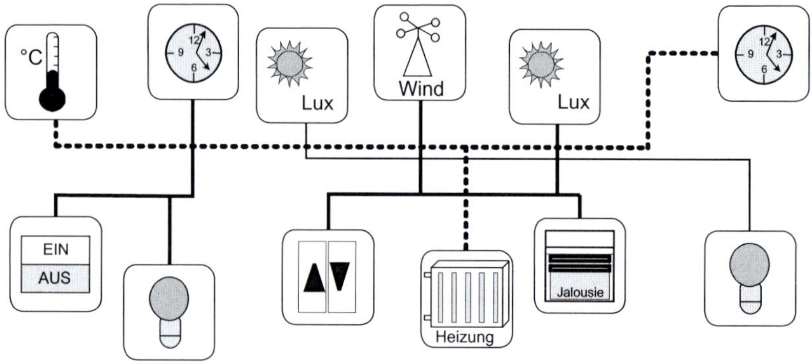

Bild 1.1: Insellösungen mit getrennten Funktionsnetzen

Es entstehen bei konventioneller Elektroinstallation im besten Fall also *Insellösungen* für die einzelnen Steuerungssysteme (Beleuchtung, Jalousie, Heizung, ...), die in der Regel untereinander nicht verbunden sind und sich einer Eingliederung in ein übergeordnetes Gebäudeleitsystem weitgehend entziehen (**Bild 1.1**).

Typische Insellösungen für Systeme der Elektroinstallation in einem Gebäude sind:

- Beleuchtungsteuerung,
- Sonnen- und Sichtschutz-Systeme (Rollläden, Jalousien),
- Systeme für Heizungs-/Klimasteuerung,
- Einbruch-, Überwachungs- und andere Meldesysteme,
- Audio-/Video- und Telekommunikations-Systeme (Home-Entertainment),
- Lastmanagement.

Jede dieser Insellösungen besitzt üblicherweise ihr eigenes System zur Datenübertragung.

Der steigende Bedarf an Leitungswegen zur Energie- und zur Datenübertragung führte die konventionelle Elektroinstallation daher schnell an ihre Grenzen. Außerdem geht mit der ständig wachsenden Zahl an Leitungen auch eine Steigerung der *Brandlast* einher. Der Aufwand für die Planung und das Engineering aller gebäudetechnischen Systeme innerhalb einer Immobilie steigt überproportional, teilweise entstehen auch Interessenkonflikte zwischen den

Errichtern der einzelnen Gewerke. In der Praxis zeigt sich obendrein, dass die abschließende Dokumentation und Kennzeichnung der Leitungen sowie der Geräte jedes Inselsystems durch Änderungen und Nachträge in der Bauphase zumeist unzureichend erfolgt.

Besonders in gewerblich genutzten Immobilien muss ein Vielfaches an Informationen und Signalen übertragen werden, so dass die benötigte Menge an Leitungswegen und die Anzahl der eigenständigen Insellösungen überdurchschnittlich steigt. Es gibt aber keine prinzipiellen Unterschiede zwischen der intelligenten Elektroinstallation in Zweckbauten und in Wohngebäuden, nur der Umfang der einzelnen Anwendungen und Funktionen unterscheidet sich wesentlich.

Den Ausweg aus dieser Situation bietet der Einsatz eines standardisierten leitungssparenden Informationsübertragungssystems (Bussystem) zusätzlich zur konventionellen Starkstrominstallation (**Bild 1.2**). Dafür bietet sich der *Kommunikationsstandard* **KNX** an, eine Weiterentwicklung der früheren Systeme *EIB* (Europäischer Installations-Bus), *BatiBUS* (Frankreich) und European Home System *EHS* (EU-Gemeinschaftsentwicklung).

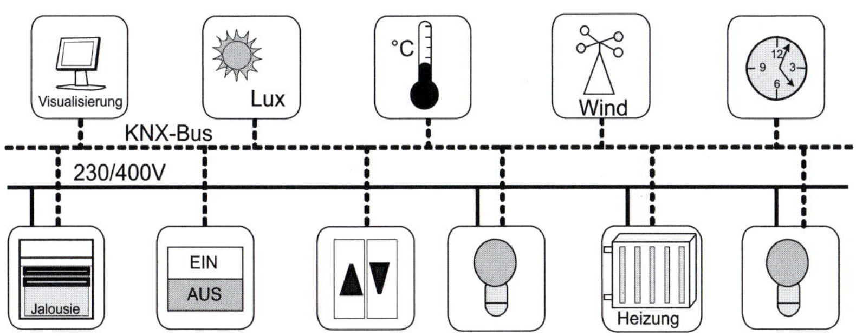

Bild 1.2: Informationsübertragung über das Bussystem KNX

Der Einsatz des Bussystems KNX bietet folgende *Vorteile:*

- Nur die Verbraucher werden direkt mit elektrischer Energie versorgt. Der *Energielastschalter (Aktor)* befindet sich im Gegensatz zur konventionellen Elektroinstallation also nicht mehr am Betätigungsort (Schalter, Sensor), sondern im elektrischen Verbraucher oder in seiner Nähe.
- Alle Sensoren, Aktoren und notwendigen Controller werden über ein zusätzliches *Netzwerk* (Bussystem) miteinander verbunden, über das der gesamte

Informationsaustausch stattfindet. Die räumliche Position der einzelnen Geräte im Bussystem hat auf ihre Funktion keinen Einfluss.

- Die Verringerung der Starkstromleitungen (230/400 V AC) minimiert die *Brandlast*. Durch das serielle Bussystem mit einer verdrillten Zweidrahtleitung ist die Anzahl der Steuerleitungen für die Informationsübertragung ebenfalls minimal. Die Hilfsenergieversorgung sämtlicher Teilnehmer/Geräte des Bussystems geschieht über dieselbe Leitung mit max. 30 V DC (SELV).
- Die Zuordnung zwischen Sensor und Aktor im Bussystem ist programmierbar und somit beliebig oft veränderbar. Neuzuordnungen oder Erweiterungen zwischen Sensoren und Aktoren können bei einer Veränderung ohne Eingriff in die Elektroinstallation durch eine relativ einfache *Umprogrammierung* durchgeführt werden.
- Sämtliche Informationen (Zustände/Werte) der Sensoren/Aktoren stehen bei Bedarf an jedem Punkt im System zur Verfügung, so dass neue und komplexere Funktionen ohne zusätzliche Installationskosten möglich sind (z. B. Visualisierung, automatische Abläufe, Sicherheit, ...).
- Konventionelle Komponenten, wie Taster, Schalter und Leuchten oder auch Audio-/Video-Systeme, können über entsprechende Anschlussbausteine in das Bussystem eingebunden werden. Eine Modernisierung bestehender Anlagen ist damit leicht möglich. Ebenso ist die Erweiterung von bestehenden Anlagen fast problemlos realisierbar.
- Es wird kein zentrales Busmanagement benötigt, also kein Zentralrechner oder ähnliche Funktionsbaugruppen. Die Verwaltung der Datenübertragung erfolgt dezentralisiert und für den Anwender unsichtbar in den *Mikroprozessoren* der einzelnen Busgeräte.
- Für das Engineering steht ein leistungsfähiges Software-Tool (Engineering Tool Software – ETS) zur Verfügung, so dass effiziente Planung/ Projektierung, Parametrierung, Inbetriebnahme und Service/Diagnose von Anlagen ermöglicht wird.

Diese herausragenden Eigenschaften des Bussystems KNX machen es zu einem Standard, mit dem die heutigen und zukünftigen Anforderungen an eine flexible Elektroinstallation in modernen Gebäuden zukunftsweisend gelöst werden können. Die Vision „Intelligent Home Automation“ – auch unter dem Gesichtspunkt von Energieeinsparung und Umweltschutz – wird damit immer mehr zur Realität. Schon heute ist der Installationsbusstandard

KNX das weltweit führende Kommunikationssystem der intelligenten Gebäudesystemtechnik.

1.2 Anwendungsbereiche des KNX-Standards

Grundsätzlich kann der Installationsbusstandard KNX für eine Vielzahl von Mess-, Steuer- und Regelungs-Funktionen sowie automatisierten Abläufen innerhalb eines Wohn- bzw. Zweckbaus eingesetzt werden (**Bild 1.3**).

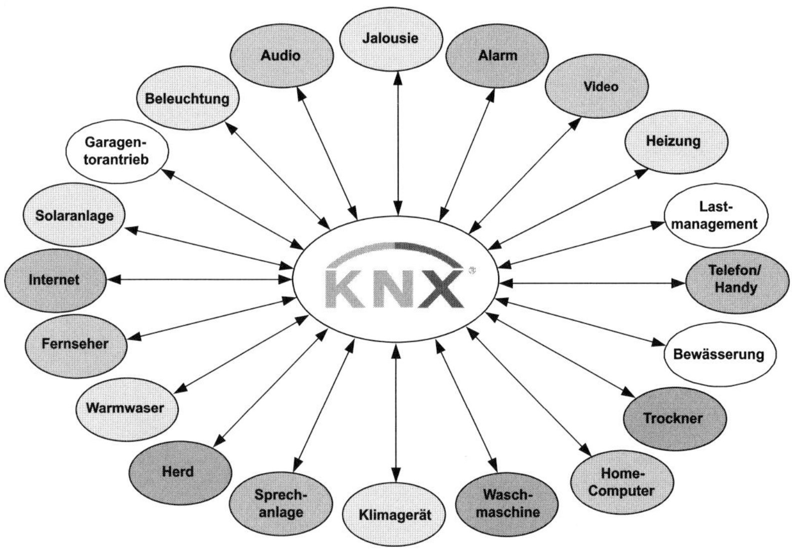

Bild 1.3: Anwendungsbereiche für den Standard KNX

Der EIB als ein bestimmender Vorläufer des KNX hatte seinen Ursprung in der konventionellen Elektroinstallation, deshalb gibt es heutzutage auch noch bestimmte Anwendungsbereiche des Systems, wo diese Vorteile ganz besonders zum Tragen kommen.

1.2.1 Beleuchtung

Die Beleuchtungssteuerung erhält durch den Einsatz des KNX eine neue Dimension. Wo bei konventioneller Starkstrominstallation feste und starre Strukturen existieren, die bei jeder Nutzungsänderung eines Raums nur unter großem Aufwand wieder geändert und den neuen Bedingungen angepasst werden können, erlaubt der KNX eine schnelle und flexible Anpassung ausschließlich durch Umprogrammierung, ohne dass Wände aufgerissen und Leitungen neu verlegt werden müssen.

Die Beleuchtung, egal ob Innen- oder Außenbeleuchtung, kann jeweils einzeln, in verschiedenen Gruppen von Leuchten bzw. insgesamt sowie von verschiedenen Stellen aus geschaltet, gedimmt oder auch in individuellen Lichtszenen gesteuert werden. Änderungen oder Erweiterungen von Lichtszenen kann der Nutzer der Anlage durch eine einfache Umprogrammierung selbst durchführen, eine aufwändige Neuverdrahtung entfällt. Eine weitere typische Anwendung des KNX ist die Konstantlichtregelung. Dabei wird eine konstante Leuchtdichte für spezielle Arbeitsplätze bzw. -räume durch Regelung des Kunstlichtanteils realisiert.

Durch KNX ergibt sich hierbei eine Reihe von Vorteilen:

- Die *Zuordnung* von Tastern und Leuchten ist frei programmierbar.
- Informationen von Bewegungsmeldern, Zeitschaltuhren, Helligkeits- und anderen Sensoren (Alarm/Sicherheit) können gleichzeitig auch für die gewünschten Beleuchtungsfunktionen genutzt werden. Diese zusätzlichen Sensoren können an beliebiger Stelle im System KNX angeschlossen sein.
- Der Einsatz des digitalen Lichtsteuersystems DALI (Digital Addressable Lighting Interface) als unterlagertes System innerhalb des KNX ist möglich.

Bild 1.4 zeigt hierzu die prinzipielle Anordnung der Geräte. Alle Leuchten werden direkt aus der Verteilung mit Starkstrom 230/400 V AC versorgt. Zusätzlich verbindet der KNX-Bus sämtliche Leuchten, Taster, Sensoren und eine Zeitschaltuhr.

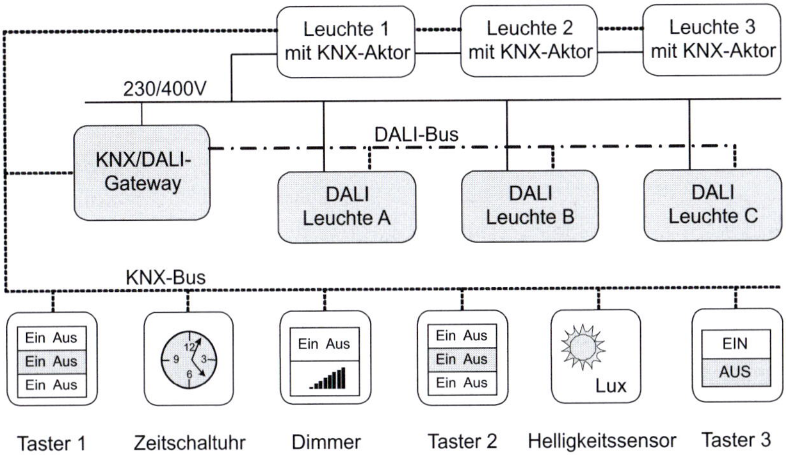

Bild 1.4: KNX-Bus in der Beleuchtungssteuerung mit unterlagerten DALI-Komponenten

1.2.2 Sonnen- und Sichtschutz

Die Steuerung von Anlagen für den Sonnen- und Sichtschutz (Jalousien, Rollläden und Markisen) ist eine weitere typische Anwendung. Diese Beschattungsanlagen können dabei sowohl vor Ort oder über den KNX von beliebiger Stelle aus einzeln bzw. in Gruppen direkt durch den Nutzer gesteuert werden, also auch zeit-, helligkeits- und wetterabhängig durch eine Automatik. Für Jalousien lassen sich durch die Realisierung individueller Winkelstellungen der Lamellen die Lichtverhältnisse eines Raums bequem an die jeweiligen Sonnen- und Witterungsbedingungen anpassen. Dies wird unter dem Begriff der Positionierung von Jalousien geführt.

Die Antriebe der Sonnen- und Sichtschutzsysteme werden direkt mit Starkstrom versorgt und sind gleichzeitig auch wie sämtliche Betätigungselemente und Sensoren am KNX-Bus angeschlossen (**Bild 1.5**). Die Zuordnung der einzelnen Funktionen zu den gewünschten Antrieben erfolgt per Programmierung, so dass die gewünschte Flexibilität gewährleistet wird. Wenn ein Bürogebäude zeitweilig ungenutzt ist, z. B. am Wochenende, kann durch die zentrale Steuerung ein einheitliches Erscheinungsbild der Fenster des Gebäudes erreicht werden. Hierzu wird die Ansteuerung der elektrischen

Jalousie- und Rollladenantriebe über die digitale Schnittstelle SMI (Standard Motor Interface) durch diverse KNX-Jalousieaktoren unterstützt.

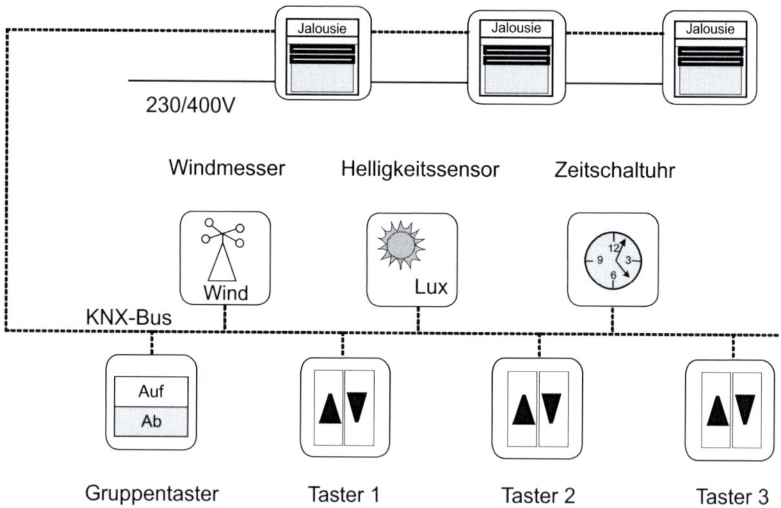

Bild 1.5: Jalousie- und Rollladensteuerung mit KNX

1.2.3 Heizungs- und Klimaanlagen

Über 70 % der in privaten Haushalten verbrauchten Energie wird für die Raumtemperierung benötigt. Dabei spielt die individuelle Behaglichkeit des Menschen in einem Raum eine herausragende Rolle. Das Behaglichkeitsgefühl stellt sich dann ein, wenn Temperatur, Qualität, Feuchte und Bewegung der Luft mit der Temperatur der Wände bzw. Einrichtungen in einem ausgeglichenen Verhältnis zur Tätigkeit des Menschen stehen. Der effiziente und umweltschonende Einsatz von Energie, ohne dass auf Behaglichkeit und Komfort verzichtet werden muss, ist heute oberstes Ziel der intelligenten Gebäudesystemtechnik mit KNX. Da im Bereich Heizung, Lüftung und Klima (HLK) zunehmend KNX eingesetzt wird, wurden von der CEN (Comité Européen de Normalisation) die HLK-Spezifikationen von KNX als Europanormen veröffentlicht:

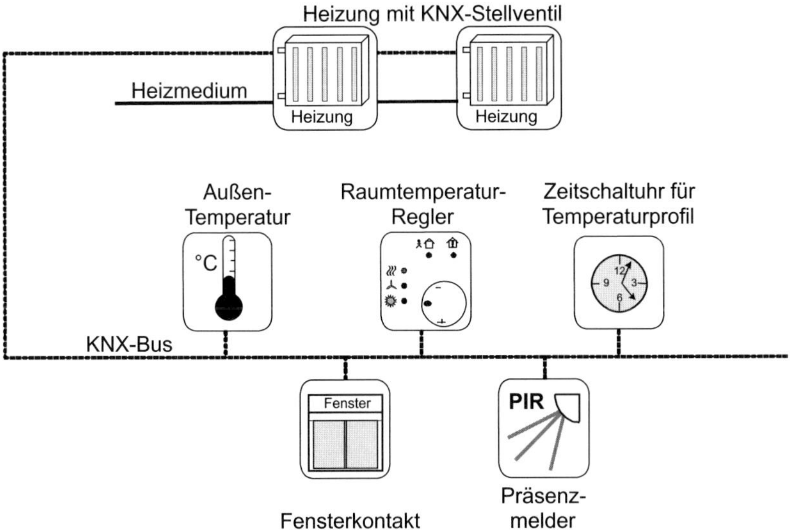

Bild 1.6: Prinzip einer Einzelraumregelung mit KNX

- Die raumbezogene Regelung der Temperatur unter Einbeziehung der Anwesenheit von Personen und spezieller Bedingungen (z. B. Sollwert, Frostschutz bei geöffneten Fenstern) ohne Beeinflussung der zentralen Vorlauftemperatur ist als *Einzelraumregelung* die typische Anwendung (**Bild 1.6**). Durch die Auswertung der Sensorinformationen (wie Präsenzmelder, Fensterkontakte) in Verbindung mit zeitbezogenen *Temperaturprofilen* (z. B. Nacht- oder Wochenendabsenkung) kann zu jedem Zeitpunkt die Raumtemperatur für jeden Raum individuell je nach Nutzung eingestellt werden, um den *Energiebedarf* so gering wie möglich zu halten.
- Durch Auswertung der in einer KNX-Anlage verfügbaren heizungsspezifischen Informationen (Heizbedarf für die einzelnen Räume) ist auch eine energieoptimale Steuerung des zentralen Heizkessels bzw. der zonenbezogenen Vorlauftemperatur möglich. Es wird also nur soviel Heizenergie bereitgestellt, wie tatsächlich auch notwendig ist.
- Die Realisierung eines optimalen Raumklimas in Gebäuden mit Lüftungs- und Klimaanlagen ist mit KNX ebenso möglich. Die Vernetzung der Sensoren und Aktoren unter Einbeziehung von speziellen Reglern/Controllern lässt eine bedarfsgerechte und energieoptimierte Steuerung bzw. Regelung zu.

- Eine Fernbedienung bzw. Fernüberwachung (Visualisierung) von HLK-Anlagen ist unter Nutzung der Kommunikationsschnittstellen von KNX realisierbar. Dabei ist auch die automatisierte Weiterleitung von Störmeldungen an Serviceunternehmen mit detaillierter Fehlerangabe für Wartung und Reparatur möglich. Ebenso kann bei eventuellen Abweichungen von Normalwerten bereits frühzeitig möglichen Ausfällen der Anlage entgegengewirkt werden.

1.2.4 Melden, Bedienen und Überwachen

Für sehr viele gewerblich genutzte Gebäude – aber auch zunehmend in Privathäusern – besteht die Forderung bzw. der Wunsch, an einer zentralen Stelle oder über öffentliche Kommunikationswege (Smartphone, Internetbrowser) über den Zustand der Gebäudefunktionen (z. B. Beleuchtung ausgeschaltet, Alarmanlage scharf/unscharf geschaltet) informiert zu sein bzw. diese auch beeinflussen zu können. Die Daten, die hierzu von Interesse sind, werden folglich immer vielfältiger. Neben den reinen Zustandsdaten und Alarmierungen sind zeitbezogene Betriebsdaten wie Verbrauchswerte immer häufiger nachgefragt.

Der KNX ist ein dezentrales Informationsübertragungs-System, das keine zentrale Steuerung erfordert. Trotzdem können aber durch seine offene Kommunikationsstruktur alle Informationen, die in einer KNX-Anlage vorhanden sind, über die verschiedenen Schnittstellen gemeldet oder verarbeitet werden. Ein ortsunabhängiges Abfragen, Weiterverarbeiten bzw. Beeinflussen von Zuständen ist damit möglich, insbesondere auch mittels entsprechender Bedieneinheiten (**Bild 1.7**).

- Für das Melden und Bedienen steht ein breites Spektrum an Hard- und Softwarelösungen im KNX-System zur Verfügung. Neben einfachen Flüssigkristall-Anzeigen (LCD), über die sich mitunter auch einzelne Schaltzustände und Sollwerte ändern lassen, existieren heute verschiedene Display/Panel-Systeme, die frei programmierbare Anzeige- und Bedienfunktionen ermöglichen. Visualisierungen mittels PC-Einsatz in abgestufter Leistungsfähigkeit sind verfügbar. Die Palette reicht von einfachen Lösungen mit nur Anzeige- und Bedienfunktionen bis hin zu komplexen Visualisierungen mit statistischen Auswertemodulen, Fernzugriff/Internetzugang und Zeitsteuerprogrammen.

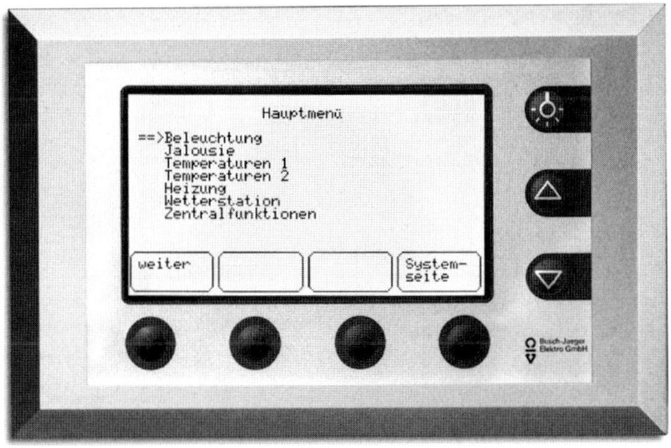

Bild 1.7: Melden und Bedienen über KNX (Fa. *Busch-Jaeger Elektro*)

- Mit dem KNX-OPC-Server steht ein spezielles Software-Tool für den standardisierten Datenaustausch mit anderen Windows-Applikationen über Herstellergrenzen hinweg netzwerkweit zur Verfügung. OPC steht für „Open Platform Communications" und ist ein internationaler Kommunikationsstandard. Er gestattet z. B. einen einfachen Transfer von Daten zwischen KNX-Anlage und einem PC. Die Vernetzung erfolgt dabei über Ethernet. Das aktuelle Abbild der KNX-Anlage ist dabei im OPC-Server ständig verfügbar. Andere Windows-Applikationen, beispielsweise Visualisierungen, können als OPC-Clients auch Daten vom KNX-OPC-Server für ihre aktuellen Melde- und Bedienfunktionen nutzen.

Der Anwendungsbereich Überwachung umfasst ein breites Spektrum an sicherheitstechnischen Systemen, z. B. Einbruch-, Brand- und andere Meldersysteme, beinhaltet aber auch Zutrittskontrolle und Sicherheitsbeleuchtung. Über dieselbe Leitung, die Schalter, Taster, Sensoren und Aktoren miteinander verbindet, können also zugleich Informationen über die *Sicherheit* in einer Gebäudeanlage übertragen werden (**Bild 1.8**).

- Vorhandene Sensoren, die dem täglichen Ablauf dienen (z. B. Präsenzmelder, Fensterkontakte), können in ein Überwachungskonzept mit einbezogen werden. Selbst Lichtschalter werden zum Alarmgeber, da jede Betätigung eines beliebigen Schalters innerhalb einer Anlage an jedem Punkt mit Hilfe des Installationsbusses registriert, ausgewertet und aufgrund der Sendeadresse im Telegramm sogar lokalisiert werden kann.

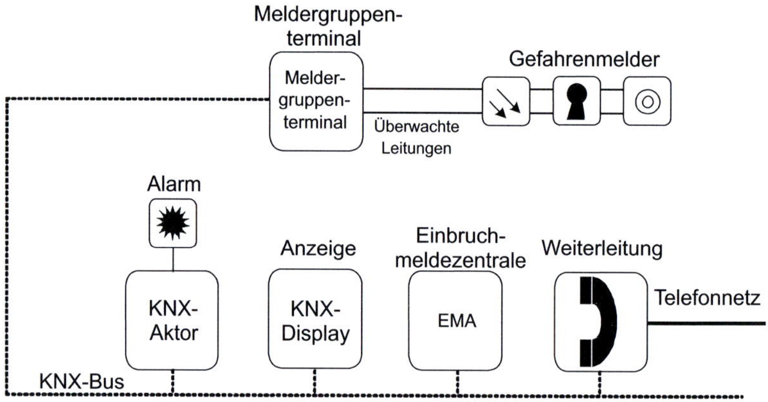

Bild 1.8: Überwachung und Sicherheit mit KNX

- Die Anwesenheitssimulation, die ein zeitweilig verlassenes Haus für einen äußeren Beobachter durch automatisch gesteuerte Schaltfunktionen für Beleuchtung und Jalousie als bewohnt erscheinen lässt, sowie die Funktion Panik-Taster, die bei verdächtigen Situationen im gesamten Innen- und Außenbereich die Beleuchtung einschaltet, sind typische KNX-Sicherheitsfunktionen.
- Gefahrenmelder, wie Rauch-, Wasser- und Glasbruchmelder, sind als KNX-Sensoren für spezielle Überwachungen im Wohnbereich verfügbar. Diese können an beliebiger Stelle im KNX-System oder über Schnittstellen (Telefon usw.) an anderen Orten entsprechende Alarmierungen auslösen.
- Allerdings lassen sich mit dem KNX-System keine Alarmanlagen im Sinne der Sicherheitstechnik realisieren, die insbesondere alle Vorschriften und Richtlinien des Verbands der Sachversicherer (VdS) erfüllen würden. Eine Überwachung des KNX-Leitungswegs und der Sensoren auf Sabotage und die Verschlüsselung von sensiblen Daten ist ebenfalls nicht vorhanden.
- Sensorik, wie sie für eine klassische Einbruchmeldeanlage (EMA) eingesetzt wird, kann aber über Schnittstellen zum KNX-System auch hier spezielle Funktionen realisieren. Mit der Scharfschaltung einer EMA können in der KNX-Anlage u. a. die Beleuchtung ausgeschaltet und für die Heizung niedrigere Sollwerte vorgegeben werden.

1.2.5 Auswahl sonstiger Anwendungsbereiche

Lastmanagement

Um die bereitgestellte Energie effizient und ressourcenschonend zu nutzen, muss ihre Verteilung an einzelne Verbraucher zeitabhängig optimiert werden. Diesen Vorgang bezeichnet man als *Lastmanagement*. Das Lastmanagement verlagert den Energiebedarf elektrischer Geräte in Zeiträume, in denen üblicherweise nur wenig von der bereitgestellten elektrischen Energie ausgenutzt wird oder Niedrigtarife eine Senkung der Betriebskosten ermöglichen. Durch die somit erzielte gleichmäßigere Verteilung des Energiebedarfs werden keine größeren Überkapazitäten zur Befriedigung des Spitzenbedarfs mehr benötigt und ein wichtiger Beitrag zur Schonung der Umwelt und der Energieressourcen geleistet.

Mit herkömmlichen Systemen werden i. Allg. nur wenige leistungsstarke Verbraucher innerhalb einer Anlage erfasst und gesteuert, z. B. Elektrospeicheröfen, da der zusätzliche Verkabelungsaufwand zur Steuerung mittlerer und kleiner Verbraucher sehr enge wirtschaftliche Grenzen setzt. Durch den Einsatz des KNX-Systems jedoch reduziert sich dieser Verkabelungsaufwand auf eine einzige zweiadrige Steuerleitung: das Buskabel (**Bild 1.9**).

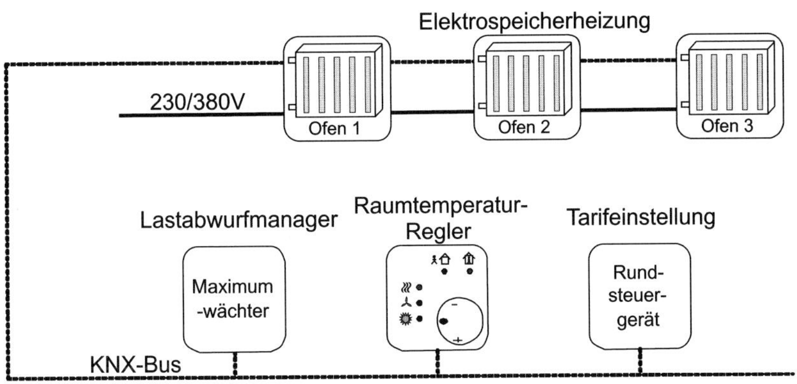

Bild 1.9: Lastmanagement mit KNX am Beispiel einer Elektroheizungsanlage

Selbstverständlich können nicht wahllos sämtliche Verbraucher zu jedem Zeitpunkt durch das Lastmanagement beeinflusst werden. Zu einem bestimmten Zeitpunkt können immer nur diejenigen Verbraucher in ihrer

Betriebszeit gesteuert werden, deren zeitlich versetzter Betrieb keine negativen Auswirkungen nach sich zieht. Der KNX gestattet Änderungen, Anpassungen und Optimierungen zu jeder Zeit mittels einfacher *Umprogrammierung*, die sonst in den meisten Fällen aus Kostengründen unterbleiben würden. Diese Möglichkeit erlaubt eine lückenlose *Dokumentation* sämtlicher Betriebs- und Verbrauchszeiten. Damit kann aber eine wirkliche Optimierung des Lastmanagements durchgeführt werden.

Audio-/Video- und Home-Entertainment

Die veränderten Wohntrends bewirken auch eine zunehmende Abkehr von der klassischen Raumstruktur hin zu sog. Wohnbereichen, z. B. Wohnküche, Wellness, Work@home. Dies beinhaltet auch eine multimediale Vernetzung der einzelnen Wohnbereiche und eine Verzahnung von Steuerfunktionen für Audio/Video (Sender, Lautstärke, ...) mit gebäudetechnischen Funktionen, z. B. Lichtszenen, Klima. Die Signale für Ton- und Bildwiedergabe werden dabei über eigene Übertragungswege geleitet, die Steuerung/Bedienung in den einzelnen Wohnbereichen erfolgt jedoch über KNX. Dabei ist auch eine Übergabe von Informationen aus Infrarot-Fernbedienungen der Audio-/Videosysteme zur Steuerung von Beleuchtung, Jalousie usw. über KNX am Markt verfügbar.

Haushaltsgeräte

Neben der klassischen Elektroinstallation sind heute Haushaltsgeräte, wie komplexe Koch- und Backkombinationen, Waschmaschinen usw., in ein KNX-System integrierbar. Aktuelle Betriebszustände können erfasst und ausgewertet werden, wiederkehrende Abläufe sind programmierbar und individuelle Einstellungen sind per Tastendruck abrufbar. Automatisierung, Sicherheit und Komfortverbesserung in einem eher stiefmütterlich behandelten Bereich des Wohnumfelds sind durch das System KNX mit marktüblichen Geräten realisierbar geworden.

1.3 Der Standard KNX

Die **KNX Association** wurde bereits im Mai 1999 als Zusammenschluss von Mitgliedern folgender drei Verbände (Nutzerorganisationen, Assoziationen) gegründet:

- BatiBUS Club International (BCI),
- European Installation Bus Association (EIBA),
- European Home Systems Association (EHSA).

Mit der Vereinigung der verschiedenen europäischen Installationsbussysteme EIB, BatiBUS und EHS wurde mit KNX ein gemeinsamer und weltweit offener Standard für die Haus- und Gebäudesystemtechnik begründet.

EIB war der Installationsbus für die elektrische Gebäudesystemtechnik mit ursprünglicher Ausrichtung auf Beleuchtung und Jalousie einschließlich der Funktionen des Raummanagements. Der EIB stammt ursprünglich aus Deutschland.

BatiBUS war hauptsächlich auf die Bereiche Heizung, Lüftung, Klima im Gebäude ausgerichtet. Der BatiBUS war insbesondere in Frankreich präsent.

EHS wurde speziell für den Bereich der „Weißen und Braunen Ware", d. h. Haushaltsgeräte und Audio-/Videotechnik entwickelt. EHS war aus einer EU-Gemeinschaftsentwicklung hervorgegangen.

Die Mitglieder des Verbands *KNX Association* sind Hersteller- und Anwenderfirmen, die Geräte und Komponenten für die verschiedenen Funktionen und Anwendungen entwickeln, produzieren und vermarkten, wie sie für eine intelligente Haus- und Gebäudesystemtechnik benötigt werden. Derzeit gehören zur KNX Association (Brüssel) etwa 400 Mitgliedsunternehmen in 125 Ländern.

Der **KNX** ist der weltweit einzige Standard für Haus- und Gebäudesystemtechnik. Die wesentlichen Merkmale sind (**Bild 1.10**):

- Es existiert *ein einziges* hersteller- und produktunabhängiges Inbetriebnahmetool (ETS),
- alle wesentlichen Übertragungsmedien sind vertreten (TP – Twisted Pair, PL – Powerline, RF – Funk, IP – Internetprotokoll),
- unterschiedliche Konfigurationsmodi (Systemmodus und einfacher Modus).

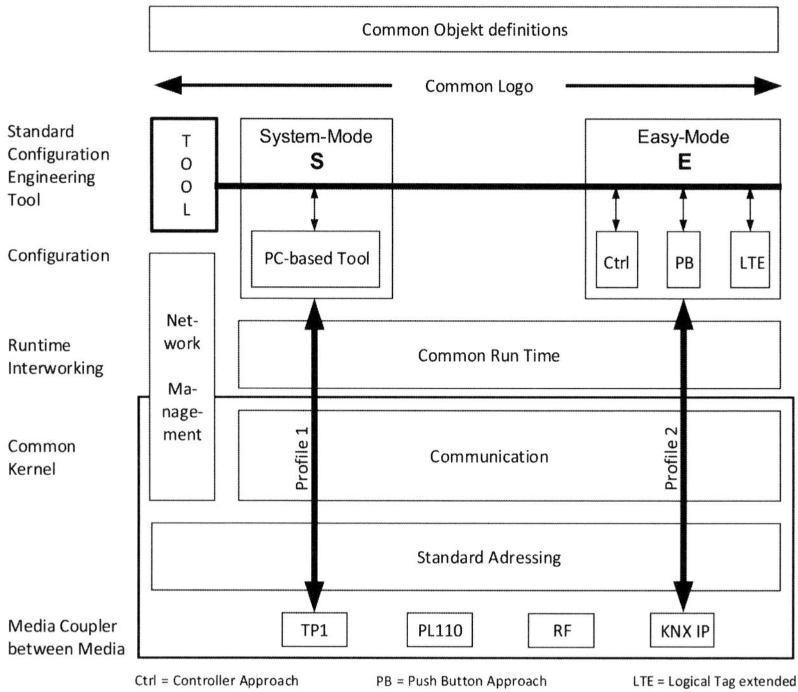

Bild 1.10: KNX-Modell

Standardisierung von KNX

Die KNX-Technologie (Protokoll und Spezifikationen) wurde durch die folgenden internationalen und regionalen Normungsgremien anerkannt:

- *CENELEC (Europäisches Komitee für elektrotechnische Normung):* CENELEC EN 50090
- *CEN (Europäisches Komitee für Normung):* CEN EN 13321-1/2
- *ISO (International Organization for Standardization):* ISO/IEC 14543-3
- *SAC TC 124 (Chinesisches Standardisierungsgremium):* GB/T 20965 anerkannt

- *ANSI/ASHRAE (American National Standards Institute/American Society of Heating, Refrigerating and Air-Conditioning Engineers):*

  ANSI/ASHRAE 135

Mit der Normen-Serie ISO/IEC 14543 und DIN EN 50090 ist KNX damit der weltweit erste offene Kommunikationsstandard für Steuerungssysteme in Heim und Gebäude (Haus- und Gebäudesystemtechnik).

Unabhängigkeit von einer speziellen Hard- und Software-Technologie

Die KNX-Technologie ist unabhängig von einer bestimmten Hard- und Software-Technologie. KNX kann auf jede Mikroprozessor-Plattform aufgesetzt werden. Es sind aber auch diverse KNX-Systemkomponenten zum schnellen und einfacheren Einstieg verfügbar.

Interoperabilität und Kommunikationsfähigkeit (Interworking)

Die KNX-Technologie besitzt einen hohen Grad an Interoperabilität. Darunter ist zu verstehen, dass die Geräte und Anwendungen verschiedener Hersteller in der Lage sind, untereinander Daten bzw. Informationen auszutauschen und dabei die gleiche Codierung (Aufbau und Formatierung) ihrer Daten verwenden. Im KNX ist dies durch die standardisierten Datenpunkttypen und spezielle Anwendungsprofile definiert. Unter dem Fachbegriff *Interworking* sind hierzu im Kapitel 5 nähere Ausführungen enthalten.

Es wird durch die KNX-Zertifizierung der Produkte (Geräte und Applikationen) verschiedener Hersteller sichergestellt, dass diese in KNX-basierten Anlagen miteinander funktionieren und untereinander kommunizieren können. Hierdurch ist bei der Änderung bzw. Erweiterung von Anlagen ein hohes Maß an herstellerunabhängiger Flexibilität erreichbar. Die Integration von Komponenten anderer Hersteller bzw. der Austausch von Busgeräten durch Busgeräte anderer Hersteller ist daher in weiten Grenzen möglich.

Herstellerunabhängige Funktionalitäten

Für eine Vielzahl von allgemeinen Anwendungen der Gebäudesystemtechnik enthält der KNX vorgefertigte Applikationen (Application Model), die aus standardisierten Funktionsblöcken (Functional Block) bestehen. Diese Funktionsblöcke beschreiben eine Funktion mit definierten Datenein- und -ausgängen (Datapoints bzw. Kommunikationsobjekte) sowie mit Parametern.

Der Austausch der Daten erfolgt im Sinne der herstellerneutralen Interoperabilität über standardisierte Datenpunkttypen (DPT). Für jeden Datenpunkttyp sind Aufbau und Formatierung im KNX definiert.

Durch die Verbindung der entsprechenden Kommunikationsobjekte verschiedener Funktionsblöcke, die nicht in einem einzigen Gerät sein müssen, entsteht die verteilte Anwendung (Distributed Application) im KNX-Netzwerk. Dabei können die untereinander kommunizierenden KNX-Geräte durchaus von verschiedenen Herstellern sein.

Einheitliches herstellerunabhängiges Engineering Tool (ETS)

Für das Engineering des Systems KNX gibt es derzeit weltweit nur ein einziges Software-Werkzeug, die *Engineering Tool Software* (ETS). Die KNX Association (Brüssel) bietet dieses Software-Tool an. Die aktuelle Version ist ETS5.

Mit der ETS5 kann jedes Projekt für eine KNX-Anlage erstellt und die notwendigen Geräte und Komponenten können konfiguriert, parametriert und in Betrieb genommen werden. Ebenso bietet die ETS5 entsprechende Möglichkeiten zur Diagnose von Geräten und zur Fehlersuche in bestehenden KNX-Anlagen. Drittanbieter können auch Zusatzwerkzeuge für diese ETS entwickeln und vermarkten.

Die ETS5 ist für Planer/Errichter von KNX-Anlagen in verschiedenen Versionen vorhanden:

- ETS5 Demo: kostenlose Testversion für sehr kleine Testprojekte mit maximal 5 Geräten,
- *ETS5 Lite:* für kleinere bis mittlere Projekte mit maximal 20 Geräten,
- *ETS5 Professional:* für Projektgrößen in vollem Funktionsumfang.

Zusätzlich werden ETS-Apps von KNX-Mitgliedern entwickelt und von der KNX Association validiert. Nach dem Download können sie dann mittels der ETS genutzt werden (s. auch: www.knx.org).

Im Kapitel 4 wird die aktuelle Version der ETS detailliert vorgestellt.

Produktqualität

Durch die KNX Association wird ein hohes Niveau der Qualitätssicherung in allen Phasen der Entwicklung und Fertigung gefordert. Alle Herstellerfirmen sind zertifiziert nach ISO 9001. Die Produkte müssen der Normenreihe DIN EN 50090 entsprechen. Die Konformität mit diesem Standard wird in unabhängigen Testlabors überprüft. Nur Komponenten, die eine KNX-Produktzertifizierungsprüfung bestanden haben, dürfen auch das KNX-Warenzeichen tragen.

1.3.1 Konfigurationsmodi des KNX-Standards

Der Standard KNX ermöglicht den Herstellern, bei deren Produktentwicklung zwei mögliche Konfigurationsmodi auszuwählen (**Bild 1.11**). Diese unterscheiden sich hinsichtlich ihrer Leistungsfähigkeit, der dafür notwendigen Werkzeuge sowie ihrer unterschiedlichen Anforderungen an die Qualifikation der Errichter.

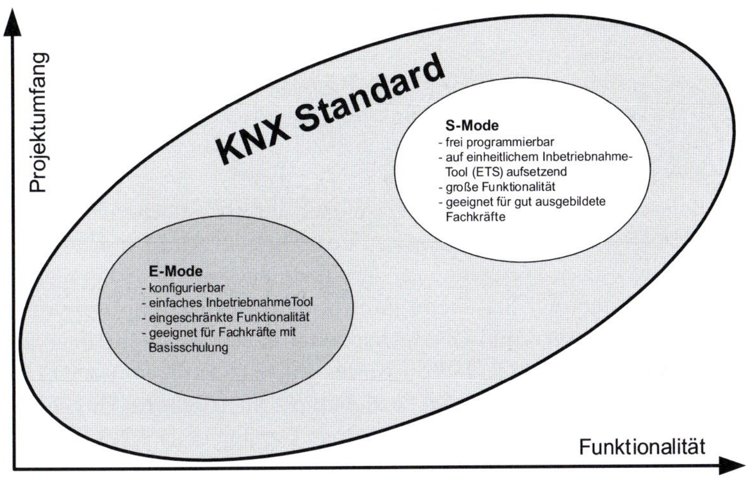

Bild 1.11: Konfigurationsmodi des KNX

1.3.1.1 E-Mode (Einfacher Modus)

Für E-Mode-Geräte sind verschiedene Konfigurationsvarianten im KNX-System vorgesehen:

- Ctrl (Contoller: Konfiguration mit zusätzlichem Controller),
- PB (Push Button: Konfiguration mittels Tastereinstellungen),
- LTE (Logical Tag Extended: Konfiguration der Geräte über Zonenadressen).

Die KNX-Geräte, die für den E-Mode entwickelt wurden, haben bereits voreingestellte Parameter. Ohne Verwendung der ETS, nur mit speziellen Werkzeugen (Controller, Taster, ...) kann jedes Produkt konfiguriert werden (Variation der Parametereinstellungen und Herstellen der Kommunikationskanäle).

Es ist aber auch möglich, in einer Anlage KNX-Geräte mit S- und E-Mode gemeinsam zu installieren. Mit der ETS kann man dann in der Regel diese beiden Gerätevarianten miteinander funktional verbinden. Es ist weiterhin auch möglich, die vorprogrammierten Parameter und die Konfigurationseinstellungen der E-Mode-Geräte mit Hilfe der ETS zu verändern.

Der E-Mode ist speziell gedacht für einfache und schnelle Lösungen von Aufgabenstellungen mit einer beschränkten Anzahl von Geräten und einem geringen oder spezialisierten Funktionsumfang. Daher ist der E-Mode auch beherrschbar durch Fachkräfte mit einer Basisschulung für KNX.

1.3.1.2 S-Mode (System-Modus)

Alle nach dem S-Mode entwickelten Geräte werden über einen PC mit dem Software-Tool ETS konfiguriert und in Betrieb genommen. Die Hersteller stellen für ihre Geräte entsprechende Applikationen für die Nutzung mit der ETS zur Verfügung. Erst wenn das korrekte Anwendungsprogramm (Applikation, Parameter und Gruppenadresse) in den Busteilnehmer geladen wurde, kann das Gerät bestimmungsgemäß funktionieren. Der S-Modus bietet den höchsten Grad bezüglich parametrierbarer Flexibilität und Kommunikation zwischen den einzelnen Geräten einer KNX-Anlage. Das Engineering mit der ETS im S-Mode ist gut ausgebildeten Fachleuten vorbehalten, die damit komplexe Funktionen und große KNX-Anlagen realisieren können

1.3.2 Kommunikationsmedien des KNX-Standards

Mit Kommunikationsmedien bezeichnet man die für eine Übertragung der Informationen zwischen den Busteilnehmern eingesetzten physischen Leitungen (Physical Layer). Das System KNX benutzt die nachfolgend beschriebenen Kommunikationsmedien, die für verschiedene Anwendungen einsetzbar sind entsprechend der jeweiligen speziellen Anforderungen.

1.3.2.1 Verdrillte Zweidrahtleitung (Twisted Pair TP 1)

Charakteristisch für dieses Kommunikationsmedium ist, dass die Übertragung der Daten und der Hilfsenergie über ein einziges Paar verdrillter Kupferleitungen erfolgt. Als mögliche Verdrahtungsstrukturen sind Stern, Linie, Baum und deren Mix nutzbar und beide nachfolgend genannten Typen verwenden das gleiche Buszugriffsverfahren (CSMA/CA) (vgl. Abschnitte 2.1 bis 2.5). Die Datenübertragungsrate beträgt 9,6 kbit/s.

1.3.2.2 Niederspannungsnetz/Starkstromleitung (Powerline PL 110)

Charakteristisch für dieses Kommunikationsmedium ist, dass die Übertragung der Daten über das Niederspannungsnetz, also über die Starkstromleitung 230/400 V AC (50 Hz) erfolgt. Eine zusätzliche Steuerleitung ist nicht erforderlich. Die Versorgung der Geräte mit Hilfsenergie geschieht bei KNX-PL ebenfalls aus der angeschlossenen Starkstromleitung. Die Modulation der überlagerten FSK-Signale zur Datenübertragung erfolgt im Frequenzbereich von 110 kHz. Die Datenübertragungsrate bei PL 110 beträgt 1,2 kbit/s. Im Abschnitt 2.6 wird die Variante PL 110 näher behandelt.

1.3.2.3 Funk (Radio Frequency RF)

Beim Übertragungsmedium Funk handelt es sich um eine Neuentwicklung im KNX-Standard.

Die kabellose Kommunikation zwischen den sog. Short Range Devices (SRD) erfolgt im 868-MHz-Band. Die Mittenfrequenz bei KNX-RF beträgt dabei 868,3 MHz. Die maximale Sendedauer (Duty-Cycle) ist auf <1 % beschränkt, die Datenrate liegt bei 32 kHz und die Sendeleistung hat einen Wert zwischen 1 mW und max. 25 mW. Weitere Merkmale sind: Buszugriffsverfahren CSMA, FSK-Modulation, asynchrone halbduplexe bidirektionale aber auch unidirektionale Kommunikation (vgl. Abschnitt 2.7).

1.3.2.4 KNX IP

Es handelt sich um eine Neuentwicklung im KNX-Standard. Alle üblichen Transportmechanismen für das Internetprotokoll (IP), wie Ethernet, Bluetooth, WiFi/Wireless LAN, können für KNX IP genutzt werden. Dabei wird das KNX-Telegramm in einem IP-Telegramm gekapselt und transportiert. Die Übertragung der KNX-Telegramme über das IP ist als

KNXnet/IP-Protokollreihe in KNX-Standard definiert. Es ergibt sich damit die Möglichkeit, Top-Level-Kommunikation in Gebäuden (Audio-/Video-, Telekommunikation, ...) mit KNX zu realisieren. Der Einsatz von KNX-IP ist zurzeit auf die Bereichs- und Hauptlinie beschränkt. Die typische Datenrate beträgt 10 Mbit/s bis 100 Mbit/s und ist damit bedeutend höher als die Datenrate von KNX-TP1. Das Ethernet kann bei KNX-IP auch noch von anderen Anwendungen genutzt werden (vgl. Abschnitt 2.8).

1.4 Änderungen und Erweiterungen in KNX-Anlagen, Sicherheit

Einer der wesentlichen Vorzüge des Standards KNX liegt in der Offenheit und der hohen Flexibilität dieses Systems. Gerade im Zweckbau-Bereich, wo Nutzungsänderungen von Räumen oder Gebäudeteilen an der Tagesordnung sind, macht sich der Einsatz des Bussystems bezahlt.

Erweiterungen sind in kurzer Zeit durchführbar. Neue Busgeräte werden vor Ort installiert und mit dem nächsten erreichbaren Bussegment verbunden. Dabei spielt es keine Rolle, wenn zu einer gemeinsamen Funktion gehörende Geräte an verschiedene Liniensegmente angeschlossen werden. Die funktionelle Zuordnung wird einfach per Programmierung hergestellt.

Änderungen an bestehenden Anlagen werden auf gleiche Weise vorgenommen. Wird die Aufteilung von Räumen bzw. die Zuordnung von Nutzungs- oder Mietbereichen geändert, sodass eine Anpassung der Zuordnung von Schaltern und Leuchten notwendig wird, so kann diese Aufgabe ausschließlich durch die entsprechende Umprogrammierung der beteiligten Geräte über das Bussystem gelöst werden. Eine aufwändige Neuverkabelung entfällt.

Durch die Möglichkeit des Fernzugriffs auf KNX-Anlagen können Umprogrammierungen, Diagnose- und Servicefunktionen ohne Vor-Ort-Anwesenheit realisiert werden. Ebenso lassen sich damit auch Fehlerzustände in Objekten bzw. Geräten über öffentliche Netze an externe Service-Unternehmen übertragen. Dies sind weitere Beispiele für die hohe Flexibilität des KNX-Systems.

Seit einiger Zeit mehren sich Forderungen nach erhöhter Sicherheit von KNX-Anlagen. Insbesondere durch die IP- und RF-Kommunikation und der Möglichkeit, über Web-basierende Systeme auf KNX-TP-Anlagen zugreifen zu können, sind unbefugte Zugriffe auf Gebäude mit KNX-Installationen denkbar. Neben den prinzipielle IT- Sicherheitsmaßnahmen sind zusätzliche KNX-spezielle Schutzmechanismen erforderlich. In der Vorgängerversion des Standards beschränkten sich diese Maßnahmen auf den passwortgeschützten Zugang auf Dienste wie Programmierung und Download.

Die Version 2.1 eröffnet mit dem Konzept KNX Data Security und KNX IP Secure eine völlig neue Herangehensweise. Im Abschnitt 2.9 wird der aktuelle Stand dieser Sicherheitsmaßnahmen vorgestellt.

2 Technologie des KNX-Systems

Wie bereits im Kapitel 1 dargestellt, betritt der Anwender mit dem KNX-Bus – verglichen zur herkömmlichen Installationstechnik – völliges Neuland, da das Bussystem eng mit der *Mikroprozessortechnik* verknüpft ist. Jeder Teilnehmer, jeder Sensor, jeder Aktor, ja selbst der einfache Lichtschalter besitzt einen eigenen Mikroprozessor als Teil einer Chiplösung, so dass er an den Bus angeschlossen werden kann.

Hinzu kommen die Eigenschaften des Bussystems. Der Informationsaustausch zwischen den einzelnen Busteilnehmern geschieht über eine serielle Kommunikation auf einem gemeinsamen Busmedium (verdrillte Zweidrahtleitung u. a.). Somit sind also Fragen der *Adressierung* und des *Buszugriffs* zu klären.

Zunächst begann die Entwicklung für die verdrillte *Zweidrahtleitung* (Twisted Pair – TP). Dies ist auch die übliche und am meisten verbreitete Anwendung beim Neubau. In diesem Kapitel erfolgt deshalb auch zunächst die Darstellung der Bustechnologie für TP 1 in den Abschnitten 2.1 bis 2.5. Im Abschnitt 2.6 wird dann auf *Powerline* eingegangen (PL 110). Dabei wird das bestehende 230/400 V-Netz als Busmedium genutzt; dies ist insbesondere für Nachrüstungen interessant.

Die Übertragung über *Funk* wird im Abschnitt 2.7 näher behandelt. Darüber hinaus gewinnt *Ethernet* als Übertragungsmedium immer mehr an Bedeutung im Zusammenhang mit dem *Internet*. Die Erweiterung des KNX auf Ethernet und die Nutzung des IP-Protokolls ist Gegenstand des Abschnitts 2.8.

Die *Programmierung* der Teilnehmer wird mit einem speziellen Programmierwerkzeug ETS (Engineering Tool Software) durchgeführt (s. Abschnitt 4.5). Diese Software deckt den ganzen Bereich von der *Planung* bis zur *Inbetriebnahme* ab, der eigentliche Programmiervorgang der Geräte wird dabei über den Bus durchgeführt, um Einzelheiten braucht sich der Anwender also nicht zu kümmern.

Trotzdem ist es aber notwendig, sich mit der *Technologie* und der *Struktur* (Topologie) des Bussystems näher zu beschäftigen, um ein tieferes Verständnis dieser neuen Technik zu erreichen. Spätestens dann, wenn nicht alles so perfekt funktioniert, wie es eigentlich sollte, erweist sich dieses Wissen als erforderlich und sehr nützlich.

Hinweis: *Als Leser sollten Sie dieses Kapitel 2 zunächst im Überblick durchsehen und nur ausgewählte Abschnitte genauer lesen, insbesondere für dasjenige Kommunikationsmedium, für das Sie besonderes Interesse haben, z. B. Twisted Pair (TP).*

Dann sollten Sie mit Kapitel 3 und 4 fortsetzen, um schließlich bei Bedarf auf die einzelnen Abschnitte des Kapitels 2 sowie auch des Kapitels 5 zurück zu kommen und diese weiter zu vertiefen.

2.1 Strukturen mit Zweidrahtleitung (KNX-TP)

Unter *Topologie* versteht man den Aufbau und die Anordnung des Bussystems und seiner Teilnehmer. Es gibt hierfür verschiedene *Strukturen*, die alle ihre Vor- und Nachteile besitzen.

Bei der herkömmlichen *sternförmigen* oder *parallelen Anlagenverdrahtung* spielt die Form und Struktur der Verbindungen keine wesentliche Rolle. Anders ist dies bei der *seriellen digitalen Signalübertragung*, die von allen Bussystemen verwendet wird. Da hier mit einzelnen Spannungsimpulsen bei hoher Übertragungsgeschwindigkeit und daraus resultierend mit relativ hochfrequenten Signalen gearbeitet werden muss, spielt die Struktur der Verbindung eine wichtige Rolle.

Es muss zunächst zwischen der physikalischen und der logischen Topologie unterschieden werden. Die *physikalische* Topologie beschreibt die elektrischen Bedingungen des Busmediums sowie die räumliche Anordnung der Geräte.

Die *logische* Topologie dagegen betrachtet das Bussystem unter dem Gesichtspunkt des Informationsaustauschs zwischen den Geräten.

2.1.1 Physikalische Topologie

Die physikalische Topologie ist naturgemäß abhängig vom verwendeten Busmedium. Bei Twisted Pair (TP) ist das *Segment* das wichtigste Element der physikalischen Topologie. Ein Segment ist hier ein Teil des Bussystems, das die KNX-Teilnehmer miteinander verbindet und elektrisch nicht unterbrochen ist. Schließt man ein Segment elektrisch kurz, so kann keine Kommunikation innerhalb des Segments stattfinden. Jedes Segment ist mit mindestens einer Spannungsversorgung zu versehen (s. Abschnitt 2.3). Alle anderen Strukturen setzen sich aus solchen Segmenten zusammen. (Ein Segment ist vergleichbar mit der Kanaldefinition bei anderen Systemen.)

Die KNX-TP-Spezifikation unterscheidet zwei verschiedene Gerätetypen, die sich in ihren elektrischen Eigenschaften unterscheiden:

- TP1-64 und
- TP1-256.

Der wichtigste Unterschied dieser Gerätetypen ist die maximale Anzahl der Geräte (Busteilnehmer), die an ein Segment angeschlossen werden kann (**Tabelle 2.1**).

Tabelle 2.1: Angaben zum Segment

	TP1-64	TP1-256
maximale Anzahl der Geräte pro Segment	64	256
maximaler Abstand zwischen 2 Teilnehmern	700 m	700 m
maximale Leitungslänge	1000 m	1000 m

Das Problem dieser Geräteunterscheidung ist, dass sie bei den am Markt verfügbaren Geräten vielfach nicht direkt ausgewiesen wird und die ETS kann dies auch nicht erkennen. Es gibt zwar zunehmend Geräte, die mit den entsprechenden Chips für TP-256-Teilnehmer ausgerüstet sind, aber dies ist vom Anwender nicht ohne Aufwand erkennbar. Außerdem gibt es immer noch neue Geräte mit der TP-64-Spezifikation. Sowie ein TP-64-Gerät in einem Segment verbaut ist, ist das gesamte Segment als ein TP-64-Segment zu betrachten, das heißt es dürfen nur 64 Teilnehmer vorgesehen werden. Um Planungssicherheit zu gewährleisten, sollte man die Regel „64 Teilnehmer pro Segment“ beachten. Diese wird auch den weiteren Ausführungen zu Grunde gelegt. In den nachfolgenden Abschnitten wird nur noch die Bezeichnung TP verwendet, wobei stillschweigend jedoch TP1 entsprechend Abschnitt 1.3.2.1 gemeint ist.

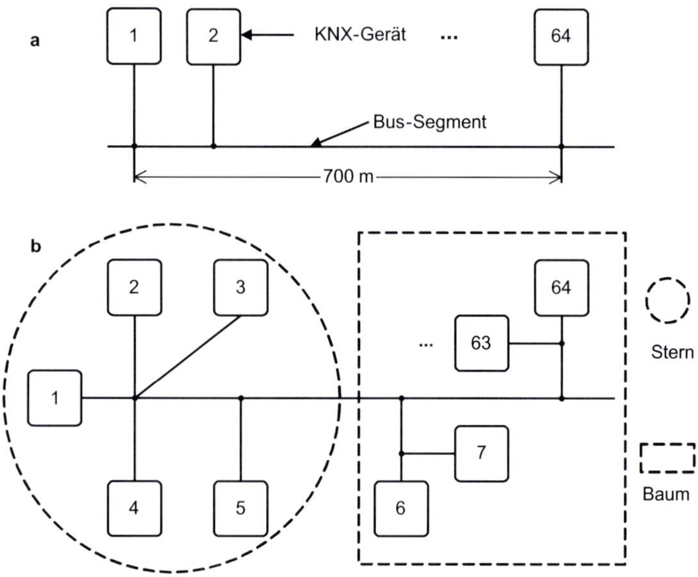

Bild 2.1: Segment als Busstruktur (a) oder Mischstruktur (b)

Als Grundaufbau eines Segments sind folgende Anordnungen möglich:

- Busstruktur (linienförmig),
- Stern oder Baum,
- gemischte Struktur.

Im Folgenden werden die möglichen *Segmenttopologien* kurz dargestellt:

Die einfachste und häufigste Segmentausprägung ist die (linienförmige) Busstruktur nach **Bild 2.1 a**. Hier können bis zu 64 Geräte angeordnet werden. Dabei muss die Stromaufnahme der Geräte mit der Spannungsversorgung abgestimmt sein. Dies wird im Abschnitt 2.3 detailliert behandelt.

Die maximale Leitungslänge eines Segments in Busstruktur ist durch die maximale Entfernung zweier Busteilnehmer auf 700 m begrenzt. Durch Signalreflexionen an den Leitungsenden entstehen bei längeren Übertragungsstrecken evtl. Echosignale, die zur Verfälschung der Originalsignale führen können. Die Wirkung solcher Signalechos hängt mit der Leitungslänge zusammen und daher musste diese begrenzt werden.

Die Mischstruktur nach **Bild 2.1 b** entsteht durch Kombination von *Stern, Bus- und Baumstruktur* zu einer freien Topologie; Ringstrukturen sind dabei jedoch zu vermeiden. Die Gesamtlänge aller Leitungen in einer freien Topologie darf maximal 1000 m betragen. Dabei ist auch hier der maximale Abstand von 700 m zwischen zwei KNX-Geräten einzuhalten.

2.1.2 Logische Topologie

Die folgenden logischen Strukturen werden aus den physikalischen Segmenten entwickelt. Dabei wird im Folgenden der Einfachheit halber ein Segment immer als Busstruktur dargestellt.

Der KNX-Bus soll den jeweiligen Anforderungen von der kleinsten Anwendung bis hin zu sehr großen Gebäuden angepasst werden können. Deshalb wird der Topologieaufbau hierarchisch in drei Ebenen gestuft. Diese Hierarchiestufen sind:

- Linie (Line),
- Bereich (Area),
- KNX-Netzwerk.

Im Weiteren werden die logischen Topologien für diese drei Hierarchieebenen entwickelt. Dabei werden bei den unterlagerten Ebenen immer nur solche Strukturen vorgestellt, die sich auch auf der übergeordneten Ebene koppeln lassen. Dies schränkt zwar die Freiheitsgrade in den unterlagerten Ebenen ein, schafft aber eine größere Sicherheit beim Aufbau größerer Installationen. Damit weichen einige der folgenden Darstellungen bewusst von der üblichen Spezifikation ab, die nachfolgende Darstellung ist aber immer auf der sicheren Seite.

Linie, Linienverstärker (LV): Eine Linie kann maximal aus 4 Segmenten bestehen. Segmente werden durch Linienverstärker (*engl.* Bridges) gekoppelt. Damit kann sowohl die maximale Teilnehmerzahl ausgeschöpft, als auch die Leitungslänge erhöht werden. Der Adressvorrat für eine Linie beträgt 256 Teilnehmer. KNX-Endgeräte haben den Adressbereich 1 bis 255, die Adresse 0 ist für den Linienkoppler (siehe Hauptlinie) reserviert.

Wenn mehr als 64 Teilnehmer in einer Linie verbunden werden sollen, müssen Segmente durch *Linienverstärker* gekoppelt werden. **Bild 2.2 a** zeigt eine Linie mit zwei Segmenten und einem Linienverstärker. Obwohl die LV in der KNX-Spezifikation als „Bridge" bezeichnet werden, sind sie streng genommen „Repeater", benötigen also somit keine eigene Adresse. Reale Linienverstärker sind aber vom Aufbau her identisch mit den im Folgenden beschriebenen Routern, sie müssen mit der ETS als Linienverstärker konfiguriert werden. Dazu ist eine eigene Adresse notwendig. Somit verringern die Linienverstärker den Adressvorrat in einer Linie. Sie müssen außerdem auch bei der Stromaufnahme mitberücksichtigt werden.

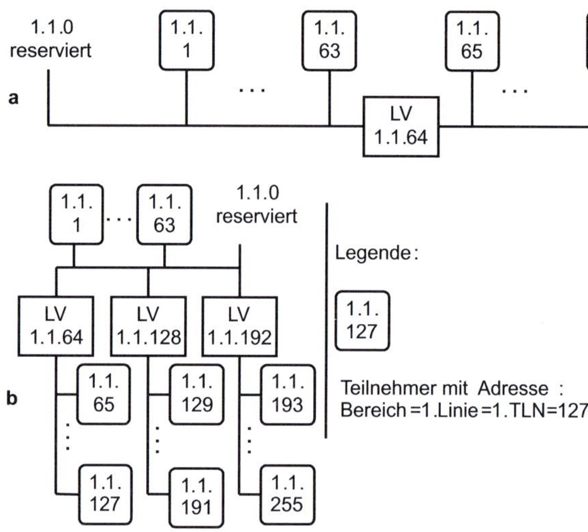

Bild 2.2: Aufbau einer Linie
a) 2 Segmente und 1 Linienverstärker
b) 4 Segmente und 3 Linienverstärker

Der maximale Ausbau einer Linie mit 255 Teilnehmern muss mit 4 Segmenten und drei Linienverstärkern erfolgen. Rein theoretisch könnten diese 4 Segmente mit 3 Linienverstärkern in Reihe geschaltet werden. Dies ist aber nicht sinnvoll, weil derart aufgebaute Linien nicht miteinander gekoppelt werden könnten. Wie später begründet wird, dürfen auf dem Kommunikationsweg zwischen zwei Teilnehmern maximal 6 Koppler liegen. Die Kopplung von zwei dieser Linien erfolgt über einen weiteren Koppler

(Linienkoppler). Im ungünstigsten Fall würden damit zwischen den am weitesten entfernten Geräten also 7 Koppler liegen, dies ist aber nicht zulässig.

Abhilfe bringt hier eine Parallelschaltung von 3 Segmenten mit 3 LV, verbunden durch ein 4. Segment (**Bild 2.2 b**).

Im Bild 2.2 b werden die Angaben der **Tabelle 2.2** deutlich. Als maximale Leitungslänge ist hier und im Folgenden die Summe aller Kabellängen gemeint.

Tabelle 2.2: Angaben zur Linie

	TP 64
Adressvorrat	256
maximale Anzahl der Endteilnehmer	252
maximale Anzahl der LV	3
reserviert (für Linienkoppler)	1
maximaler Abstand zwischen 2 Teilnehmern	3 · 700 m = 2.100 m
maximale Leitungslänge in Busstruktur	4 · 700 m = 2.800 m
maximale Leitungslänge in freier Topologie	4 · 1.000 m = 4.000 m

Hauptlinie, Linienkoppler: Die nächste Ebene ist der Bereich. Das **Bild 2.3** zeigt den maximal möglichen Ausbau eines Bereichs (am Beispiel des Bereichs 1). Diese Darstellung dient nur dem Verständnis der logischen Struktur. Reale Installationen werden erst danach vorgestellt.

Ein Bereich entsteht durch die Kopplung von maximal 16 Linien, und zwar maximal 15 (Sub-) Linien und einer *Hauptlinie*. Die Hauptlinie hat grundsätzlich die Adresse L0, die Linien haben den Adressbereich L1 bis L15. Die Linien 1 bis 15 werden über *Linienkoppler* – LK – (*engl.* Line Couplers, LC) an die Hauptlinie gekoppelt. Die LK haben eine eigene physikalische Adresse *in der Linie,* sie haben die Teilnehmeradresse 0. Kein anderer Teilnehmer darf die Adresse 0 belegen. In einer Linie darf nur ein Linienkoppler angeordnet sein. Die Linienkoppler müssen bei der maximalen Anzahl der Teilnehmer pro Segment bzw. Linie mitgezählt werden (nicht aber in der Hauptlinie). Die Linienkoppler LK trennen die Sublinien galvanisch von den Hauptlinien.

Die LK müssen aber bei der Stromaufnahme in den Hauptlinien mitberücksichtigt werden.

Linienkoppler sind Router, sie haben eine Filterwirkung und lassen nur solche Informationen durch, die für Teilnehmer der adressierten Ziel-Linien bestimmt sind; alle anderen Informationen werden zurückgehalten.

Der Adressvorrat für einen Bereich beträgt 256 · 16 (Linien) = 4.096. Die Adresse Bereich 0.0 ist wieder für die Kopplung mehrerer Bereiche reserviert. Die Hauptlinie ist die Linie 0 und kann (rein theoretisch) maximal 255 Teilnehmer haben.

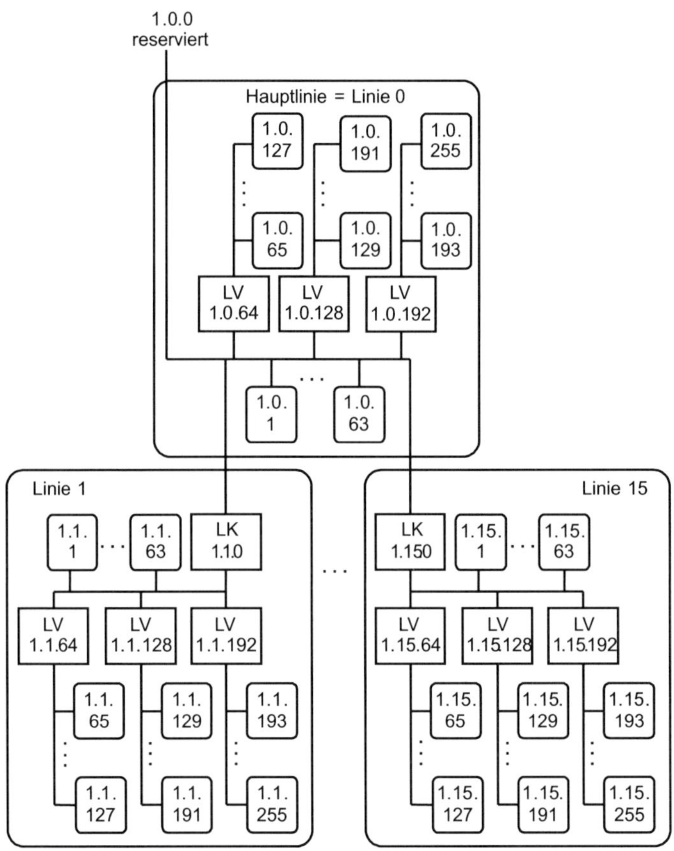

Bild 2.3: Maximaler Ausbau eines Bereichs

Die im Bild 2.3 dargestellte Topologie soll nur den maximalen Ausbau eines Bereichs verdeutlichen. Man sollte die Hauptlinie hauptsächlich zur Kopplung der Linien benutzen und nur einige wenige Endgeräte anordnen, die auf alle Linien zugreifen können (z. B. Visualisierung). Damit verringert sich die reale maximale Anzahl der Teilnehmer eines Bereichs.

Eine wichtige Bedingung für den Aufbau einer KNX-Installation ist, dass zwischen zwei Teilnehmern maximal 6 Koppler liegen dürfen (LV, LK, Bereichskoppler). Damit erklären sich auch die Begrenzungen in der Kopplung der einzelnen Strukturen.

Aus dem Bild 2.3 sind auch die Angaben in der **Tabelle 2.3** herzuleiten.

Tabelle 2.3: Angaben zum Bereich

	TP 64
Adressvorrat	4.096
maximale Anzahl der Endteilnehmer	4.032
maximale Anzahl der Linienverstärker	$16 \cdot 3 = 48$
maximale Anzahl der Linienkoppler	15
reserviert (für den Bereichskoppler)	1
maximaler Abstand zwischen 2 Teilnehmern	$5 \cdot 700$ m = 3.500 m
maximale Leitungslänge in freier Topologie	$16 \cdot 4.000$ m = 64 km

In realen Installationen ist der Aufbau nach **Bild 2.4** zu Grunde zu legen. Hier wird die Hauptlinie aus einem Segment aufgebaut und nur mit einigen Teilnehmern versehen; sie dient damit überwiegend zur Kopplung der Linien. Die Linien sollten aus maximal zwei Segmenten (besser nur aus einem einzigen Segment) gebildet werden, damit hat man noch Reserve für zusätzliche Erweiterungen.

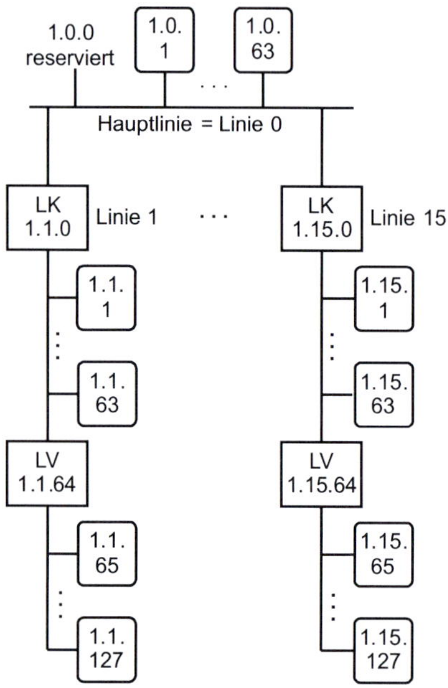

Bild 2.4: Realistischer Ausbau eines Bereichs

Bereichslinie, Bereichskoppler: Die höchste Ausbaustufe des *KNX-Netzwerks* wird durch die Zusammenfassung von maximal 16 Bereichen erreicht (**Bild 2.5**). Dabei werden maximal 15 Bereiche (Bereich 1 bis 15) über *Bereichskoppler* BK (*engl.* Backbone Couplers, BbC) mit einer *Bereichslinie* (= Bereich 0) gekoppelt.

BK sind wieder Router mit Filterwirkung und eigener Adresse. Die **Tabelle 2.4** zeigt die Angaben zum maximalen Ausbau eines KNX-Netzwerks. Sie können wiederum an Hand des Bilds 2.5 veranschaulicht werden.

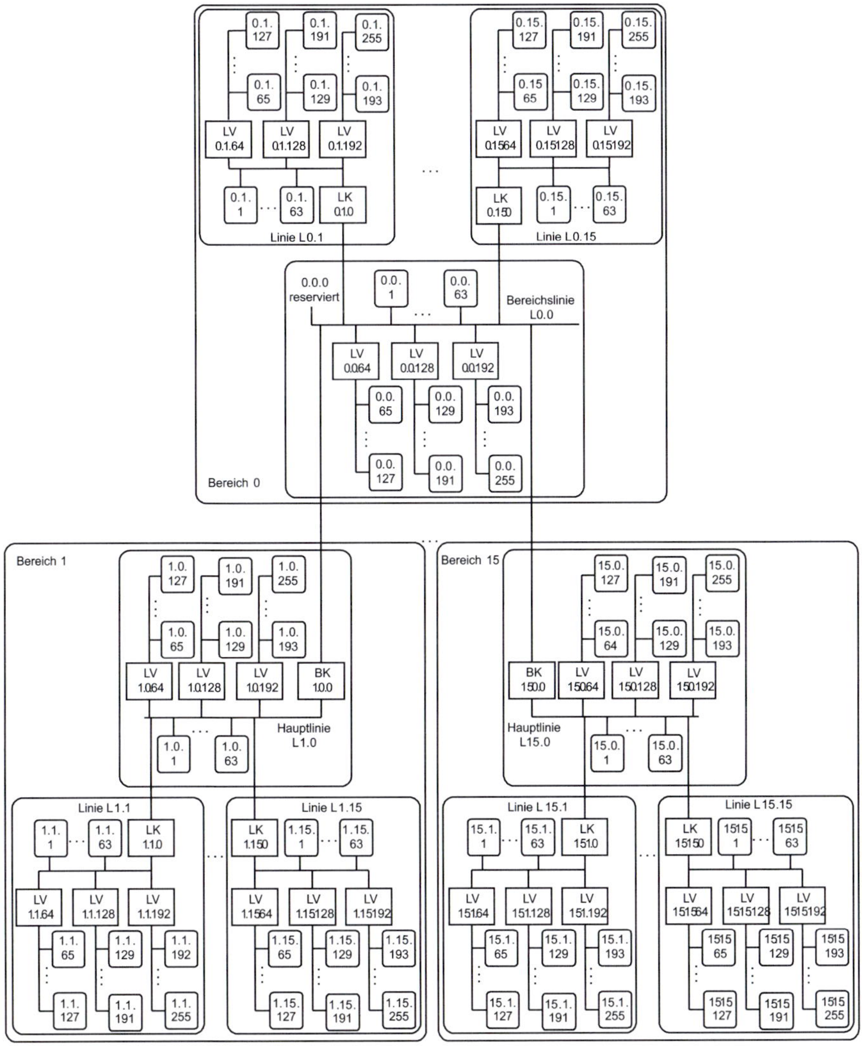

Bild 2.5: Maximaler Ausbau eines KNX-Netzwerks

Tabelle 2.4: Angaben zum KNX-Netzwerk

	TP 64
Adressvorrat	16 · 4.096 = 65.536
maximale Anzahl der Endteilnehmer	64.512
maximale Anzahl der Linienverstärker	16 · 48 = 768
maximale Anzahl der Linienkoppler	16 · 15 = 240
maximale Anzahl der Bereichskoppler	15
reserviert	1
maximaler Abstand zwischen 2 Teilnehmern	7 · 700 m = 4.900 m
maximale Leitungslänge in freier Topologie	16 · 64 km = 1.024 km

Insgesamt sind in einem KNX-Netzwerk somit 65.536 Teilnehmer zu adressieren, dies entspricht einem Adressraum von 2^{16}. Dabei sind alle maximal möglichen Teilnehmer auf der Bereichslinie berücksichtigt. In einem KNX-Netzwerk dürfen nicht mehr als zwei Bereichskoppler zwischen zwei beliebigen Bereichen liegen. Auch hier gilt, dass zwischen zwei Teilnehmern maximal 6 Koppler liegen dürfen (LV, LK oder BK).

Die in der Tabelle 2.4 angegebenen Werte sind maximale Werte, die bei realen Anwendungen nicht erreicht werden. Insbesondere werden in den Haupt- und Bereichslinien, bis auf wenige Ausnahmen, fast ausschließlich Koppler angeordnet (**Bild 2.6**).

Insgesamt richtet man sich nach der Gebäudestruktur und verzichtet auf die maximale Ausschöpfung des Adressvorrats. **Bild 2.7** zeigt eine typische Netzwerkstruktur, die sich an der bestehenden Gebäudestruktur orientiert. Dabei wurde für jeweils zwei Etagen ein Bereich projektiert, so dass mit den maximal verfügbaren 15 Bereichen insgesamt 30 Etagen abgedeckt werden.

Um den Informationsdurchsatz dieser komplexen Struktur zu erhöhen, kommt der *Filterwirkung* der Linien- und Bereichskoppler eine besondere Rolle zu:

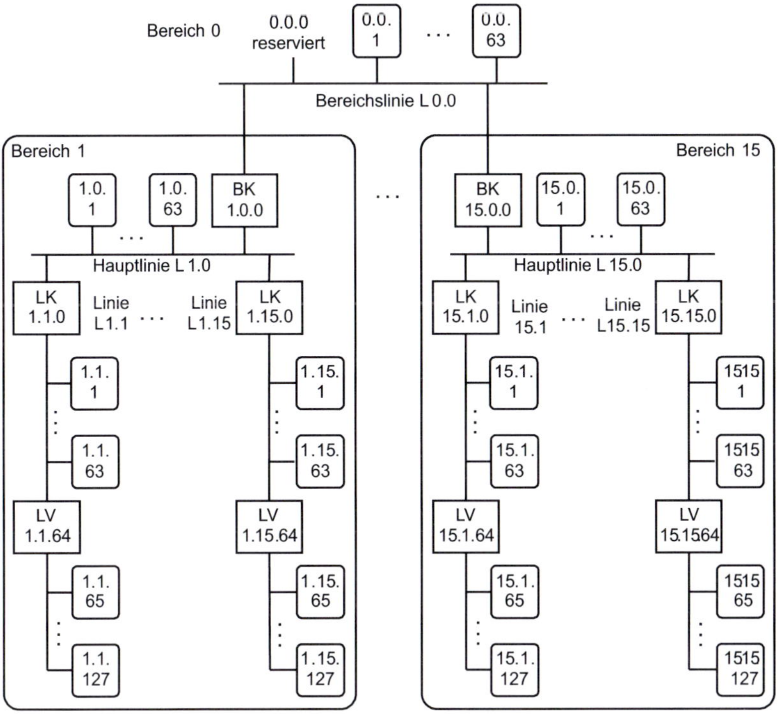

Bild 2.6: Realistischer Ausbau eines KNX-Netzwerks

- Informationen, die nur zwischen zwei Teilnehmern innerhalb einer Linie ausgetauscht werden, überträgt der Linienkoppler nicht in die Hauptlinie, so dass diese nicht unnötig belastet wird.
- Informationen, die nur innerhalb eines Bereichs benötigt werden, überträgt der Bereichskoppler also auch nicht in die Bereichslinie, um diese gleichfalls nicht unnötig zu belasten.

Auf diese Weise können auf den unteren Ebenen viele Informationen gleichzeitig übertragen werden, ohne dass es zu Engpässen im System kommt, weil die Hauptlinie bzw. die Bereichslinien nicht mit unnötigen Informationsströmen belastet werden, was zu deren Blockade führen würde.

Im Abschnitt 3.1.3 wird noch genauer auf Industriegeräte für Linienverstärker und Koppler eingegangen.

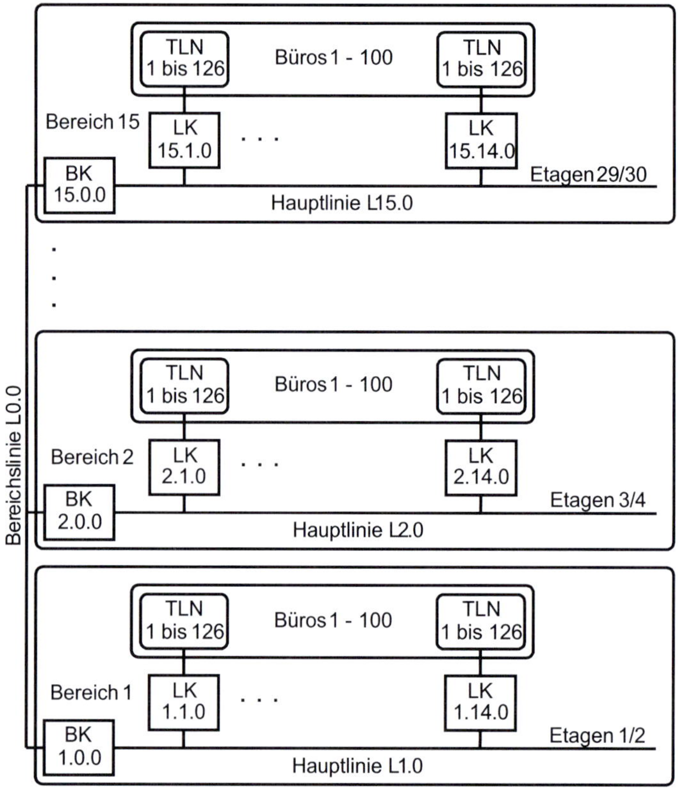

Bild 2.7: Anwendungsbeispiel für die KNX-Vernetzung in einem Bürohaus

Jeweils 2 Etagen bilden einen Bereich. Dazu wird der Bus jeweils nach oben bzw. nach unten in die Etagen verzweigt. Pro Etage stehen 7 Linien zur Verfügung (1 Linie als Reserve). Pro Linie sollen 2 Segmente mit jeweils einem LV und maximal 126 Teilnehmern verbaut werden. Pro Doppeletage können damit 1.764 Endgeräte angeordnet werden. Wenn in einer Etage 50 Büroräume liegen, ergibt sich eine Anzahl von 17 Teilnehmern pro Büro (64 Adressen als Reserve). Nicht dargestellt sind die wenigen Teilnehmer auf der Bereichslinie und den Hauptlinien.

2.2 Buszugriffsverfahren

Damit möglichst viele Teilnehmer über eine einzige Leitung miteinander kommunizieren können, ohne sich dabei gegenseitig zu stören und miteinander zu kollidieren, benötigt man ein Verfahren, nach dem sich die Teilnehmer ihr Zugriffsrecht gegenseitig zuteilen und verwalten. Um diesen Mechanismus der *Kollisionserkennung* und *Kollisionsauflösung* genauer zu beschreiben, ist es zuvor notwendig, auf die Art und Weise einzugehen, wie im KNX-TP grundsätzlich Informationen übertragen werden.

2.2.1 Signaldarstellung und Datenübertragung

Die zu übertragenden binären Daten werden zunächst als binäre Signale in Form von Rechteckimpulsen dargestellt. **Bild 2.8** zeigt dies am Beispiel der

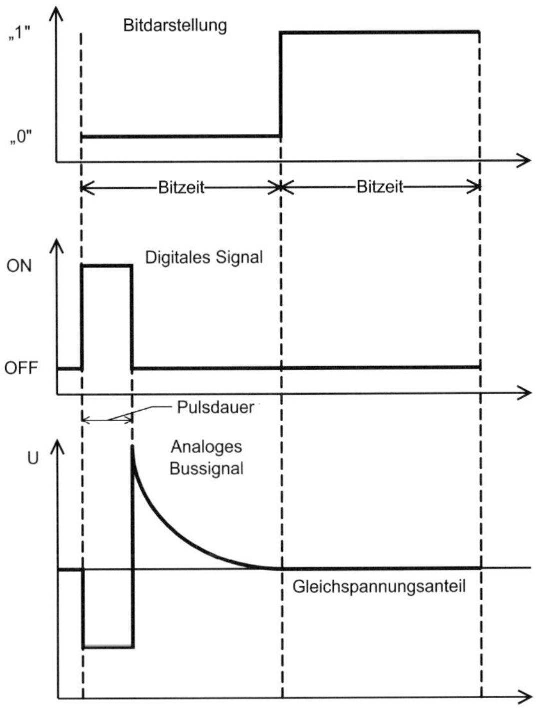

Bild 2.8: Signaldarstellung für die Bitfolge 01

Bitfolge 01. Das 0-Bit führt zu einem aktiven Impuls für etwa ein Drittel der Bitzeit. Das elektrische Bussignal wird nun der Versorgungsgleichspannung überlagert. Der aktive Puls beim 0-Bit führt zu einer negativen Auslenkung und in den beiden folgenden Dritteln der Bitzeit erfolgt ein Ausgleichsvorgang. Dieser Ausgleichsvorgang wird durch die elektrischen Eigenschaften des Senders, des Kabels sowie der in der Spannungsversorgung integrierten Drossel verursacht und beeinflusst (s. Abschnitt 2.3). Die Spannung während des Ausgleichsvorgangs ist höher als die der Gleichspannung, damit wird die während des aktiven Impulses gespeicherte Energie wieder dem Bussystem zugeführt. Somit wird auch eine *Gleichstromfreiheit des Signals* garantiert, so dass dieses Signal der Gleichspannung zur Versorgung der Busteilnehmer überlagert werden kann und diese praktisch nicht beeinflusst.

Das 1-Bit bedeutet Busruhe. Es ist identisch mit dem Gleichspannungsanteil des Bussignals. Nur durch das Senden eines 0-Bits kann das Ende eines (oder mehrerer) 1-Bits erkannt werden.

Die Information wird auf dem Adernpaar symmetrisch übertragen. Dazu werten alle Teilnehmer die Wechselspannungsdifferenz an den Adern rot (für +) und schwarz (für –) aus. Induzierte Störspannungen, wie diese z. B. bei Schaltvorgängen mit größeren Strömen entstehen, wirken auf beide Adern mit der gleichen Polarität und beeinflussen daher nicht die ausgewertete Differenz der Signalspannung (**Bild 2.9**).

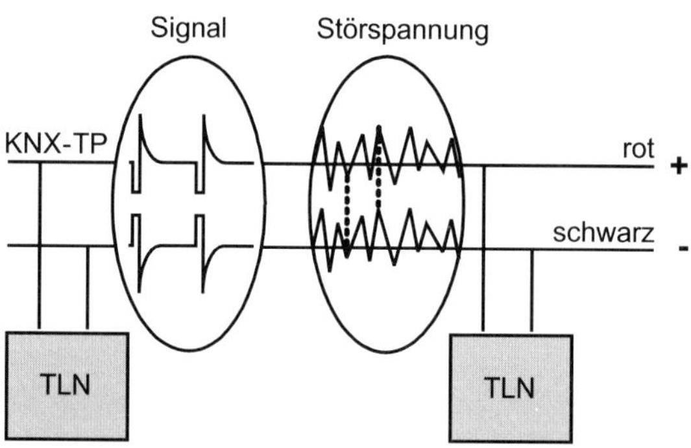

Bild 2.9: Symmetrische Signalübertragung (TLN Teilnehmer)

Die theoretische Form eines 0- und eines 1-Bits zeigt **Bild 2.10**. Nur während der ersten 35 µs des 0-Bits ist der Sender aktiv, der Rest des Signals entsteht selbst durch den Ausgleichsvorgang. Eine „1“ wird durch den nicht angesteuerten Bus dargestellt. Diese Signaldefinition ist für die Kollisionsbehandlung wichtig: Bei einer Kollision wird sich also die aktiv gesendete „0“ gegen die passive „1“ durchsetzen.

Die für das Senden eines Zeichens benötigte Zeit von 104 µs führt zu der Datenrate von ca. 9,6 kbit/s. In der Praxis weicht die Form eines 0-Bits von der theoretischen Form mehr oder weniger ab, da sie durch die Belastung mit der Leitungskapazität verformt wird. Aus diesem Grund ist die *maximale Leitungskapazität* auf 200 nF begrenzt. Dieser Wert schließt die Kapazität aller angeschlossenen Teilnehmer und Koppler ein.

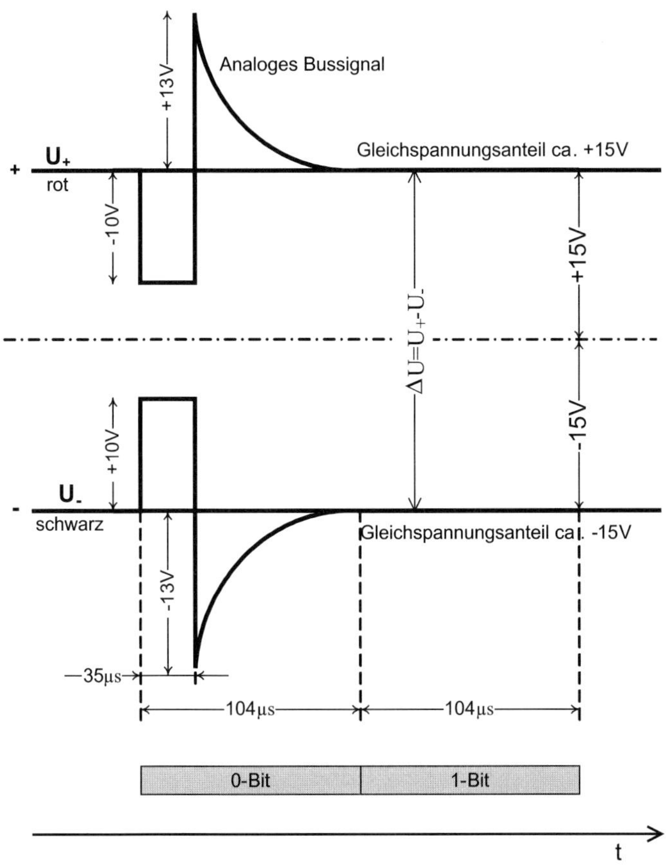

Bild 2.10: Idealisierte Signalform von 0- und 1-Bit

Überlagerung von Information und Versorgungsspannung

Das Informationssignal wird der Versorgungsspannung überlagert. Hierbei spielt die elektrische Struktur des Bussystems und der Teilnehmer-Eingangsschaltung, des Busankopplers, eine wesentliche Rolle. Jeder Teilnehmer ist über einen induktiven Übertrager mit dem Bus verbunden (**Bild 2.11**).

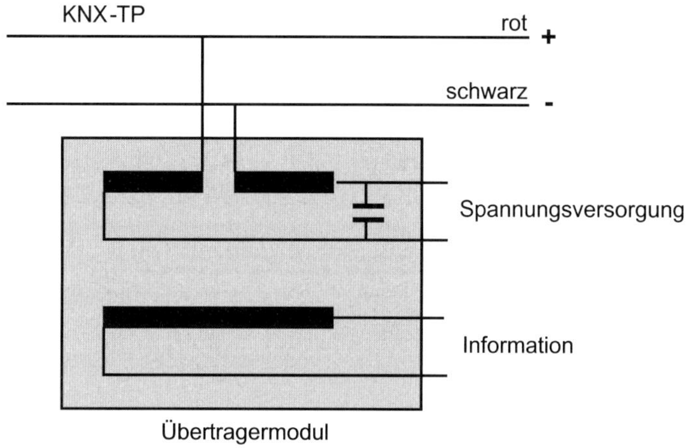

Bild 2.11: Eingangsschaltung eines Teilnehmers

Das Informationssignal ist eine Wechselspannung. Für sie ist der Kondensator niederohmig; er wirkt wie eine Leitungsverbindung und schließt den Kreis der Primärseite.

Dieser Übertrager erfüllt gleichzeitig zwei wichtige Aufgaben:

- Zusammen mit dem nachgeschalteten Kondensator bildet er ein *Filter*, das die hochfrequente Wechselspannung der Informationsübertragung von der Teilnehmer-Gleichspannungsversorgung fernhält. Am Kondensator steht daher die Versorgungs-Gleichspannung für den Teilnehmer zur Verfügung. Gleichzeitig entkoppelt der für Wechselspannungen hochohmige Übertrager die Busleitung von der Gleichspannungs-Versorgung der Teilnehmerschaltung.
- Für die Wechselspannung der Information (Impulse) ist der Kondensator niederohmig. Er schließt den Kreis zwischen den beiden Wicklungen des Übertragers auf der Primärseite. Arbeitet der Teilnehmer als Empfänger,

so stellt der Übertrager die Wechselspannung der Information an seiner Sekundärseite zur Verfügung. Arbeitet der Teilnehmer als Sender, so wirkt der Übertrager als *Modulator* und überlagert die zu sendende Wechselspannung auf die Versorgungs-Gleichspannung des Bussystems.

Aufbau eines KNX-Zeichens

Beim KNX werden die Daten in Zeichen zu je 8 Bit (1 Byte) übertragen (**Bild 2.12**). Der Bus verfügt über kein eigenes Taktsignal, daher spricht man von asynchroner Datenübertragung. Zur Synchronisation wird vor der Übertragung jedes Zeichens ein *Startbit* gesendet (ST immer als 0-Bit). Daran schließen sich die 8 Datenbits D0 bis D7 an und es folgen das *Paritätsbit* (PB) zur Fehlerüberwachung sowie das *Stoppbit* (SP immer als 1-Bit). Bevor das nächste Zeichen gesendet werden kann, schließen sich noch zwei Pausenbits an (P immer als 1-Bit). Damit beträgt die Übertragungszeit eines Zeichens 1,35 ms.

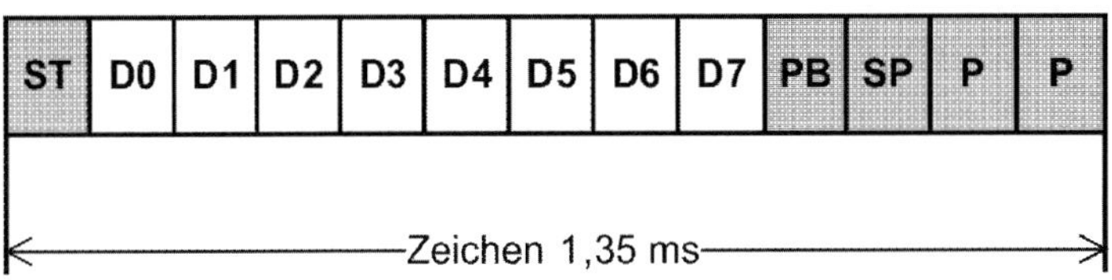

Bild 2.12: Aufbau eines KNX-Zeichens

Ablauf der Datenübertragung

Der KNX-Bus benutzt ein ereignisorientiertes Übertragungsverfahren, d. h. wenn nichts passiert, ist der Bus frei. Eine Übertragung wird erst durch das Auftreten eines *Ereignisses* ausgelöst, z. B. dann, wenn eine Taste betätigt wird (**Bild 2.13**).

Der Teilnehmer, der das Ereignis E registriert, beginnt direkt nach Eintreten des Ereignisses damit, auf das nächste *Zugriffsrecht* zu warten. Er beobachtet den Bus und beginnt zu senden, sobald er eine Pause von t_1 = 5,2 ms (50 Bitzeiten) im Datenstrom erkennt. Die Nutzdaten werden mit dem *Datentelegramm* übertragen.

Nach Abschluss der Datenübertragung steht dem Empfänger maximal die Zeit t_2 = 1,35 ms (13 Bitzeiten) zur Verfügung, um die empfangenen Daten zu überprüfen. Danach erfolgt die *Quittierung* des korrekten Empfangs

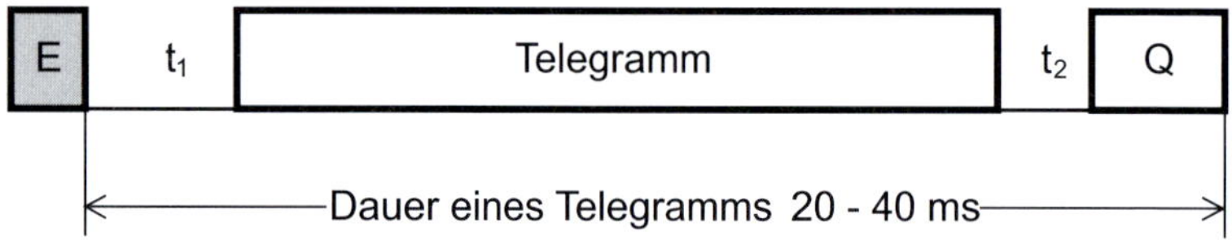

Bild 2.13: Ein Ereignis E löst die Datenübertragung aus: Telegramm und Quittung Q

durch das Bestätigungstelegramm (Q). Das Quittierungssignal ist dabei so ausgelegt, dass bei fehlerhaftem Empfang ein 0-Bit übertragen wird. Das Signal des aktiv gesendeten 0-Bits setzt sich gegen eventuell gleichzeitig von anderen Empfängern gesendete 1-Bits durch. Es ist also sichergestellt, dass der fehlerhafte Empfang einer Nachricht unter allen Umständen gemeldet werden kann.

Die Länge eines Telegramms beträgt minimal 9 Zeichen und maximal 23 Zeichen, die Quittung Q belegt ein weiteres Zeichen. Mit der Wartezeit auf das Zugriffsrecht und der Wartezeit auf die Quittung liegt die Gesamtdauer einer Übertragung zwischen 20 ms und 40 ms.

2.2.2 Buszugriffsverfahren und Zugriffskonflikte

Bei seriellen Bussystemen teilen sich viele Teilnehmer ein einziges Übertragungsmedium. In einem physikalischen Segment des KNX-TP darf also nur *ein einziges* Datentelegramm gleichzeitig übertragen werden. Man benötigt daher ein Buszugriffsverfahren, das die gleichzeitige Übertragung mehrerer Datentelegramme verhindert. Für die Lösung dieser Aufgabe gibt es verschiedene Ansätze, die sich in unterschiedlichen Umgebungen und Aufgabenbereichen als sinnvoll herausgestellt haben. Im Wesentlichen unterscheiden sie sich darin, ob sie (bezüglich des Sendezeitpunkts) deterministisch oder stochastisch sind.

Deterministische Buszugriffsverfahren garantieren die genaue Einhaltung des Zeitpunkts der Datenübertragung, z. B.

- Das *Master-Slave-Verfahren* verwendet einen zentralen *Busmaster*, der allein die Kontrolle über alle angeschlossenen Teilnehmer hat. Er fragt diese immer wieder der Reihe nach ab und steuert den gesamten Datenverkehr zwischen ihnen, so dass jede Kollision vermieden wird.
- Das *Token-Passing-Verfahren* (Token Passing = Weitergabe des Zugriffsrechts) erlaubt mehrere Busmaster in einem System, die zeitlich nachei-

nander die Kontrollfunktion über den Bus erhalten. Dazu geben sie die *Zugriffsberechtigung* (das Token) an ihren Nachfolger weiter, nachdem sie ihre Übertragung beendet haben.

Stochastische (zufällige) Buszugriffsverfahren können den genauen Zeitpunkt der Datenübertragung nicht garantieren. Sie werden besonders bevorzugt für eine ereignisorientierte Datenübertragung, z. B.:

- Das *CSMA/CD-Verfahren* (Carrier Sense Multiple Access with Collision Detection = Leitungstest, Mehrfachzugriff mit Kollisionserkennung) behandelt jeden Busteilnehmer gleich. Hier löst das Auftreten eines bestimmten zu meldenden Ereignisses die Datenübertragung eines Teilnehmers aus. Die *Busbelastung* bleibt somit äußerst gering, es wird keine Übertragungszeit für unnötige Abfragen der Teilnehmer durch einen Busmaster benötigt. Gleichzeitig bleibt die *Reaktionszeit* für Einzelereignisse extrem kurz, da die Meldung sofort abgesetzt werden kann. Die Reaktionszeit des Gesamtsystems auf ein Ereignis setzt sich zusammen aus der Reaktionszeit des betroffenen Teilnehmers auf das auslösende Ereignis, aus der Wartezeit auf den freien Bus, aus der Übertragungszeit der Nachricht und der Verarbeitungszeit des Empfängers.

  Nachteilig ist aber, dass bei gleichzeitigem Auftreten von Ereignissen bei mehreren Teilnehmern ungewollte *Konflikte* auftreten. Daher prüft jeder Teilnehmer vor seiner Sendung, ob der Bus auch frei ist (Carrier Sense = Leitungstest). Stellt er eine laufende Aktivität fest, so wartet er deren Ende ab, bevor er selbst den Bus belegt. Sobald jetzt ein Teilnehmer zu senden beginnt, überwacht dieser gleichzeitig den Bus, um eine auftretende *Kollision* mit Daten eines anderen Teilnehmers festzustellen (Collision Detection = Kollisionserkennung). Kommt es zu einer Kollision, so brechen beide Teilnehmer die Übertragung ab. Damit dauerhafte Kollisionen vermieden werden, erfolgt der nächste Zugriff nach einer für jeden Busteilnehmer unterschiedlichen Wartezeit.

  Die Reaktionszeit eines CSMA/CD-Systems auf ein Ereignis ist daher nicht genau vorhersagbar. Sie ist vielmehr abhängig von der Anzahl der Teilnehmer, der Anzahl gleichzeitig eintretender Ereignisse und der Dauer der zugehörigen Datenübertragungen. Grundsätzlich steigt die Reaktionszeit mit steigender Teilnehmerzahl und steigender Busbelastung steil an. Das CSMA/CD-Verfahren ist daher *nicht echtzeitfähig.*

- *CSMA/CA-Verfahren* (Carrier Sense Multiple Access with Collision Avoidance = Leitungstest, Mehrfachzugriff mit Kollisionsvermeidung). Dieses Verfahren wird *beim KNX eingesetzt*, es arbeitet ähnlich wie das zuvor beschriebene CSMA/CD-Verfahren. Der Unterschied liegt in der Reaktion auf eine auftretende Kollision.

Die *Kollisionsvermeidung* basiert beim KNX-TP auf der Signaldarstellung mit dem 0-Bit als aktivem Impuls und dem 1-Bit als Busruhe. Greifen jetzt mehrere Teilnehmer gleichzeitig zu, so setzt sich der Teilnehmer mit dem 0-Bit gegen den mit einem 1-Bit durch. Der gestörte Teilnehmer erkennt die Kollision und zieht sich vom Bus zurück, der andere Teilnehmer sendet jedoch ungehindert weiter. Im Unterschied zum CSMA/CD-System gewährleistet das CSMA/CA-Verfahren also für den Teilnehmer mit dem 0-Bit, dass dieser seine Information ohne Zeitverzögerung übertragen kann. Hierüber wird auch die Priorität der Teilnehmer gesteuert (s. Abschnitt 2.2.3).

Um eine Kollision zu erkennen, liest jeder sendende Teilnehmer das Signal bitweise vom Bus zurück. Solange dieses Signal mit dem von ihm gesendeten übereinstimmt, hat er weiterhin den Zugriff.

Stellt ein Teilnehmer jedoch fest, dass das aktuell auf dem Bus anliegende Bit nicht mit dem von ihm gesendeten Bit übereinstimmt, so bricht er die Übertragung ab. Dieser Vorgang wird als nicht erhaltenes Zugriffsrecht auf den Bus gewertet; der Teilnehmer zieht sich zurück und wird die Übertragung zum nächstmöglichen Zeitpunkt wiederholen. Diese Wiederholung gilt nicht als Telegrammwiederholung, da es zuvor noch nicht komplett gesendet werden konnte.

Den beschriebenen Mechanismus für das CSMA/CA-Verfahren zeigt **Bild 2.14** an einem Beispiel. Die ersten vier Bits der Telegramme von Teilnehmer A und B sind gleich. Daher kann während dieses Zeitraums keiner von ihnen einen Zugriffskonflikt feststellen. In Bit 5 unterscheiden sich die Telegramme beider Teilnehmer erstmals, dabei setzt sich das 0-Bit von Teilnehmer B am Bus durch (hervorgerufen durch den besonderen Buszugriff des KNX). Teilnehmer A erkennt den Konflikt und bricht die Übertragung zu diesem Zeitpunkt ab. Teilnehmer B hat nichts von diesem Vorgang bemerkt und sendet sein Telegramm unterbrechungsfrei weiter. Teilnehmer B hat also die höhere Priorität (Wichtigkeit, Bedeutung) besessen, so dass er sich beim Zugriff durchgesetzt hat. Sobald Teilnehmer B seine Sendung beendet hat, startet Teilnehmer A den nächsten Sendeversuch.

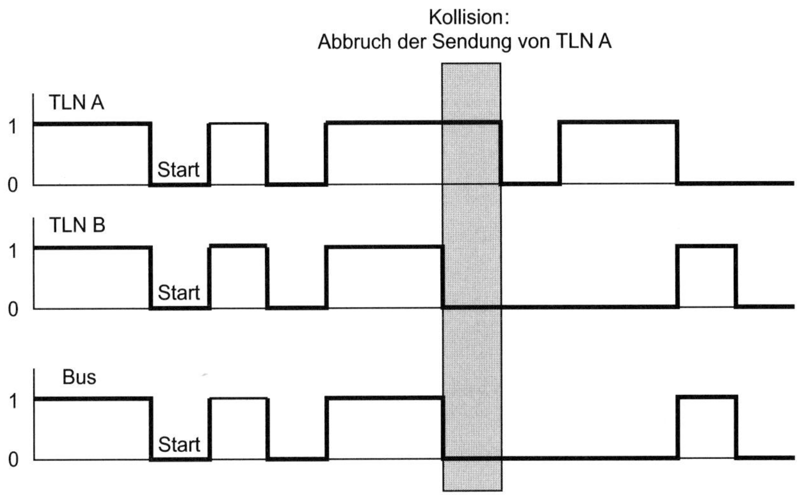

Bild 2.14: Erkennung von Konflikten beim KNX-TP (TLN Teilnehmer)

2.2.3 Prioritäten

Aus Bild 2.14 wird ersichtlich, dass der Zeitpunkt der ersten Ungleichheit auch der Zeitpunkt der *Kollisionserkennung* ist. Diesen Zeitpunkt möchte man natürlich möglichst frühzeitig innerhalb eines Telegramms haben, damit ein Konflikt schnell erkannt werden kann. Das Telegramm des KNX enthält daher zu Anfang eine spezielle Erkennung der Wichtigkeit eines Teilnehmers, die *Prioritäts-Codierung*, die vier verschiedene Stufen umfasst (**Tabelle 2.5**).

Tabelle 2.5: Prioritätsstufen zur Festlegung der Wichtigkeit einer Teilnehmerfunktion

Codierung	Prioritätsstufe	Bedeutung/Anwendung
00	1	Systemfunktionen
10	2	Alarmfunktionen (Alarm)
01	3	normale Betriebspriorität (kurze Telegramme)
11	4	niedrige Betriebspriorität (lange Telegramme)

Zusätzlich erfolgt eine Einteilung der Telegramme in zwei Klassen:

- **Zugriffsklasse 1** umfasst sämtliche Telegramme der Prioritätsstufen 1 und 2 sowie Telegrammwiederholungen aufgrund von Übertragungsfehlern.
- **Zugriffsklasse 2** umfasst sämtliche Telegramme der Prioritätsstufen 3 und 4. Müssen Telegramme der Zugriffsklasse 2 aufgrund von Übertragungsfehlern wiederholt werden, so erhalten diese Wiederholungen die Zugriffsklasse 1.

Der Unterschied zwischen den beiden Zugriffsklassen liegt in der Reaktion des Teilnehmers auf einen freien Bus: Telegramme der Zugriffsklasse 1 werden bei freiem Bus sofort gesendet, also immer dann, wenn dieser mindestens 5,2 ms lang frei war. Dadurch kann eine Kollision nur dann auftreten, wenn System- und/oder Alarmfunktionen gleichzeitig auftreten. Die Wahrscheinlichkeit hierfür ist aber relativ gering.

Bei Telegrammen der Zugriffsklasse 2 wird eine zusätzliche Wartezeit von 312 µs eingefügt (3 Bitzeiten). Damit können die normalen Betriebsmeldungen keine Kollision mit den Telegrammen der Zugriffsklasse 1 hervorrufen. Den zeitlichen Zusammenhang zeigt **Bild 2.15**.

Grundsätzlich hat aber die Wiederholung eines Telegramms nach einer Fehlererkennung stets Vorrang vor den genannten Prioritäten.

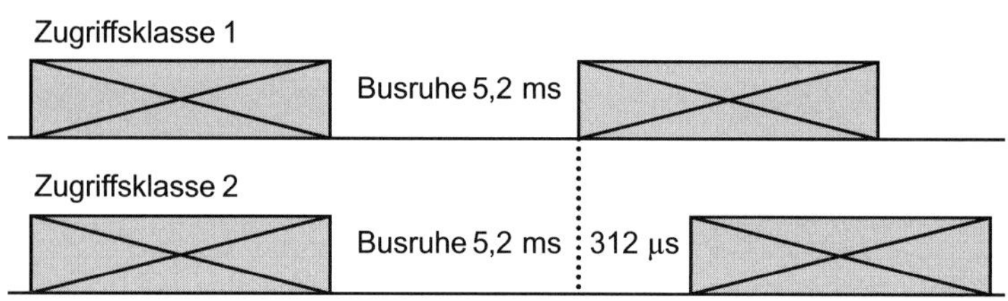

Bild 2.15: Zusätzliche Wartezeit für Telegramme der Zugriffsklasse 2

2.3 Spannungsversorgung der Teilnehmer

Jedes Segment der Linien einschl. der Haupt- und Bereichslinien muss mit einer eigenen *Spannungsversorgung mit Drossel* versehen werden. In den bisher vorgestellten Topologien wurde die Spannungsversorgung nicht dargestellt. **Bild 2.16** zeigt die zum Bild 2.2 a entsprechende Darstellung mit zugehöriger Spannungsversorgung SV und Drossel Dr für eine Linie mit zwei Segmenten.

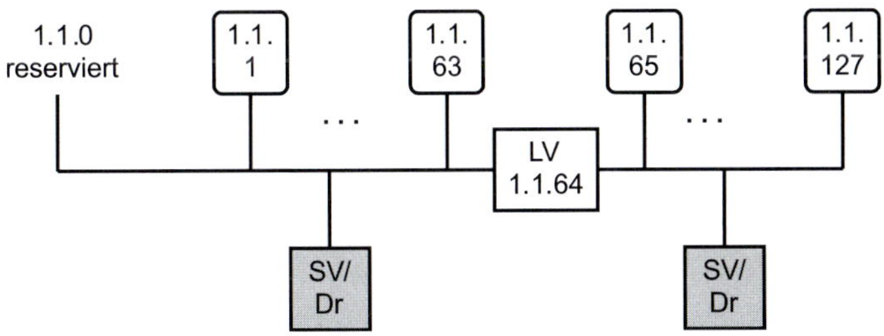

Bild 2.16: Spannungsversorgung in einer Linie mit zwei Segmenten

Die Spannungsversorgung (Power Supply Unit – PSU) für den KNX-Bus hat eine Nennspannung von 30 V DC ± 2 V. Diese Gleichspannung ist so gewählt, dass über die maximal zulässige Kabellänge von 350 m zwischen Spannungsversorgung und Teilnehmer bei Verwendung des vorgeschriebenen Leitungsmaterials (z. B. YCYM 2x2x0,8) die Mindestversorgungsspannung von 21 V eines Teilnehmers nicht unterschritten wird (**Bild 2.17**).

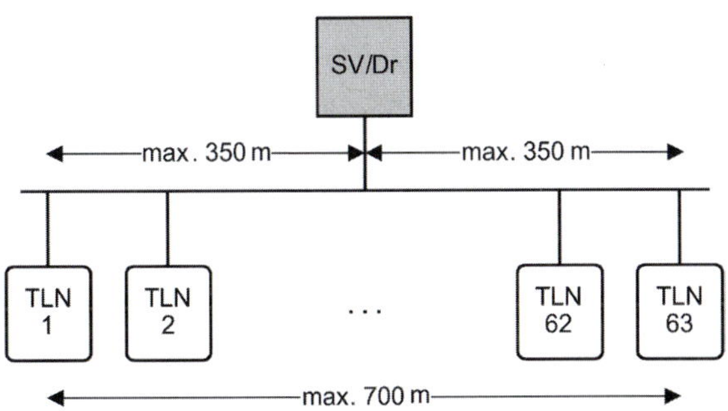

Bild 2.17: Maximale Leitungslängen für den Abstand zwischen Spannungsversorgung SV und Teilnehmern TLN in einem Segment

Die KNX-Spezifikation lässt folgende Nennausgangsströme der Spannungsversorgungseinheiten zu: 160 mA, 320 mA, 640 mA, 960 mA, 1280 mA. Übliche Werte sind 320 mA und 640 mA. Im Abschnitt 3.1.3.1 werden gerätetechnische Ausführungen der Spannungsversorgungen vorgestellt.

Die Dimensionierung der PSU muss zusammen mit der Festlegung der Art und Anzahl der Busteilnehmer pro Segment durch Abschätzung der Stromaufnahme aller Geräte erfolgen.

Der Strombedarf der Endgeräte ist unterschiedlich. Bei den meisten Geräten liegt er bei 5 mA, es gibt aber auch Endgeräte mit 7,5 mA bis hin zu 45 mA. Bei einem Segment mit 63 Teilnehmern á 5 mA Stromaufnahme ergibt sich ein Nennstrombedarf von 315 mA. Hier wäre eine Spannungsversorgung mit 320 mA ausreichend. Sowie eines der Geräte einen höheren Strombedarf hat, muss die Spannungsversorgung mit einem Nennstrom von 640 mA ausgewählt werden.

Die Spannungsversorgung ist spannungs- und stromgeregelt und damit auch kurzschlussfest. Die Kurzschlussströme sind auf max. 1,25 A begrenzt. Zur Vermeidung von statischen Ladungen auf der Busseite sind in der PSU von jeder Busader hochohmige Widerstände zum Erdanschluss der PSU eingebaut.

Für höhere Ansprüche an die Verfügbarkeit gibt es unterbrechungsfreie Spannungsversorgungseinheiten. Manche Typen sind mit einem potenzialfreien Relaisausgang ausgestattet, der die Information Normalbetrieb/Netzausfall zur Auswertung zur Verfügung stellt. Die meisten Typen sind mit LEDs versehen, die den Betriebszustand der Stromversorgung anzeigen.

Drossel

Die Spannungsversorgung der Kommunikationsendgeräte (Busteilnehmer) und die Datenübertragung erfolgen über das gleiche Adernpaar. Dabei darf diese Gleichspannungsversorgung keine Rückwirkung auf die Signale der Datenübertragung haben.

Dazu dient die Drossel. Die für die Gleichspannung niederohmige Drossel stellt für das hochfrequente Daten-Signal einen hochohmigen Widerstand dar. Zusätzlich ist in der Drossel eine Kompensationsschaltung integriert, die einen gewissen Busabschluss an dieser Stelle realisiert, um Reflexionen zu vermindern.

Wie bereits dargestellt, spielt die Drossel eine wesentliche Rolle bei der Generierung der Datenimpulse. Die Drossel, als Bestandteil der Spannungsversorgung, erzeugt zusammen mit den Transformatoren der Teilnehmer eine Ausgleichs-Halbwelle. Hieraus resultiert auch die Beschränkung, dass die Teilnehmer nur bis maximal 350 m von der Drossel (Spannungsversorgung) montiert werden dürfen.

Die Anordnung der Spannungsversorgung innerhalb einer Buslinie ist an sich beliebig. Wenn jedoch sehr viele Teilnehmer (> 30) auf engem Raum eingebaut werden, beispielsweise innerhalb eines Verteilers, sollte auch die Spannungsversorgung in direkter Nähe angeordnet werden, um unnötige Spannungsabfälle auf der Busleitung zu vermeiden. Bei erhöhtem Strombedarf kann eine zweite Spannungsversorgung an dasselbe Segment angeschlossen werden, wenn der Abstand zur ersten mindestens 200 m beträgt (**Bild 2.18**). Der Grund für diesen Abstand liegt in der maximalen Strombelastung der Drossel.

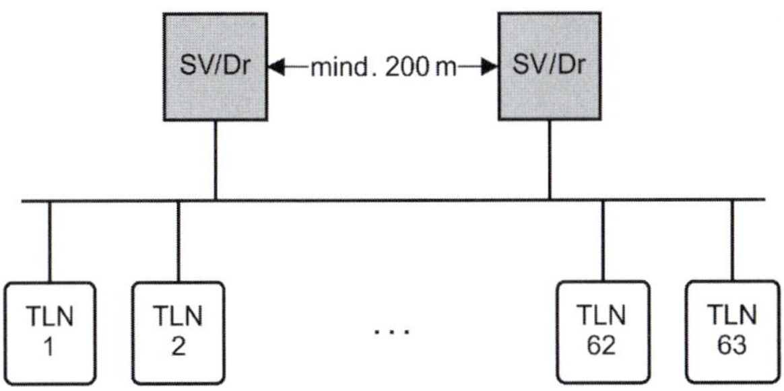

Bild 2.18: Segment mit zwei räumlich getrennten Spannungsversorgungen SV bei vielen Teilnehmern TLN

Verteilte Busspeisung

Alternativ zur zentralen Spannungsversorgungseinheit (PSU) gibt es die Möglichkeit der dezentralen Busspannungseinheiten (DPSU). Dazu bestehen zwei Möglichkeiten:

- Endgeräte, die je eine dezentrale Busspannungseinheit (DPSU) mit integrierter Drossel beinhalten, oder
- DPSU, die nicht Bestandteil eines Busteilnehmers sind.

Die DPSU sind für kleinere Anlagen mit wenigen Geräten geeignet. Sie gibt es mit verschiedenen Nennausgangsströmen (25 mA, 40 mA und 80 mA).

Im Allgemeinen kann man dezentrale Spannungsversorgungseinheiten mit bis zu zwei zentralen Einheiten in einem Segment anordnen. Die DPSU können an beliebigen Stellen im Segment eingefügt werden. Es gibt keine Beschränkungen hinsichtlich der minimalen Abstände zwischen zwei DPSU bzw. einer DPSU und einer zentralen Spannungsversorgungseinheit. In einem Segment können bis zu 8 DPSU angeordnet werden.

Die **Tabelle 2.6** stellt hierzu die einzuhaltenden Leitungslängen in Zusammenhang mit der Verwendung zentraler bzw. dezentraler Spannungsversorgungseinheiten dar.

Tabelle 2.6: Kabellängen

	Art der Spannungsversorgung			
	Anzahl der DPSU			**zentrale PSU**
	1	**2**	**3 bis 8**	
max. totale Kabellänge	350 m	700 m	1.000 m	1.000 m
max. Abstand zwischen zwei Busteilnehmern	350 m	700 m	700 m	700 m
max. Abstand zwischen nicht speisendem Gerät und Spannungsversorgung	350 m	350 m	350 m	350 m
min. Abstand zwischen zwei Spannungs-versorgungseinheiten	keine			200 m

2.4 Telegrammaufbau

Mit *Telegramm* wird ein kompletter *Datenblock* zur Übertragung einer Information bezeichnet. Das Telegramm enthält außer den zu transportierenden Daten sämtliche zusätzlich benötigten Informationen in bestimmten Feldern, z. B. *Priorität, Quelladresse (Sender), Zieladresse (Empfänger), Routing-Zähler* und *Datensicherung.*

Die KNX-Spezifikation unterscheidet zwischen zwei Telegrammrahmen, dem normalen und dem erweiterten Telegrammrahmen (**Bild 2.19**). Der erweiterte Telegrammrahmen wird verwendet, wenn eine größere Anzahl von Nutzdaten übertragen werden soll oder wenn der Adressvorrat des normalen Telegrammrahmens nicht ausreicht. Zunächst wird in den folgenden Abschnitten der normale Telegrammrahmen vorgestellt.

Strg	Quelladresse	Zieladresse	RL	Nutz-Daten	Parität
8 Bit	16 Bit	16+1 Bit	7 Bit	2- 16 Byte	8 Bit

a)

Strg	erw. Strg	Quelladresse	Zieladresse	LG	Nutz-Daten	Parität
8 Bit	8 Bit	16 Bit	16 Bit	8 Bit	2- 255 Byte	8 Bit

b)

Bild 2.19: Aufbau eines Telegramms
a) normaler b) erweiterter Telegrammrahmen

2.4.1 Steuerfeld

Das *Steuerfeld* ist das erste Zeichen eines jeden Telegramms (Byte 1). Es enthält wichtige Informationen, die u. a. über die *Priorität* der folgenden Nachricht entscheiden (**Bild 2.20**).

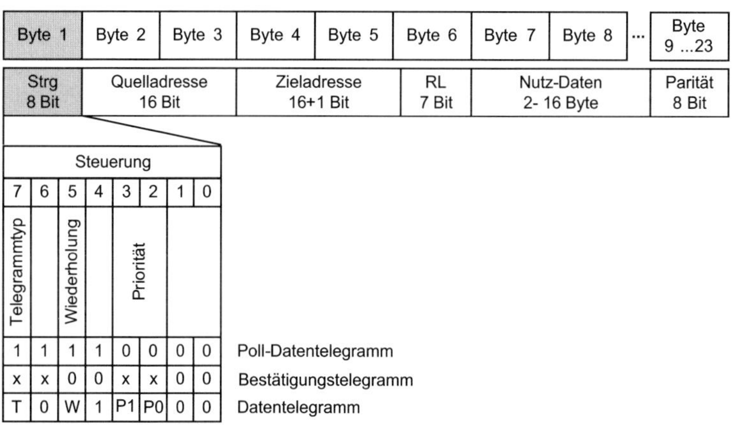

Bild 2.20: Steuerfeld eines KNX-Telegramms

Die schon beschriebene ereignisorientierte Datenübertragung nutzt das Datentelegramm und das Bestätigungstelegramm. Das im Bild 2.20 dargestellte Poll-Datentelegramm ist eher die Ausnahme (Polling bedeutet hier ein zyklisches Abfragen der Teilnehmer). Zunächst wird das *Datentelegramm* näher erläutert. Die im Bild 2.20 verwendeten Abkürzungen haben hierbei folgende Bedeutung:

- **Telegrammtyp T:** Das Bit **T=1** kennzeichnet das normale Telegrammformat. Ist das Bit auf 0 gesetzt, so wird das erweiterte Telegramformat verwendet (s. Abschnitt 2.4.6).
- **Wiederholung W:** Das Bit **W** hat normalerweise den Wert 1. Dieser Wert bezeichnet ein neu gesendetes Telegramm. Tritt bei mindestens einem Empfänger einer Nachricht ein Fehler auf, so dass dieser eine negative Quittung zurückgibt, dann wird dieses Bit bei der darauffolgenden Telegrammwiederholung auf 0 gesetzt. Damit wird verhindert, dass bei einer Übertragung an eine Gruppe von Empfängern, von denen möglicherweise nur einer die vorangegangene Nachricht nicht korrekt empfangen konnte, die restlichen Empfänger einen Befehl doppelt ausführen.
- **Priorität P:** Die Bits **P1** und **P0** legen die Priorität einer Nachricht fest (vgl. Tabelle 2.5). Bei einer *Kollision* mehrerer Teilnehmer wird somit sichergestellt, dass sich die wichtigeren System- und Alarmfunktionen gegen weniger wichtige Betriebsmeldungen durchsetzen, da die Übertragung mit dem LSB beginnt.
- Die Bits 0 und 1 werden nicht benutzt und auf 0 gesetzt.

2.4.2 Teilnehmeradressierung

Die Adressierung aller Teilnehmer im KNX ist ein wesentlicher Gesichtspunkt des Busprotokolls. Im Telegramm sind dafür zwei Bereiche vorgesehen: die *Quelladresse* (Sender) und die *Zieladresse* (Empfänger).

Beide Adressformate sind grundsätzlich gleich aufgebaut. Jede Adresse umfasst 16 Bit. Mit ihnen kann eine eindeutige Zuordnung gesichert werden. Dabei sind zwei verschiedene Adresstypen zu unterscheiden: Physikalische und logische Adresse.

- **Physikalische Adresse:** Die physikalische Adresse kennzeichnet einen Teilnehmer eindeutig. Sie beschreibt, an welcher *Position* im KNX-Netz (Linie, Bereich) sich der Teilnehmer befindet. Physikalische Adressen kommen jeweils nur einmal innerhalb eines KNX-Netzwerks vor; sie sind den Geräten fest zugeordnet. Die Vergabe dieser Adressen wird während der Planung/Projektierung durchgeführt (vgl. Abschnitt 4.5). Die physikalische Adresse wird für das Engineering des KNX benötigt.

- **Logische Adresse:** Die logische Adresse ist eine *Gruppenadresse.* Mehrere Geräte, die sich an einer beliebigen Stelle innerhalb des Bussystems befinden, können zu einer Gruppe zusammengefasst werden, z. B. eine Gruppe von Leuchten. Diesen Geräten wird bei der Projektierung eine zusätzliche Adresse gegeben, die Gruppenadresse (vgl. Abschnitt 4.4). Jedes Telegramm, das diese Gruppenadresse anspricht, wird von allen Teilnehmern der Gruppe empfangen und ausgewertet. Die Gruppenadressierung ist für die Runtime-Kommunikation der Normalfall. Durch die Vergabe der Gruppenadressen für Sensoren und Aktoren wird die geplante Funktionalität realisiert.

Die *Quelladresse* innerhalb eines Telegramms ist immer die physikalische Adresse des Senders. Aus der Quelladresse kann der Sender eindeutig abgeleitet werden.

Die *Zieladresse* innerhalb eines Telegramms kann eine physikalische Adresse sein, dann wird nur ein einziger Teilnehmer angesprochen. Ist sie eine Gruppenadresse, dann reagieren alle Teilnehmer, die dieser Gruppe zugeordnet wurden.

Zur *Kennzeichnung des Adresstyps* wird der Zieladresse ein zusätzliches 17. Bit hinzugefügt (Destination Address Flag – DAF):

- DAF = 0: Zieladresse ist physikalisch, d. h. nur ein Teilnehmer ist angesprochen.
- DAF = 1: Zieladresse ist eine Gruppenadresse, d. h. alle Teilnehmer mit dieser Gruppenadresse werden angesprochen.

2.4.2.1 Physikalische Adresse

Das Adressfeld der physikalischen Adresse besteht aus drei Bereichen (**Bild 2.21**):

		Adressvorrat
Bereichsadresse	B3...B0	16
Linienadresse	L3...L0	16
Teilnehmeradresse	T7...T0	256

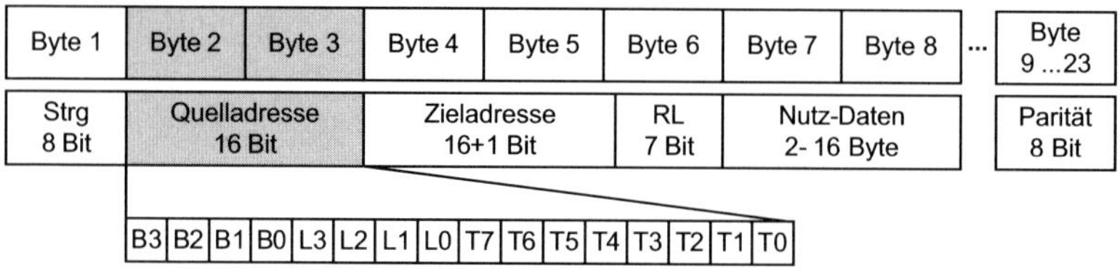

Bild 2.21: Adressfeld der physikalischen Adresse

Bereichsadresse: Die Bereichsadresse kennzeichnet den Bereich, in dem der Teilnehmer angeordnet ist. Dabei gilt:

Adresse 0: Bereichslinie

Adresse 1…15: Bereich 1…15

Linienadresse: Die Linienadresse kennzeichnet die Linie, in der ein Teilnehmer angeordnet ist. Dabei gilt:

Adresse 0: Hauptlinie

Adresse 1…15: Linie 1…15

Teilnehmeradresse: Die Teilnehmeradresse kennzeichnet den Teilnehmer innerhalb seiner Linie. Dabei gilt:

Adresse 0: Koppler

Adresse 1…255: Teilnehmer 1…255

2.4.2.2 Logische Adresse (Gruppenadresse)

Die logische Adressierung, die zur Kennzeichnung von Gruppen angewendet wird, ist frei von Zuordnungen in Bereichen und Linien, da innerhalb einer Gruppe die Teilnehmer beliebiger Linien und Bereiche zusammengefasst werden können. Um trotzdem eine gewisse Ordnung bei der Vergabe von Gruppenadressen zu haben, wird eine Aufteilung der verfügbaren Adressen in entweder zwei oder drei Ebenen durchgeführt (**Bild 2.22**).

Gruppenadressierung in zwei Ebenen

Mit den Bits H4…H0 können die *Hauptgruppen* 0 bis 31 definiert werden, z. B. für Licht, Jalousien, Klima und Heizung, Alarm.

Die Bits U10 bis U0 adressieren die *Untergruppen* 0 bis 2047:

Beispiel: 5/600 bedeutet Hauptgruppe 5, Untergruppe 600.

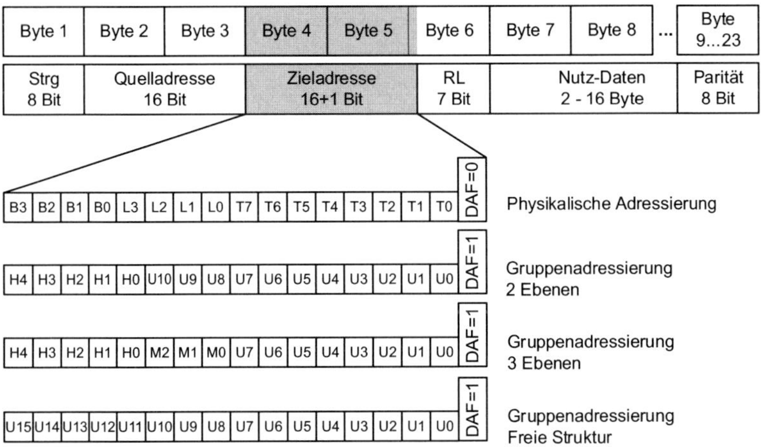

Bild 2.22: Adressfeld der logischen Adresse (Gruppenadresse)

Gruppenadressierung in drei Ebenen

Die *Hauptgruppen* bleiben unverändert. Die Bits U7 bis U0 adressieren die *Untergruppen* 0 bis 255 und die Bits M2 bis M0 kennzeichnen die Mittelgruppen 0 bis 7.

Beispiel: 5/4/60 bedeutet Hauptgruppe 5, Mittelgruppe 4, Untergruppe 60. Zwischen den beiden Adressmodellen kann ohne Datenverlust gewechselt werden.

Die Hauptgruppen 14 und 15 können von den meisten Kopplern nicht gefiltert werden bzw. es sind spezielle Konfigurationseinstellungen vorzunehmen. Deshalb sollte man diese Hauptgruppen nicht verwenden.

Gruppenadressierung in freier Struktur

Optional kann auch eine logische Adressierung mit Verzicht auf Haupt- bzw. Mittelgruppen vorgenommen werden. Die Bits U0 bis U15 gestatten die Adressierung der Gruppen 0 bis 65535. Die Gruppenadressen 0, 0/0 bzw. 0/0/0 sind Broadcastadressen und dürfen nicht für eine normale Gruppe verwendet werden.

2.4.2.3 Beispiel für eine Gruppenadressierung

Mit Hilfe der *Gruppenadressierung* lassen sich beliebige Kombinationen von Teilnehmern zu einer bestimmten Funktion zusammenfassen. Dabei spielt die Lage der einzelnen Teilnehmer innerhalb des Netzwerks keine Rolle. Die Verfahrensweise lässt sich an einem konkreten Beispiel darstellen:

Aufgabenstellung: In zwei nebeneinander liegenden Räumen sollen jeweils drei Leuchten über einen Taster geschaltet werden. Ein zusätzlicher *Helligkeitssensor* an der Außenwand des Gebäudes soll bei Dunkelheit die Leuchten in Fensternähe schalten (**Bild 2.23**).

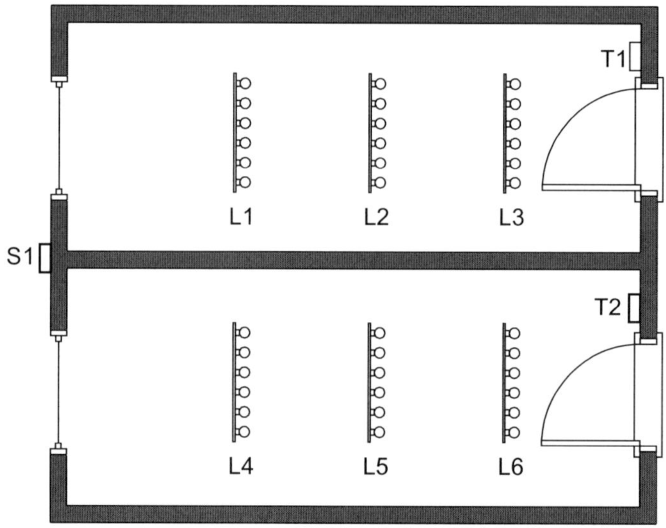

Bild 2.23: Anordnung von Komponenten in einem Gebäude

Lösung: Alle Leuchten werden in die Hauptgruppe 1 (Leuchten) eingeordnet. Die Leuchten L1, L2, L3 und Taster T1 erhalten die Gruppenadresse 1/1, die Leuchten L4, L5, L6 und Taster T2 die Gruppenadresse 1/2. Damit schaltet Taster T1 die Leuchten L1, L2 und L3; Taster T2 schaltet die Leuchten L4, L5 und L6.

Zusätzlich wird den Leuchten L1 und L4 sowie dem Helligkeitssensor S1 die Gruppenadresse 1/3 zugeordnet, so dass die Leuchten L1 und L4 jetzt auch durch den Sensor geschaltet werden können.

Die Schaltsensoren T1 und T2 sowie die Schaltaktoren L1 bis L6 sind in der Linie 1 angeordnet, der Helligkeitssensor S1 ist örtlich weiter entfernt in der Linie 2 angeschlossen (**Bild 2.24**).

An diesem Beispiel kann man sich auch die Filterwirkung der Linienkoppler verdeutlichen. Die Linienkoppler werden bei der Inbetriebnahme entsprechend parametriert:

- Linienkoppler LK 1.2.0 lässt das vom Sensor S1 kommende Telegramm mit der Gruppenadresse 1/3 durch und gibt es an die Hauptlinie weiter.
- Linienkoppler LK 1.1.0 filtert dieses Telegramm aus den Informationen der Hauptlinie heraus und gibt es an die angeschlossene Linie 1, so dass die Leuchten L1 und L4 das Telegramm empfangen und ausführen können.

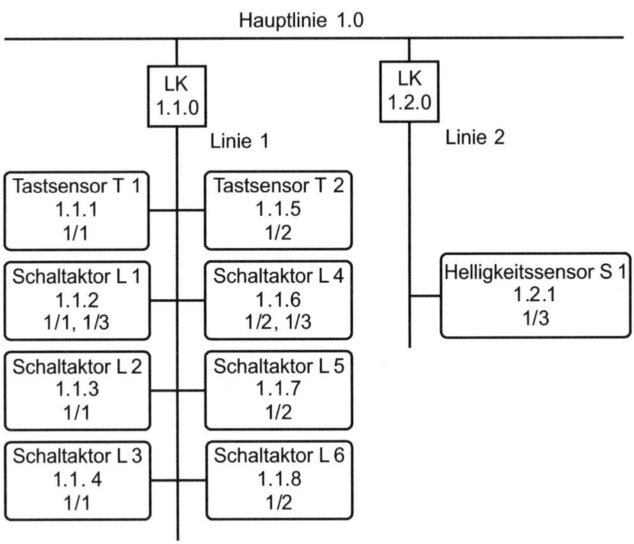

Bild 2.24: Physikalische und logische Adressierung für Bild 2.23

2.4.3 Routing-Zähler und Länge der Nutzdaten

Die 7 Bits im Byte 6 bilden das RL-Feld. Dieses beinhaltet den Routingzähler sowie die Längenangaben der Nutzdaten.

Routing-Zähler

Der *Routing-Zähler* ist ein Sicherheitsmechanismus bei der Weitervermittlung von Telegrammen in einem KNX-Netz. Sein Zählerstand bestimmt, wie oft ein Telegramm über Linien- oder Bereichskoppler weitervermittelt werden darf. Nur Telegramme mit einem Zählerstand größer Null werden überhaupt weitervermittelt.

Der Routing-Zähler umfasst die Bits R0 bis R2 innerhalb des Bytes 6 (**Bild 2.25**). Es lassen sich daher Werte zwischen 0 und 7 darstellen.

Zählerstand 7: Ein Telegramm mit diesem Zählerstand wird unverändert und beliebig oft über alle Koppler weitervermittelt. Diese Einstellung wird nur für das Engineering vorgenommen (Inbetriebnahme, Wartung u. ä.), nicht aber für den Normalbetrieb.

Zählerstand 6…1: Ein Telegramm mit einem solchen Zählerstand wird weitervermittelt, sein Routing-Zähler wird beim Durchlaufen eines Kopplers oder eines LV jeweils um 1 vermindert.

Zählerstand 0: Ein Telegramm mit dem Zählerstand 0 wird nicht weitervermittelt.

Der Routing-Zähler verhindert unnötigen Weitertransport von Telegrammen innerhalb des Bussystems. Hier wird nun auch deutlich, warum zwischen zwei Teilnehmern eines KNX-Netzwerks maximal 6 Linienverstärker oder Koppler liegen dürfen.

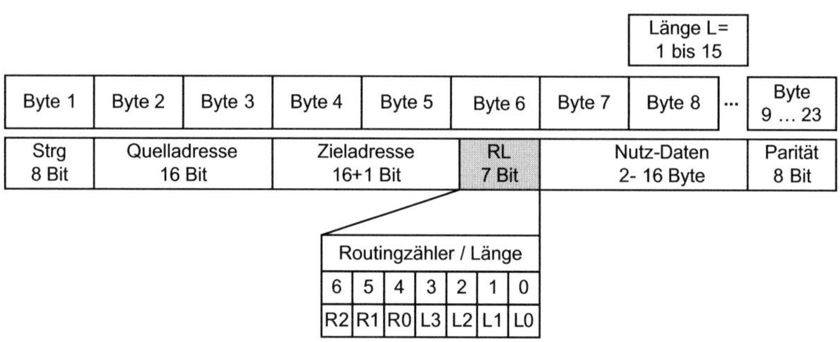

Bild 2.25: Routing-Zähler und Längenangabe

Datenlänge

Die Datenmenge, die normalerweise über den Bus übertragen wird, ist relativ gering. Aus diesem Grunde wurde im Telegramm das Nutzdatenfeld mit *variabler* Länge vorgesehen, um die Telegrammlänge möglichst kurz zu halten. Dem eigentlichen Nutzdatenbereich ist eine Längenangabe vorangestellt (Bild 2.25), damit der Empfänger möglichst frühzeitig erkennen kann, wie lang der folgende Datenblock sein wird. Mit den Bits L0 bis L3 der Längenangabe ergibt sich ein Wertevorrat von 0 bis 15, verwendet wird der Bereich 1 bis 15. Damit lassen sich 1 bis 15 Bytes Nutzdatenlänge darstellen, gerechnet ab dem Byte 8. Ein Wert von 1 in der Längenangabe bedeutet damit, dass nach dem Byte 8 keine Daten mehr kommen, die Gesamtlänge des Telegramms beträgt dann also 9 Byte.

2.4.4 Nutzinformation

Die hier betrachteten Anwendungsprozesse tauschen ihre Nutzinformationen grundsätzlich über *Kommunikationsobjekte* (KO) aus, und zwar über Gruppentelegramme (Multicast-Dienst). Jedes KNX-Gerät besitzt je nach Komplexität wenige oder viele Kommunikationsobjekte. Diese bilden die „elektronischen Klemmen", die mit den Kommunikationsobjekten anderer Teilnehmer verbunden werden können. Darauf beruht auch das *Softwaretool ETS* (vgl. Abschnitt 4.5 – dort werden auch Beispiele für Kommunikationsobjekte dargestellt).

KNX-Kommunikationsobjekte kann man sich als einen bestimmten Speicherbereich vorstellen, auf den es einen definierten Zugriff gibt. Dieser Zugriff erfolgt über Dienste (wie z. B. Schreiben oder Lesen). Zur Identifikation der Kommunikationsobjekte dienen Gruppenadressen. Die Verknüpfung von Kommunikationsobjekten und Gruppenadressen erfolgt in der *Assoziationstabelle*.

Die KO können 1 Bit bis 14 Byte groß sein. Die Größe der Kommunikationsobjekte hängt von der Funktion ab und wird durch den Datenpunkttyp festgelegt (DPT – s. Abschnitt 5.4).

Ein Kommunikationsobjekt kann mehreren Gruppenadressen zugehören. Dabei wird unterschieden in sendende und empfangende Gruppenadressen. Pro KO gibt es nur eine sendende Gruppenadresse. Diese bildet die Zieladresse des Telegramms. Die übrigen dem KO zugeordneten Gruppenadressen sind empfangende Gruppenadressen. Hier wird nur der Wert des KO geändert, aber kein Telegramm gesendet.

Die Anzahl der Gruppenadressen, die den Sensoren oder Aktoren zugeordnet werden kann, ist unterschiedlich und hängt von der jeweiligen Anwendung ab.

Alle für die Kommunikation über Kommunikationsobjekte benötigten Informationen sind in einer KO-Tabelle (Group Object Table) hinterlegt (**Bild 2.26**). Die Tabelleneinträge bestehen aus drei Teilen:

- KO-Beschreibung (Group Object Description),
- Wert des KO,
- Kommunikationsflags (communication-flags).

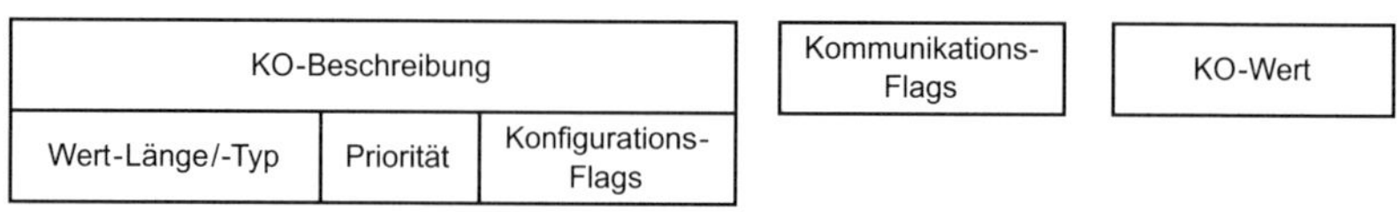

Bild 2.26: Tabelleneinträge für Kommunikationsobjekte (KO)

Der im Bild 2.26 dargestellte KO-Wert ist der Wert des Kommunikationsobjekts, der übertragen werden soll. Die Kommunikationsflags sind dynamische Flags und werden für die Kommunikation zwischen Anwendungsprozess und der Buskommunikation benötigt.

Die *KO-Beschreibung* muss mindestens den Objekt-Typ und die Übertragungs-Priorität beinhalten. Der Typ des Kommunikationsobjekts korrespondiert mit dem Datenpunkttyp. Es können nur KO des gleichen Typs zu einer Gruppe verbunden werden.

Jedes Kommunikationsobjekt hat darüber hinaus noch statische *Konfigurations-Flags*, über die folgende Eigenschaften eingestellt werden (**Tabelle 2.7**):

Tabelle 2.7: Konfigurations-Flags

Kommunikation COMMUNICATION	☒	Das Kommunikationsobjekt hat normale Verbindung zum Bus.
	☐	Telegramme werden quittiert, aber das Kommunikationsobjekt wird nicht verändert.
Lesen READ	☒	Der Objektwert kann über den Bus gelesen werden.
	☐	Der Objektwert kann über den Bus nicht gelesen werden.
Schreiben WRITE	☒	Über den Bus kann der Objektwert geändert werden.
	☐	Über den Bus kann der Objektwert nicht geändert werden.
Übertragen TRANSMIT	☒	Wird (beim Sensor) der Objektwert geändert, so wird ein entsprechendes Telegramm gesendet.
	☐	Das Kommunikationsobjekt sendet nur bei Leseanforderung ein Antworttelegramm.
Aktualisieren UPDATE	☒	Wertantworttelegramme werden als Schreibbefehl interpretiert, der Wert des Kommunikationsobjekts wird aktualisiert.
	☐	Wertantworttelegramme werden nicht als Schreibbefehl interpretiert, der Wert des Kommunikationsobjekts wird nicht geändert.

Die Übertragungspriorität entspricht der im Steuerfeld eingetragenen Priorität.

Am Beispiel der Lichtsteuerung nach Bild 2.23 soll die Wirkungsweise der KO verdeutlicht werden. Aus der Gruppe 1/1 in Bild 2.24 werden beispielhaft zwei Teilnehmer genauer betrachtet (**Bild 2.27**).

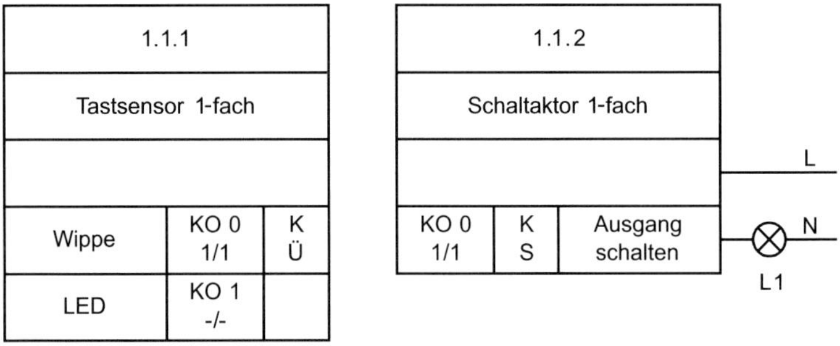

Bild 2.27: Sensor und Aktor in der Gruppe 1/1

Der Wert eines KO wird wie folgt über den Bus versendet:

1) Bei Betätigung der Wippe des Tastsensors wird der Einfach-Tastsensor eine „1" in sein Kommunikationsobjekt KO 0 schreiben. Da die Flags Kommunikation und Übertragen bei diesem KO gesetzt sind, wird der Sensor ein Telegramm mit der Information „Gruppenadresse 1/1, Wert schreiben 1" über den Bus senden.

2) Alle Busteilnehmer in der gesamten KNX-Anlage, deren Kommunikationsobjekte auch die Gruppenadresse 1/1 haben, schreiben die 1 in ihr eigenes Kommunikationsobjekt. Im Beispiel nach Bild 2.27 wird der Wert „1" in das Kommunikationsobjekt Nr. 0 des Schaltaktors geschrieben.

3) Die Anwendungssoftware des Aktors stellt fest (über die dynamischen Kommunikationsflags), dass sich der Wert in diesem Kommunikationsobjekt geändert hat und führt den Schaltvorgang aus.

Die ersten beiden Bytes des Nutzdatenfelds (Feld Nutzdaten 1, Byte 7 und Byte 8) enthalten Steuerinformationen über die Art des Telegramms sowie den auszuführenden Befehl. In den meisten Fällen steht die zu übertragende Information im Byte 8, da diese bei der üblicherweise binären Struktur der meisten Busgeräte nur 1 Bit umfasst. Das Byte 8 wird daher als erstes Datenfeld bei der Längenangabe im RL-Feld gezählt (**Bild 2.28**). Bei längeren Informationen werden dann bis zu 14 zusätzliche Bytes hinzugefügt (Nutzdaten 2).

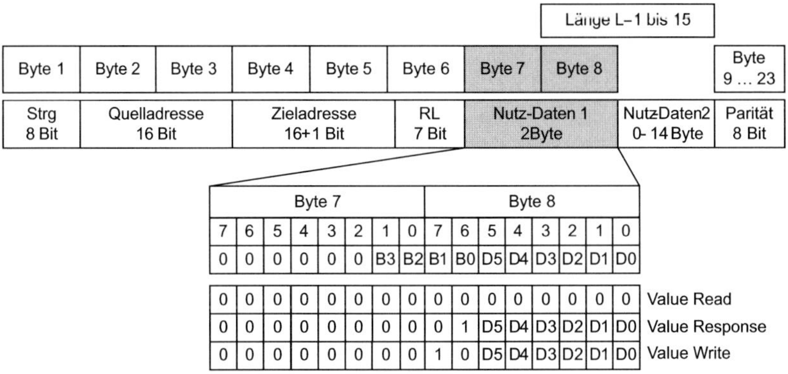

Bild 2.28: Nutzdaten für ein Gruppentelegramm

Die 6 höherwertigen Bits des Byte 7 werden bei der hier betrachteten Kommunikation über Gruppenadressierung alle auf 0 gesetzt. Sie werden für andere Formen der Kommunikation benötigt, z. B. für LTE-Telegramme (s. Abschnitt 2.4.6).

Mit den Bit **B0 … B3** sowie **D0 … D5** werden weit über 20 Dienste codiert, die hier im Einzelnen nicht aufgeführt werden können. Dies sind neben dem Austausch von Kommunikationsobjekten noch Dienste für die Gerätekonfiguration, Speicherzugriff, Analog/Digital-Konverter-Zugriff, Netzwerkmanagementdienste u. a.

Im Folgenden sollen nur die Gruppentelegramme betrachtet werden, wie sie im Bild 2.28 dargestellt sind.

Die **Aufforderung Lesen (Value Read)** ist eine Aufforderung an den angesprochenen Teilnehmer, den Inhalt eines Kommunikationsobjekts zurückzumelden. Der Teilnehmer reagiert darauf mit einer entsprechenden Antwort.

Mit der **Antwort Lesen (Value Response)** teilt der aufgeforderte Teilnehmer den Wert des Kommunikationsobjekts mit. Wenn eine Antwort übertragen werden soll, die eine Länge von maximal 6 Bit hat, wird sie in die freien 6 Bits D5 … D0 des zweiten Nutzdatenbytes eingefügt. Bei längeren Antworten beginnt die Information im Byte 9 und kann dann maximal 14 Byte Länge besitzen.

Beim **Schreiben (Value Write)** werden Werte des adressierten Kommunikationsobjekts verändert. Wieder können nach dem Byte 8 maximal 14 Byte Nutzdaten übertragen werden.

Standardisierte Datenpunkttypen

Es können nur KO mit dem gleichen Objekttyp verbunden werden. Diese Objekttypen sind standardisiert, um die Zusammenarbeit (Interoperabilität) der Geräte verschiedener Hersteller zu sichern. Sie werden in Form von Datenpunkttypen (DPT) notiert. Eine detaillierte Darstellung erfolgt im Abschnitt 5.4.

Der Datenpunkttyp wird nicht mit dem Telegramm übertragen. Die maximale Länge des DPT in Byte wird aus der Längenangabe im Byte 6 deutlich. Die Angabe des eigentlichen DPT erfolgt in der KO-Tabelle (Bild 2.26).

Bild 2.29 zeigt das Beispiel für die Übertragung des DPT_Switch (DPT 1.001). Aus dem Byte 6 ist ersichtlich, dass es sich um maximal 1 Byte Nutzdaten handelt. In der KO-Tabelle steht für dieses KO der Eintrag 1.001, somit ist das Datenbit D0 das Schaltobjekt. In diesem Beispiel handelt es sich um eine „1", d. h. der Aktor schaltet EIN.

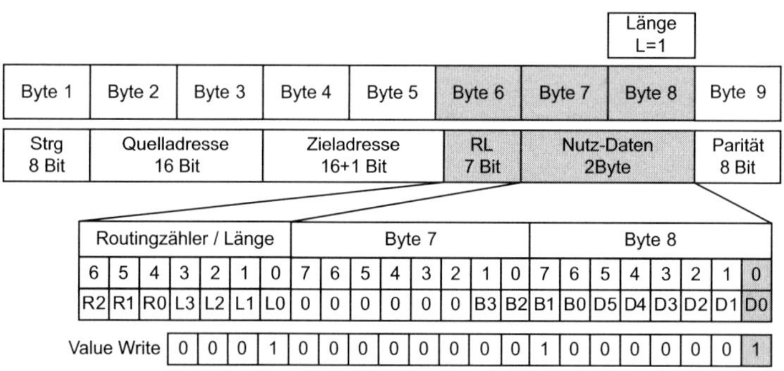

Bild 2.29: Beispiel für die Übertragung des DPT_Switch

2.4.5 Datensicherung

Mit *Datensicherung* wird bei der Informationsübertragung die Sicherung der übertragenen Daten vor Verfälschungen bezeichnet. Solche Verfälschungen können z. B. durch in die Leitung induzierte Störsignale entstehen. Diese haben zur Folge, dass einzelne oder auch mehrere Bits der Information ihren Zustand zufällig wechseln, also die Information verfälschen.

Zur Erkennung solcher Übertragungsfehler werden die übertragenen Daten durch *Prüfzeichen* ergänzt. Diese Prüfzeichen werden durch den Sender aus der Nachricht selbst nach einer bestimmten Vorschrift gebildet und zusammen mit der Nachricht übertragen. Der Empfänger bildet die Prüfzeichen aus der empfangenen Nachricht ein zweites Mal und stellt mit einem Vergleich fest, ob eine Veränderung eingetreten ist.

Beim KNX werden zwei unterschiedliche Verfahren zur Bildung der Prüfzeichen angewendet:

- **Paritätsbit:** Jedes einzelne Zeichen (s. Bild 2.12) wird mit einem zusätzlichen *Paritätsbit* versehen (PB, Querparität). Dieses Paritätsbit wird so gewählt, dass die Anzahl der 1-Bits eines Zeichens einschließlich des Paritätsbits eine gerade Zahl ergibt (*gerade Parität*).
- **Blockprüfzeichen:** Jeder übertragene Datenblock wird zusätzlich durch ein Prüfbyte S ergänzt (**Bild 2.30**). Jedes Bit dieses Zeichens stellt für sich genommen ein weiteres Paritätsbit dar, das aus sämtlichen Bits der Nachricht an gleichwertiger Stelle gewonnen wird (Längsparität). Hier wird das Paritätsbit so gewählt, dass sich eine *ungerade Parität* ergibt.

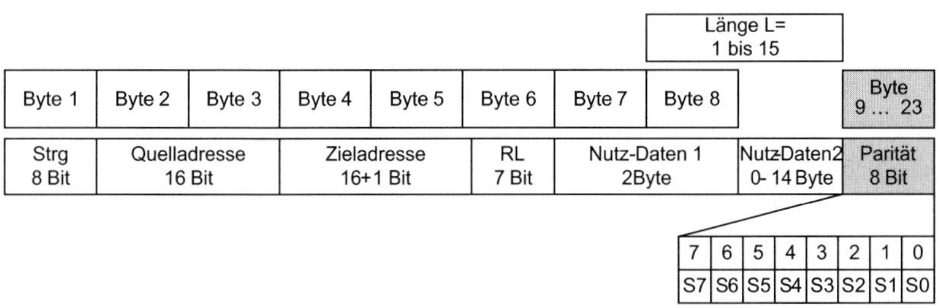

Bild 2.30: Ergänzung von Prüfbyte S innerhalb des KNX-Telegramms

Bild 2.31 zeigt die Bildung (Berechnung) des Prüfbytes an Hand eines Gruppentelegramms mit folgenden Eigenschaften:

- Normales Telegrammformat, ohne Wiederholung, normale Priorität
- Quelle: 1.1.9; Ziel: Gruppe 0/0/3
- Routingzähler 6; Länge der Nutzdaten 1 Byte
- Befehl: Value Write, Wert: 1 Bit = 1

Wie üblich, werden die Daten hexadezimal (0x) dargestellt.

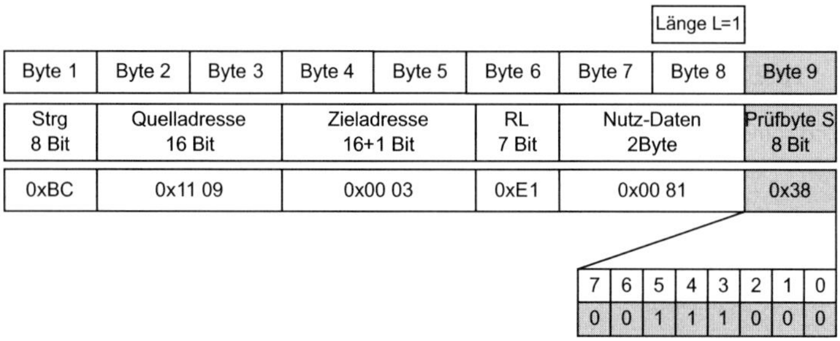

Byte	Bezeichnung	Bit 7	Bit 6	Bit 5	Bit 4	Bit 3	Bit 2	Bit 1	Bit 0	→	PB
1	Steuerung	1	0	1	1	1	1	0	0	→	1
2	Quelle 1	0	0	0	1	0	0	0	1	→	0
3	Quelle 2	0	0	0	0	1	0	0	1	→	0
4	Ziel 1	0	0	0	0	0	0	0	0	→	0
5	Ziel 2	0	0	0	0	0	0	1	1	→	0
6	DAF+RL	1	1	1	0	0	0	0	1	→	0
7	Nutzdaten	0	0	0	0	0	0	0	0	→	0
8	Nutzdaten	1	0	0	0	0	0	0	1	→	0
		↓	↓	↓	↓	↓	↓	↓	↓	↓	↓
9	**Prüfbyte S**	0	0	1	1	1	0	0	0	→	1

Bild 2.31: Berechnung des Prüfbytes S

Das Blockprüfzeichen wird, genau wie alle anderen Zeichen der Nachricht, um ein weiteres Paritätsbit zur Absicherung ergänzt.

Der oder die Empfänger erzeugen die Prüfzeichen ein zweites Mal und vergleichen sie. Eine Nichtübereinstimmung führt zum Fehlerfall und somit zu einer negativen Quittung. Das Telegramm wird in diesem Fall bis zu *dreimal wiederholt*. Eine Nachricht gilt erst dann wirklich als übertragen, wenn alle Empfänger nach erfolgreicher Überprüfung eine positive Quittung senden.

2.4.6 Erweitertes Telegrammformat

Im Bild 2.19 b wurde das erweiterte Telegrammformat bereits dargestellt. Es wird dann verwendet, wenn mehr als 16 Bytes Nutzdaten übertragen werden sollen oder wenn die Adressierung mehr als die im normalen Format vorgesehenen zwei Byte benötigt. Dieser zweite Fall tritt im Easy-Mode auf, speziell im LTE-HEE-Modus. Hierauf wird noch näher eingegangen.

Im Byte 1 (Steuerung) des KNX-Telegramms wird durch das Flag Telegrammtyp signalisiert, ob ein normales oder erweitertes Telegrammformat genutzt wird (s. **Bild 2.32**).

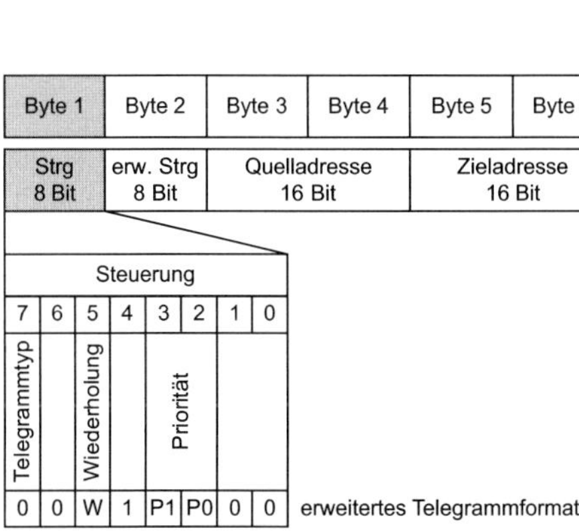

Bild 2.32: Steuerfeld für ein erweitertes Telegrammformat

Ist das Flag auf 0 gesetzt, so liegt ein erweitertes Telegrammformat vor (**Bild 2.33**) und es schließt sich ein weiteres Byte an (erweiterte Steuerung).

In diesem Byte sind zunächst das Destination Address Flag sowie der Routingzähler untergebracht. Damit gewinnt man Adressvorrat für die Längenangabe der Nutzdaten im Byte 7. Die vier folgenden Bits sind für die Adressierungsart vorgesehen. Sind alle Bits F0 bis F3 auf Null gesetzt, so liegt eine normale Adressierung vor (physikalische oder Gruppenadressierung), wie sie bisher beschrieben wurde. Das erweiterte Telegrammformat wird hier deshalb genutzt, um Nutzdaten mit größeren Datenlängen zu übertragen.

Die Längenangabe für die Nutzdaten erfolgt im Byte 7. Dazu stehen jetzt 8 Bit zur Verfügung. Somit ergibt sich ein Adressvorrat von 0 bis 255. Genutzt werden Nutzdatenlängen von 1 bis 254. Ein Wert von 255 (0xFF) ist als Codierung des so genannten Escape-Codes für spätere Entwicklungen in Richtung Hochgeschwindigkeitsmedien vorgesehen.

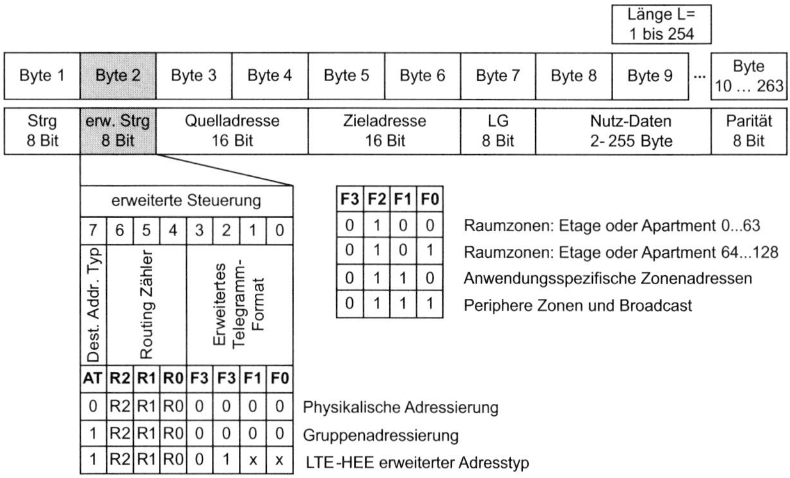

Bild 2.33: Erweitertes Steuerfeld

LTE-HEE-Modus

Die Telegrammformat-Bits F0 bis F3 werden genutzt, um die Adressierung im LTE-HEE-Modus zu unterstützen.

Der LTE-Mode (Logical Tag Extended Mode) ist ein Parametrier- und Kommunikationsmodus, der zum Easy-Mode gehört. HEE steht für *HVAC Easy Extension*, also für Anwendungen in der Heizungs-, Lüftungs- und Klimatechnik (HLK).

In der HLK-Technik ist es üblich, die Gebäudestruktur in der Datenpunktadressierung widerzuspiegeln. Daraus resultiert ein wesentlich größerer Adressraum, als das normale Telegrammformat mit 16 Bit für die Zieladresse zur Verfügung stellt.

Die Adressierung ist im LTE-HEE-Modus wie folgt aufgebaut:

- Datenpunkt: wird über Interface-Objekt und Eigenschaft (Property) adressiert (Objekt-Typ, Objekt-Instanz-Nr., Property-ID);
- Gruppenadressierung: wird hier zur Zonenadresse.

Die *Zonenadressen* werden Tags genannt. Geräte mit der gleichen Zonenadresse arbeiten zusammen, ohne dass ein zusätzliches Binding erforderlich ist.

Aus Bild 2.33 wird deutlich, dass mit den Bits F0 und F2 vier Adresstypen dargestellt werden:

- Raumzonen Adressvorrat 0 bis 63;
- Raumzonen Adressvorrat 64 bis 128;
- Anwendungsspezifische Zonen;
- Periphere Zonen und Broadcast.

In der KNX-Spezifikation wird der Begriff „geografische Zone“ verwendet. Im Sinne eines besseren Verständnisses wird hier der Begriff „Raumzone“ benutzt.

Beispiele für anwendungsspezifische Zonen sind: Außentemperatur, Kalender, Warmwassertemperatur.

Periphere Zonen sind für Informationen vorgesehen, die sich nicht in die beiden ersten Zonen einordnen lassen, z. B. Mehrzwecksensoren, hier wird auch Broadcast eingeordnet.

Raumzonen werden für die Gebäude- und Raumautomation genutzt. Sie haben folgende Adresshierarchie:

- 126 Etagen oder Apartments;
- 63 Räume pro Etage/Apartment;
- 15 Subzonen pro Raum.

Am Beispiel der Raumzonen soll die Adressierung angedeutet werden. Einzelheiten sind ggf. dem KNX-Handbuch zu entnehmen.

Für die Adressierung der *Zonenadressen* werden mehr als die in einem normalen Telegrammformat üblichen 16 Bit benötigt. Für die erweiterte Adressierung werden die Bits F0 bis F3 sowie die 16 Bits der Zieladresse (Byte 5 und 6) herangezogen.

Die Raumzonen-Adressierung ist in die beiden Adressbereiche Etagen/Apartments 0 bis 63 und 64 bis 128 aufgeteilt, um den gesamten Adressvorrat ausnutzen zu können (s. **Tabelle 2.8**).

Tabelle 2.8: Raum-Zonenadressierung

Telegramm-format				Ziel-Gruppenadresse															
F3	F2	F1	F0	15	14	13	12	11	10	9	8	7	6	5	4	3	2	1	0
				E	E	E	E	E	E	R	R	R	R	R	R	S	S	S	S
0	1	0	0	Etagen 1 bis 63						Raum 1 bis 63						Subzone 1 bis 15			
0	1	0	1	Etagen 64 bis 128															

Tabelle 2.9 zeigt hierzu ein Beispiel für eine Raumzonenadressierung.

Tabelle 2.9: Beispiel für eine Zonenadressierung

Telegramm-format				Ziel-Gruppenadresse															
F3	F2	F1	F0	15	14	13	12	11	10	9	8	7	6	5	4	3	2	1	0
				0	1	0	0	1	0	0	0	1	1	0	0	0	0	1	0
0	1	0	0	Etage 18						Raum 12						Subzone 2			

Die Datenpunktadressierung über Objekt-Typ, Objekt-Instanz-Nr., Property ID benötigt wiederum einen erheblichen Adressraum. Sie erfolgt in den Bytes 10 bis 13, also im Nutzdatenbereich des Telegramms (s. **Bild 2.34**). Ab dem Byte 14 können Daten übertragen werden.

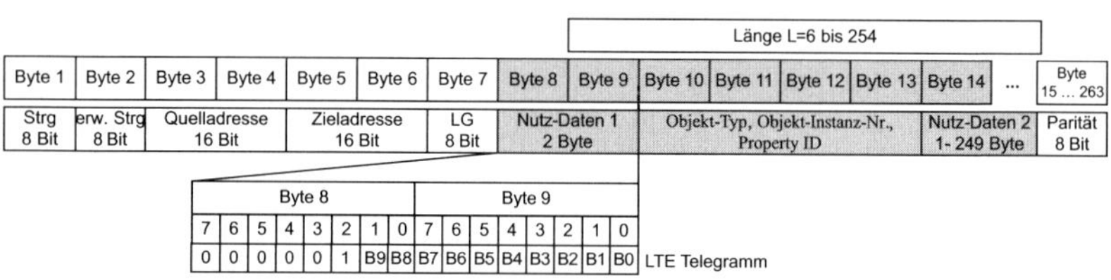

Bild 2.34: Nutzdatenbytes in einem LTE-HEE Telegramm

Die Bytes 8 und 9 sind analog zu den Bytes 7 und 8 des normalen Telegrammformats und enthalten in den Bits 2 bis 7 des Bytes 8 die Codierung des Telegrammtyps (Data_Tag_Group). Die Bits B0 bis B9 codieren wieder die auszuführenden Befehle.

2.5 Quittierungsverfahren

Die übliche Form des Datentelegramms muss vom Empfänger quittiert werden. Dabei sind verschiedene Reaktionen möglich:

- Der Empfänger hat die Nachricht ordnungsgemäß und störungsfrei empfangen, er gibt eine *positive Quittung* ACK (ACK = acknowledge = Bestätigung) ab. Der Sender registriert die Quittung und beendet den Datenverkehr. Dies ist der Normalfall.
- Der Empfänger hat die Nachricht korrekt empfangen, kann sie aber zurzeit noch nicht verarbeiten, da er mit einer anderen Aufgabe beschäftigt ist. Er gibt eine Quittung BUSY (BUSY = busy = beschäftigt) ab, die den Sender veranlasst, die Nachricht nach einer Wartezeit erneut zu senden.
- Der Empfänger hat die Nachricht empfangen und eine *Störung* registriert. Er gibt eine *negative Quittung* NACK (NACK = no acknowledge = keine Bestätigung), worauf der Sender die Nachricht wiederholt. Dieser Vorgang kann *maximal dreimal* stattfinden, erst danach wird der Datenverkehr abgebrochen. Während der *Wiederholung* ist das W-Bit im Steuerfeld gesetzt, damit andere Teilnehmer mit der gleichen Gruppenadresse erkennen können, dass es sich um eine Wiederholung und nicht um eine neue Nachricht handelt.
- Es gibt keinen Empfänger für diese Nachricht bzw. kein Empfänger reagiert. Der Sender erhält keine Quittung und bricht den Datenverkehr nach dreimaliger Telegramm-Wiederholung mit diesem Teilnehmer ab.

Die Übertragung der Quittung erfolgt im *Quittungsfeld (Bestätigungstelegramm)* erst nach der *Wartezeit* $t_2 = 5$ Bitzeiten, die zur Überprüfung der Nachricht vorgesehen ist (**Bild 2.35**).

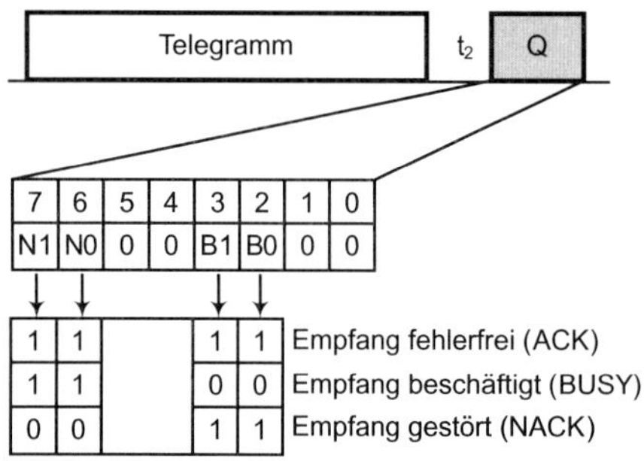

Bild 2.35: Bestätigungstelegramm

Genau betrachtet, erfolgt die Quittierung durch das spezielle *Bestätigungstelegramm (Bestätigungsrahmen)*. Dies ist durch eine spezifische Bitbelegung des Steuerfelds gekennzeichnet und hat eine Länge von 8 Bit.

Dem Bestätigungsrahmen liegt ebenfalls ein spezieller Aufbau zugrunde, der es erlaubt, auch bei Datentelegrammen an eine Gruppe von Empfängern eine eindeutige Quittierung sämtlicher Teilnehmer innerhalb eines einzigen Zeichens zu ermöglichen:

N0, N1: NACK-Bits — Diese Bits sind gelöscht, wenn der Empfang fehlerhaft war.

B0, B1: BUSY-Bits — Diese Bits sind gelöscht, wenn der Empfänger beschäftigt ist.

Damit ergeben sich für die drei verschiedenen Quittierungen die Kombinationen von Quittungsbits nach **Tabelle 2.10**.

Tabelle 2.10: Aufbau des Bestätigungs-Telegramms

N1	N	0	0	B1	B0	0	0	Quittung	Bedeutung
1	1	0	0	1	1	0	0	ACK	Empfang fehlerfrei
1	1	0	0	0	0	0	0	BUSY	Empfänger beschäftigt
0	0	0	0	1	1	0	0	NACK	Empfang gestört

Die Wertigkeiten der einzelnen Bits sind so gewählt, dass jeder mögliche Zustand eindeutig ausgewertet werden kann:

- kein Empfänger: Quittierung wird zu 11111111, da die offene Leitung die Bedeutung 1 hat,
- bei Gruppenadressierung setzt sich die 0 eines gestörten oder beschäftigten Teilnehmers gegen die 1 der restlichen Teilnehmer am Bus durch.

2.6 Powerline (Niederspannungsnetz/Starkstromleitung, KNX-PL)

Als Übertragungsmedium wird beim Powerline das vorhandene Niederspannungsnetz verwendet (230 V/400V, 50 Hz), wobei die überlagerte Signalübertragung im Frequenzbereich von 110 kHz oder 132 kHz erfolgt (s. Abschnitt 1.3.2.2). Nachfolgend wird nur die Variante KNX-PL 110 näher vorgestellt, weil diese am häufigsten angewendet wird.

Durch das KNX-Powerline ergeben sich neue Anwendungsmöglichkeiten für Gebäude, in denen das Verlegen einer zusätzlichen Busleitung nicht gewünscht bzw. nicht möglich ist. Das Haupteinsatzgebiet wird somit in der Nachrüstung auch während des Betriebs der Anlage (z. B. bei Renovierung/Sanierung) gesehen. Trotz der schlechten Übertragungseigenschaften des Niederspannungsnetzes wird durch eine spezielle Technik die sichere und ausreichend schnelle Signalübertragung für KNX ermöglicht.

Die bereits für die verdrillte Zweidrahtleitung KNX-TP existierenden Komponenten (z. B. die Anwendungsmodule) und Tools (z. B. die ETS5) können im Wesentlichen auch weiterhin für KNX-PL genutzt werden. Die Geräteabmessungen und Gerätebedienungen sind analog zu den bekannten KNX-Komponenten. Das PL-System ist ebenso modular aufgebaut, so dass Änderungen und Erweiterungen jederzeit möglich sind. Das KNX-Powerline erfüllt die Anforderungen der europäischen Normen.

2.6.1 Systemkonfiguration und Topologie

2.6.1.1 Physikalische Topologie

Im Gegensatz zum KNX-TP, bei dem die Übertragungseigenschaften des TP-Kabels ein Bestandteil der Systembeschreibung bilden, sind bei dem netzgebundenen Powerline-System der Aufbau und die Übertragungseigenschaften durch die vorhandene Niederspannungsinstallation vorgegeben.

Beim KNX-PL ist keine separate Spannungsversorgung für die Versorgung der Teilnehmer nötig, sie erfolgt direkt über die Starkstromleitung (230/400 V, 50 Hz).

Installationsleitungen und Geräteanschluss: Abgeschirmte Leitungen (mit geerdeter Abschirmung) als Übertragungsleitungen sind nicht zulässig. Abschirmungen bewirken in der Praxis eine starke Signaldämpfung durch die sich aufbauende Kapazität des Einzelleiters gegen die Abschirmung bzw. die Schirmerde. Die Eignung von Leitungen mit einem Leiterquerschnitt > 25 mm^2 muss durch eine Probemessung vor Ort festgestellt werden. Leitungsschutzschalter oder FI-Schutzschalter mit Nennströmen < 10 A sind durch Schmelzsicherungen zu ersetzen.

Der Anschluss der Powerline-Geräte erfolgt über den Außen- und den Neutralleiter, wobei der Anschluss von Last- und Signalleitungen bei allen Powerline-Geräten getrennt ausgeführt werden sollte. Dadurch ist eine Trennung in einen Lastkreis und einen separaten Signalkreis möglich, falls mit Störungen in der Signalübertragung zu rechnen ist.

Voraussetzungen

Aufgrund der Nutzung des Niederspannungsnetzes als Übertragungsmedium müssen bestimmte Voraussetzungen erfüllt sein, um einen einwandfreien Betrieb zu gewährleisten. So darf das KNX-Powerline nur in *abgeschlossenen Signalbereichen* installiert werden, z. B. abgeschlossene Zählerbereiche in Ein- und Mehrfamilienhäusern oder Powerline-Bereiche in Verwaltungsgebäuden, die über Systemkoppler miteinander verbunden sind (s. Abschnitt 2.6.1.2).

Datenübertragungen zwischen Gebäuden innerhalb einer Straße, eines Stadtteils o. Ä. sind nicht erlaubt. Soll der Einsatz in Industrienetzen erfolgen, so müssen die angeschlossenen Verbraucher mit entsprechenden Entstör- oder Filtereinrichtungen ausgestattet sein. Davon kann heutzutage aufgrund der gesetzlichen Vorschriften und Normen für diese Geräte ausgegangen werden. Bei Einsatz einer Vielzahl elektromotorisch- und frequenzgesteuerter Verbraucher ist dies ggf. zu überprüfen (CE-Kennzeichnung der Geräte). Im Zweifelsfall sollte eine Probemessung innerhalb der zur Übertragung genutzten Installationsbereiche durchgeführt werden.

Geräte wie Unterbrechungsfreie Strom-Versorgungs-Anlagen (USV-Anlagen), Wechselrichter und netzgebundene Babyphone können die Übertragung jedoch stark stören. Einschränkungen der Reichweite können auch beim massiven Einsatz elektronischer Trafos auftreten, die nicht den geltenden Vorschriften entsprechen oder starke Störungen im Frequenzbereich der PL-Übertragung verursachen.

Als *Netzparameter* werden 230 V ± 10 % und 50 Hz ± 0,5 % gefordert. Gleichzeitig dürfen keine weiteren Kommunikationssysteme das Niederspannungsnetz zur Datenübertragung im 95...125-kHz-Band nutzen. Für *sicherheitsrelevante Anwendungen* ist das KNX-Powerline *nicht geeignet*; netzbetriebene Übertragungsmedien sind hierfür nicht zugelassen.

Theoretisch lassen sich insgesamt 32.768 Geräte in einem PL-Netz adressieren. In der Praxis sollten jedoch nicht mehr als einige 1.000 Geräte in einem Netz betrieben werden. Die tatsächliche maximale Anzahl ist stark von den anzutreffenden Netzparametern abhängig. Generell sollte die Installation in einem Einfamilienhaus unproblematisch sein. Zur Überprüfung der Übertragungsqualität zwischen zwei Punkten einer Anlage gibt es spezielle Test-Tools.

Schaffung abgeschlossener Signalbereiche/Bandsperren

Grundsätzlich ist jede KNX-PL-Anlage über *Bandsperren* gegen das äußere Niederspannungsnetz abzufiltern. Es ist für jeden Außenleiter eine Bandsperre einzubauen (s. **Bild 2.36**). Der Einbau erfolgt vor den zur Signalübertragung benötigten Kreisen bzw. direkt hinter den Hauptsicherungen.

Die Bandsperren erfüllen folgende Funktionen:

- benachbarte PL-Bereiche werden voneinander abgegrenzt,
- eine Übertragung über die Grundstücksgrenzen hinaus wird verhindert,
- PL-Geräte werden gegen äußere Stör- und Rauschspannungen geschützt.

Die maximale *Anschlussleistung* der Bandsperre beträgt 63 A, der maximale Leiterquerschnitt ist 25 mm². Durch eine Parallelschaltung von maximal zwei Bandsperren pro Phase kann eine Stromteilung und eine Leiterquerschnittsreduzierung erreicht werden.

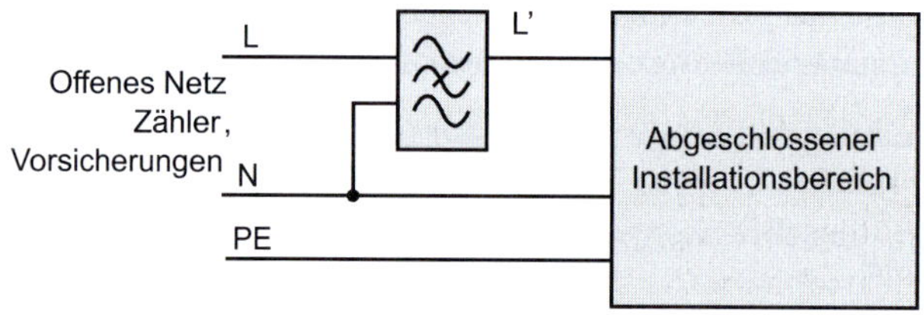

Bild 2.36: Bandsperre für Powerline (KNX-PL)

Falls die Energieversorgung über einen eigenen Transformatorenbereich erfolgt, kann auf den Einsatz von Bandsperren verzichtet werden.

Schaffung einer definierten Phasenkopplung/ Phasenkoppler oder Repeater

Damit eine außenleiterübergreifende Kommunikation zustande kommen kann, wird einmalig für jede Anlage ein Phasenkoppler oder in ausgeweiteten Netzen ein Repeater eingesetzt.

Der *Phasenkoppler* muss hinter den Bandsperren (aus Sicht des NB) angeschlossen werden (s. **Bild 2.37**). Phasenkoppler erfordern einen dreiphasigen Anschluss ohne Neutralleiter. Es erfolgt eine passive kapazitive Kopplung. Der Einbau sollte in einem „Sternpunkt" einer KNX-PL-Anlage erfolgen, um größtmögliche Reichweiten eines Signals erzielen zu können. Der gleichzeitige Einsatz von Phasenkoppler und Repeatern ist nicht zulässig.

Ein *Repeater* ist bei größeren PL-Anlagen erforderlich. Durch den Repeater erfolgt eine aktive Phasenkopplung. Er ist ein Verstärker, der gedämpfte Signale wieder mit dem vollen Sendepegel in das Netz einspeist und damit die Telegramme wiederholt, jedoch etwas zeitlich versetzt. Der Repeater ist dreiphasig, mit Neutralleiter, anzuschließen. Pro Anlage ist nur ein Repeater zulässig. Allen Netzankopplern muss das Vorhandensein bzw. das Nichtvorhandensein eines Repeaters mitgeteilt werden. Hinweis: Der Repeater ist eine Betriebsart des Systemkopplers (s. Abschnitt 2.6.1.2).

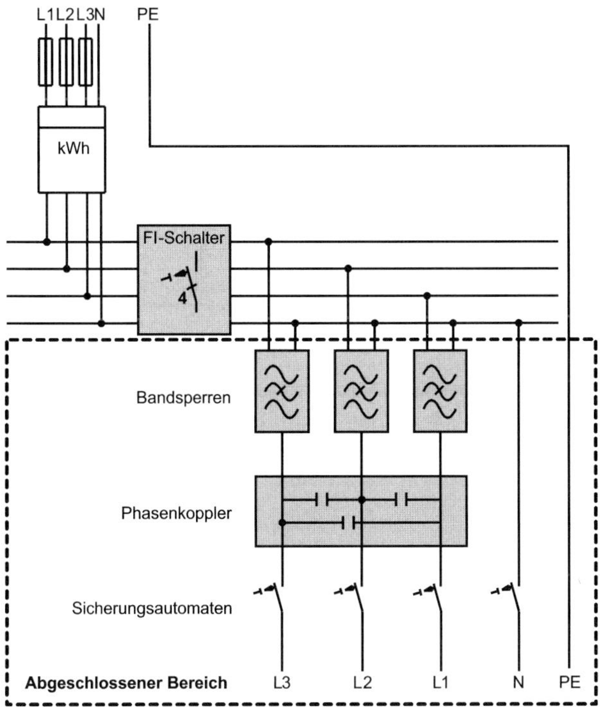

Bild 2.37: Bandsperre und Phasenkoppler für KNX-Powerline

Mit den oben vorgestellten Systemgeräten lassen sich bereits kleinere Anlagen realisieren wie z. B. Einfamilienhäuser (s. **Bild 2.38**).

2.6.1.2 Physikalische und logische Topologie für größere Anlagen

In größeren Anlagen kann durch eine physikalische und logische Unterteilung der PL-Anlage in Linien und Bereiche die Buslast reduziert werden. Zur *logischen* Strukturierung des Powerline-Systems wird eine Aufteilung vorgenommen, die sich an der Struktur des KNX-TP orientiert. Es können maximal 8 Bereiche (statt 15 bei KNX-TP) mit je 16 Linien à 256 Geräte adressiert werden.

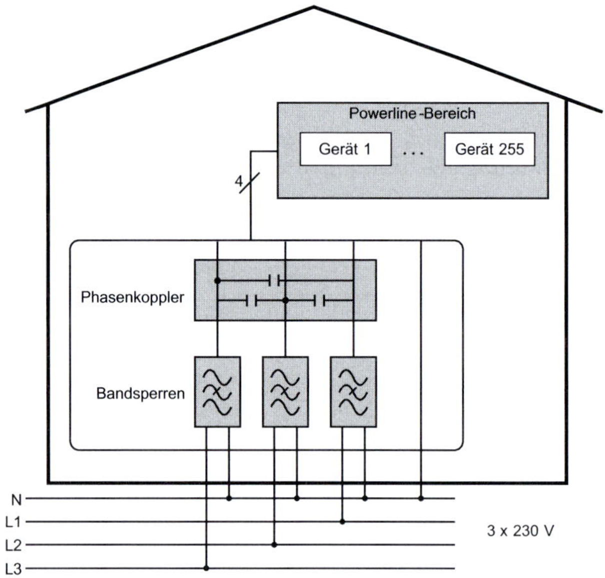

Bild 2.38: Grundausstattung einer KNX-PL-Anlage in einem Einfamilienhaus

Die physikalische Adressierung ist analog zum KNX-TP (vgl. Abschnitt 2.1.1): Bereich.Linie.Teilnehmer (B.L.TLN), jedoch ist zusätzlich eine System-ID notwendig. Diese System-ID wird bei der Inbetriebnahme festgelegt und ist für alle Teilnehmer einer KNX-PL-Anlage, die miteinander kommunizieren sollen, gleich. Damit wird zusätzlich zu den physikalischen Maßnahmen (Bandsperren) eine logische Abgrenzung von PL-Signalbereichen ermöglicht.

Die kleinste Struktur bildet die *Linie*, in der bis zu 255 End-Geräte und ein Koppler zusammengefasst werden können. Die zweite, übergeordnete Einheit bildet der *Bereich*, der bis zu 16 Linien umfassen kann. Innerhalb eines Bereichs können somit 4.096 Geräte zum Einsatz kommen. Da das Niederspannungsnetz ein offenes Medium ist, muss zur Erzielung einer Struktur, die auch eine Filterung von Telegrammen zulässt, zunächst eine physikalische Trennung der Linien erreicht werden. Diese *physikalische Trennung* zwischen den einzelnen Linien erfolgt mit Hilfe von Bandsperren. Jede Linie wird dann mit einem Linienkoppler auf einer separaten *Twisted-Pair-Hauptlinie* eingekoppelt. Damit ist die Möglichkeit einer Filterung der Telegramme durch die Linienkoppler gegeben. Die Linienkoppler übernehmen auf der PL-Seite gleichzeitig die aktive Phasenkopplung. Es darf also kein Phasenkoppler zusätzlich installiert werden.

Mit dieser physikalischen Trennung der Linien sowie mit der Filterwirkung der Linienkoppler wird eine selektive Übertragung von Telegrammen in benachbarte Linien ermöglicht. Die Buslast im Gesamtsystem wird somit wirksam reduziert.

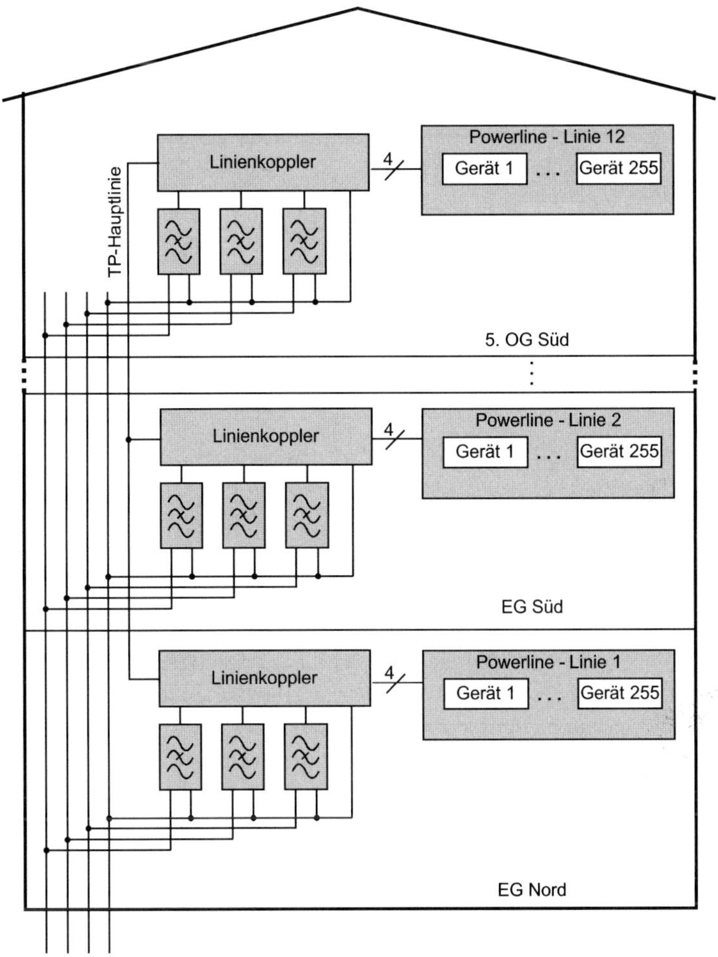

Bild 2.39: Powerline-Anlage mit 12 Linien

Bild 2.39 zeigt als Beispiel die netz- und datentechnische Struktur für ein Gebäude mit 6 Geschossen, wobei jedem Geschoss jeweils zwei Linien zugeordnet werden (für Nord- und Südseite). Die logische Struktur zu dieser Anlage ist im **Bild 2.40** dargestellt. Bewusst wurde in den folgenden Beispielen der volle Adressvorrat nicht ausgeschöpft, um Erweiterungsmöglichkeiten zu haben.

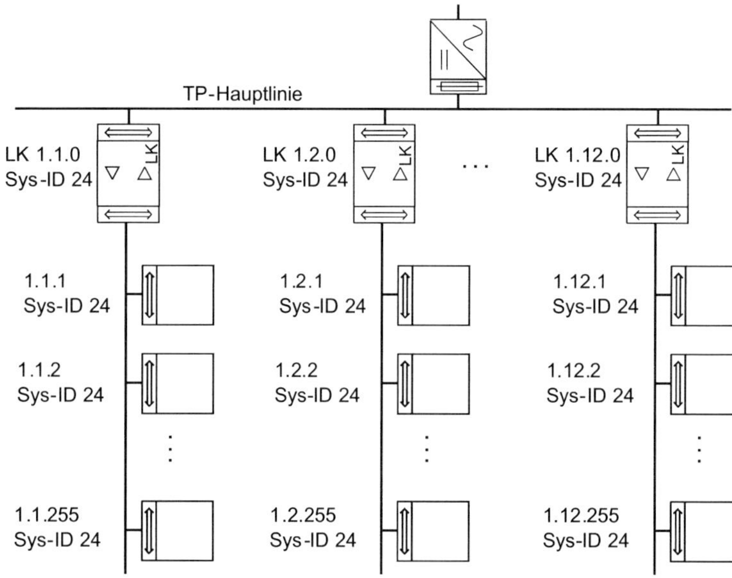

Bild 2.40: Logische Struktur zu der Powerline-Anlage nach Bild 2.39

In einer KNX-PL-Anlage können 8 Bereiche zusammengefasst werden, so dass insgesamt 32.768 Geräte adressierbar sind. Analog zu den PL-Linien erfolgen die physikalische Trennung zwischen den einzelnen Bereichen mit Hilfe von Bandsperren und die datentechnische Verbindung von Bereich zu Bereich über eine separate *Twisted-Pair-Bereichslinie.* Die aktive Phasenkopplung auf der PL-Seite wird vom Bereichskoppler übernommen. Die physikalische Trennung und die Filtertabelle des Bereichskopplers ermöglichen eine selektive Übertragung von Telegrammen in benachbarte Bereiche.

Bild 2.41 zeigt die netz- und datentechnische Struktur für ein Gebäude mit wiederum 6 Geschossen, wobei jetzt jedem Geschoss ein PL-Bereich zugeordnet wird. Gegenüber der Anlage nach Bild 2.39 sind damit wesentlich mehr Teilnehmer pro Geschoss möglich. Die logische Struktur zu dieser Anlage ist im **Bild 2.42** dargestellt.

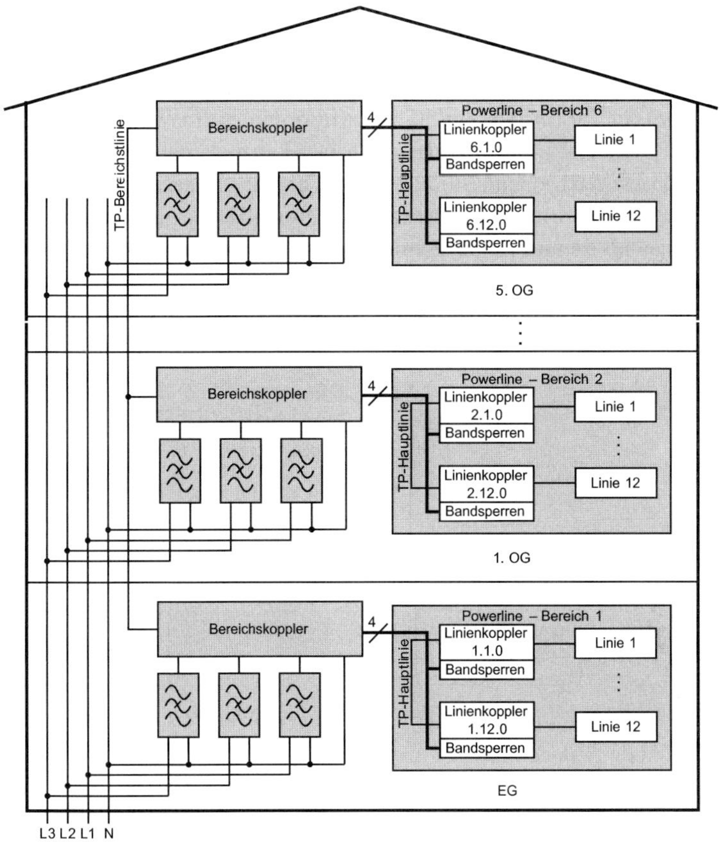

Bild 2.41: Powerline-Anlage mit 6 Bereichen

PL-Linienkoppler/PL-Bereichskoppler

PL-Linienkoppler und PL-Bereichskoppler sind wiederum Betriebsarten des Systemkopplers. Der Anschluss erfolgt auf der PL-Seite dreiphasig mit Neutralleiter, auf der Bereichs- oder Hauptlinie über die KNX-TP1-Datenschiene. In den zugeordneten Linien bzw. Bereichen erfüllen die LK bzw. BK volle Repeater-Funktionalität.

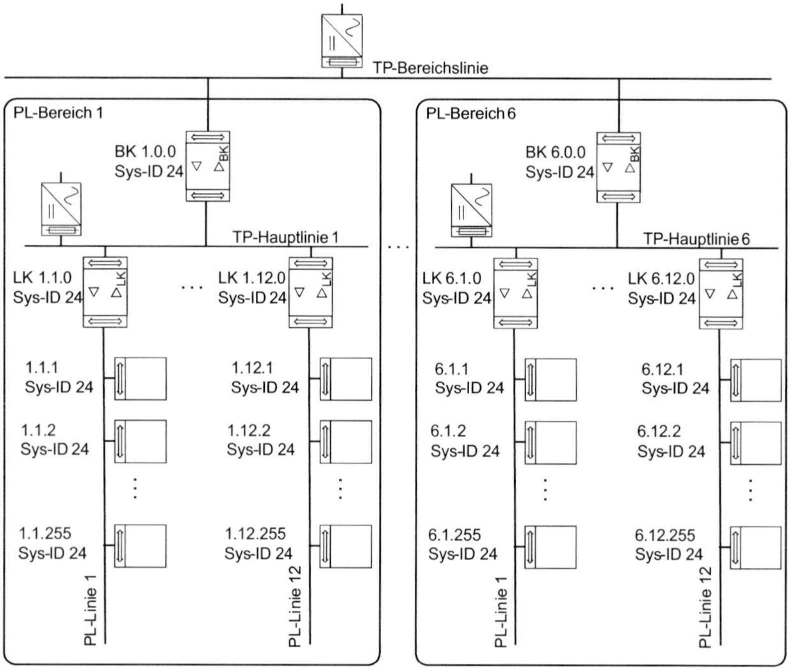

Bild 2.42: Logische Struktur zu der Powerline-Anlage nach Bild 2.41

Die TP-Hauptlinien bzw. Bereichslinien müssen eine Spannungsversorgung mit Drossel erhalten.

Medienkoppler

Bereits in kleinen Anlagen (ohne Linien und Bereiche) kann eine Mischung zwischen KNX-TP und KNX-PL vorgenommen werden. Dazu ist jedoch ein Medienkoppler notwendig, der die unterschiedlichen Busmedien untereinander datentechnisch verbindet. Auch der Medienkoppler ist eine Betriebsart des Systemkopplers.

Größere Mischanlagen

KNX-PL findet sehr oft Verwendung bei der Erweiterung einer bestehenden KNX-TP-Anlage, wobei man aber das vorhandene Niederspannungsnetz als Kommunikationsmedium nutzen möchte. Somit sind TP- und PL-Signalbereiche miteinander zu koppeln. Da die PL-Linienkoppler bzw. PL-Bereichskoppler ohnehin auf der Haupt- bzw. Bereichslinie über Twisted

Pair miteinander kommunizieren, ist die Kopplung von TP- und PL-Linien bzw. -Bereichen untereinander problemlos (**Bild 2.43**).

Systemkoppler

Der Systemkoppler ist ein kombiniertes Gerät, das die Funktionalität eines Medien-, Linien-, Bereichskopplers und eines Repeaters vereint.

Im Medienkopplerbetrieb stellt das Gerät die physikalische Verbindung zwischen einer Powerline-Anlage und einer Twisted-Pair-Anlage her. Diese Anlagen bleiben dabei jedoch galvanisch getrennt.

Im Linien- bzw. Bereichskopplerbetrieb stellt das Gerät die physikalische Verbindung zwischen mehreren PL-Linien bzw. -Bereichen her. Jede der verbundenen Linien/Bereiche muss über einen eigenen Systemkoppler verfügen. Die Verbindung der Systemkoppler muss über ein Twisted-Pair-Buskabel erfolgen (TP-Backbone).

Beim Einsatz des Systemkopplers als Repeater ist es nicht notwendig, ein Applikationsprogramm in den Systemkoppler zu laden.

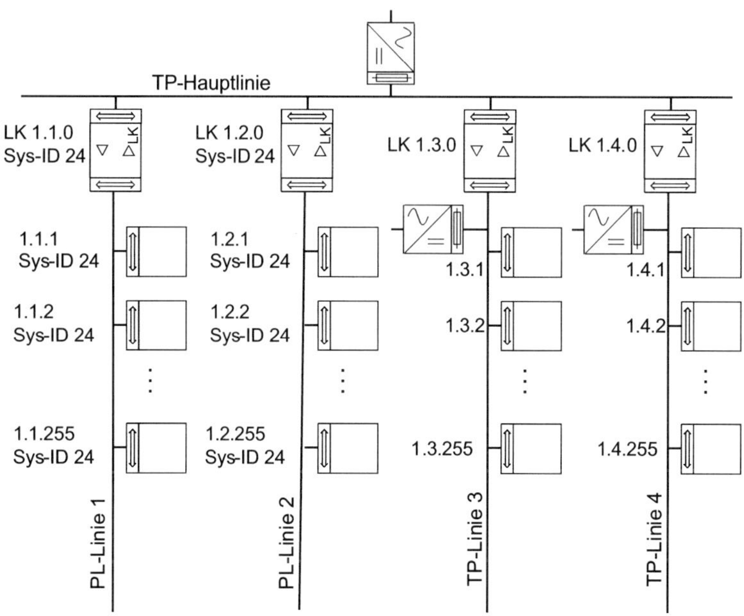

Bild 2.43: Mischanlage

Die *Projektierung und Programmierung* des KNX-Powerline kann bei kleinen Projekten (typischerweise Einfamilienhäuser) mit dem *Powerline-Controller* erfolgen. Außerdem kann der Controller manuelle und automatische Steuerungsfunktionen der Powerline-Anlage übernehmen, z. B.:

- manuelle Steuerung aller Verbraucher im Leitstellenbetrieb,
- Erstellung individueller Zeitprogramme,
- Nutzung der integrierten Astro-Funktion für die Zeitsteuerung (automatisch),
- Definition von Urlaubsprogrammen und weiteren Sonderfunktionen,
- Erstellung von Lichtszenen – Anzeige- und Abfragefunktionen.

Die Projektierung größerer Anlagen (ab zwei Linien) muss grundsätzlich mit der Engineering Tool Software ETS erfolgen (s. Abschnitt 4.5).

2.6.2 Signaldarstellung und Datenübertragung

Das Prinzip der Datenübertragung besteht beim Powerline darin, dass dem Niederspannungsnetz eine Spannung mit höherer Frequenz überlagert wird, welche die Informationen enthält. Die Signale werden über zwei getrennte Frequenzen übertragen. Im Empfänger werden diese Frequenzen über Filter wieder von der Netzspannung getrennt und ausgewertet.

Entsprechend der europäischen Normung (EN 50065) wird das Band 1, d. h. der Frequenzbereich von 95 kHz bis 125 kHz verwendet, wobei für die Signale zwei getrennte Frequenzen mit 105,6 kHz und 115,2 kHz genutzt werden. Die niedrigere Frequenz entspricht der logischen 0 und die höhere Frequenz der logischen 1. Der maximale Sendepegel liegt bei 116 dB (µV), dies entspricht ca. 0,63 V. Der Signalpegel zwischen Phase und Null ist jedoch, aufgrund der symmetrischen Einspeisung, doppelt so hoch.

Die Bitzeit liegt exakt bei 833,33 µs. Innerhalb einer Bitzeit werden 88 „0“-Bits bzw. 96 „1“-Bits übertragen. Das Übertragungsprinzip ist im **Bild 2.44** verdeutlicht. Aus der Bitzeit resultiert eine *Übertragungsgeschwindigkeit* für das Powerline-System von 1.200 bit/s, und diese liegt somit deutlich niedriger als beim KNX-TP (vgl. Abschnitt 2.2.1).

Der Abstand der beiden Trägerfrequenzen, die sog. Modulationstiefe, muss mindestens gleich dem Wert der Übertragungsgeschwindigkeit (Baudrate) sein, d. h. wenigstens 1.200 Hz (1,2 kHz). Die Modulationstiefe kann, wie

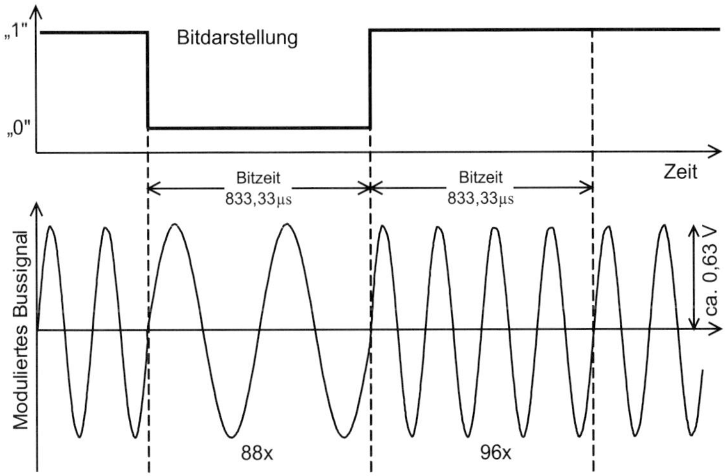

Bild 2.44: Signaldarstellung beim Modulationsverfahren Spread Frequency Shift Keying (SFSK) für KNX-PL

im Fall des KNX-PL-Systems, ein ganzzahliges Vielfaches der Baudrate sein, dies erleichtert die Decodierung des Signals. Man spricht dann bei der Modulation von Spread-FSK (SFSK).

Die aufgrund der Modulationstiefe vergrößerte Gesamtbandbreite des Sendesignals führt zwar zu einer geringeren spektralen Effizienz, aber gleichzeitig bewirkt sie eine bessere Störunempfindlichkeit, die wiederum für Übertragungen auf Stromnetzen vorteilhaft ist. Bei einer starken Dämpfung oder einer schmalbandigen Störung wird meist nur eine der beiden Trägerfrequenzen beeinflusst. Außerdem lassen sich die Trägerfrequenzen durch das weite Auseinanderliegen auch bei auftretenden Synchronisationsfehlern empfangsseitig gut trennen.

Entsprechend einer logischen Null oder Eins im Bitstrom wird beim FSK die Trägerfrequenz sprungartig geändert. Aufgrund der regulatorischen Vorschriften gemäß DIN EN 50065 erweist es sich als notwendig, den Frequenzwechsel phasenkontinuierlich erfolgen zu lassen. Andernfalls entstehen breitbandige spektrale Anteile, die sich problematisch auf die elektromagnetische Verträglichkeit auswirken können (Außerbandstörungen) und somit gegebenenfalls vorgeschriebene Grenzwerte überschreiten.

Die Demodulation im Empfänger erfolgt durch ein aufwändiges Verfahren in einem so genannten Optimalfilterempfänger. Alle Empfänger sind ständig im Empfangsbetrieb. Das empfangene Signal (Nutzsignal plus Störsignal) wird ständig in einem Analog-Digital-Wandler in einen Digitalwert umgewandelt. Dieser Digitalwert wird in zwei Korrelatoren eingespeist (einer für das „0“ Bit und einer für das „1“ Bit). Die Korrelatoren können je einen Wert für die „Ähnlichkeit“ des Empfangssignals mit der logischen „0“ und der „1“ ermitteln. In einem Bitentscheider werden die beiden Werte verglichen und über eine Maximumauswahl wird auf den Dateninhalt geschlossen. Somit ist trotz gestörter Netze eine gesicherte Datenübertragung möglich.

Der Vorgang des Sendens und Empfangens ist im **Bild 2.45** stark vereinfacht dargestellt.

Durch eine permanente automatische Sendeleistungs-Empfindlichkeitsanpassung wird die Sendeleistung bei Einhaltung des maximalen Sendepegels kontinuierlich den Netzverhältnissen angepasst. Alle Empfänger steuern ebenfalls permanent ihre Empfindlichkeit entsprechend den Netzverhältnissen. Das Ergebnis ist eine optimale Übertragungsreichweite auch unter ständig wechselnden Netzverhältnissen.

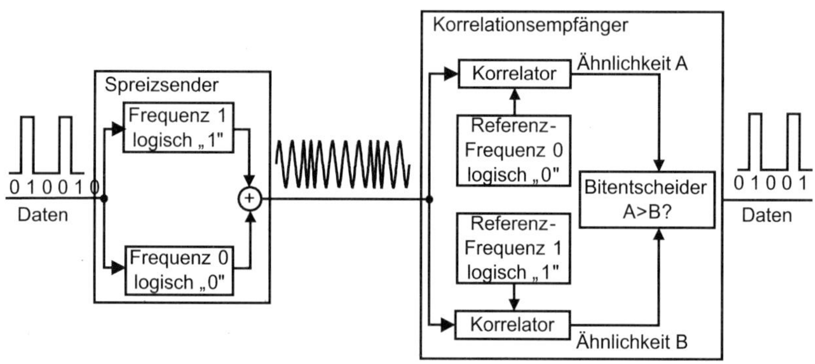

Bild 2.45: Übertragungstechnik mit Modulation Spread Frequency Shift Keying (SFSK) für KNX-Powerline

Jeder KNX-PL-Teilnehmer hat sowohl ein Sendeteil als auch ein Empfangsteil, die zusammen im Netzkoppler realisiert sind (s. Abschnitt 3.2.3.3).

2.6.3 Adressierung

Die Adressierung der Teilnehmer wurde vom KNX-TP-System übernommen. Insgesamt sind zur Adressierung 4 Byte vorgesehen. *Zwei Bytes* werden für die *Powerline-System-ID* verwendet. Dabei ist das höherwertige Byte mit 8 Nullen belegt, das niederwertige Byte wird zur Kennzeichnung der System-ID herangezogen (**Bild 2.46**). Diese System-ID wird bei der Inbetriebnahme in einem Wertebereich von 1 bis 254 festgelegt und ist für alle Teilnehmer, die miteinander kommunizieren sollen, gleich. Die System-ID 0 ist für Broadcasts reserviert, also für Informationen an alle Teilnehmer. Die Vergabe einer System-ID trägt dem Charakter eines offenen Mediums Rechnung und soll verhindern, dass sich räumlich dicht beieinanderliegende KNX-PL-Anlagen gegenseitig beeinflussen. Da die System-ID in jedem Telegramm übertragen wird, kann jeder Empfänger feststellen, ob das Telegramm zu seiner Anlage gehört oder nicht.

Die *anderen beiden Bytes* kennzeichnen entweder eine physikalische oder eine Gruppenadresse. Der Aufbau der *physikalischen Adresse* ist im Bild 2.46 dargestellt. Von den 8 Bits des höherwertigen Bytes werden 7 Bits zur Adressierung von 8 PL-Bereichen und 16 PL-Linien genutzt. Die 8 Bits des niederwertigen Bytes adressieren 256 Geräte. Systemkoppler haben die Geräteadresse 0, die Endgeräte haben die Adressen 1 bis 255. Damit ergibt sich ein Adressraum von 0 bis 32.767.

Physikalische Adresse															
7[1)]	6	5	4	3	2	1	0	7	6	5	4	3	2	1	0
	Bereich 0 … 7			Linie 0 … 15				Teilnehmer 0 - 255							

System-ID															
7	6	5	4	3	2	1	0	7	6	5	4	3	2	1	0
0	0	0	0	0	0	0	0	System-ID 0 - 255							

Gruppenadresse															
7[2)]	6	5	4	3	2	1	0	7	6	5	4	3	2	1	0
	Hauptgr. 0 - 15				Untergruppe 0 - 2047										

Bild 2.46: Adressierung von Powerline-Teilnehmern
7[1)] Main-responder-Flag 7[2)] Group-responder-Flag

Das Bit 7 des höherwertigen Bytes ist das so genannte Main-responder-Flag (MRF). Es wird unten nach der Erläuterung des Gruppensprecherflags erklärt.

Die Bedeutung der *Gruppenadresse* (Bild 2.46) ist analog zum KNX-TP. Die Gruppenadresse 0 ist für Broadcasts reserviert. Jeder Teilnehmer kann zu mehreren Gruppen gehören.

Von den 16 zur Verfügung stehenden Bits werden wieder 15 zur Bildung der Gruppenadresse genutzt. Davon sind 11 Bits für 2.048 Untergruppen und 4 Bits für 16 Hauptgruppen vorgesehen.

Das Bit 7 des höherwertigen Bytes wird *Gruppensprecher-Flag* (Groupresponder-Flag) genannt. Die Überwachung, ob ein Gruppentelegramm bei den Mitgliedern einer Gruppe angekommen ist, kann beim KNX-PL nicht so erfolgen wie beim KNX-TP. Dort sendet jeder Teilnehmer ein Bestätigungstelegramm und durch die Signalcodierung der „0"- und „1"-Bits setzt sich die „0" eines gestörten oder beschäftigten Teilnehmers gegen die „1" der restlichen Teilnehmer durch (s. Abschnitt 2.5).

Beim KNX-PL ist dies jedoch aufgrund der völlig unterschiedlichen Signaldefinition nicht möglich. Es müsste dazu ein Verwaltungsverfahren für die Bestätigungen geschaffen werden. Dies und die hohe Buslast durch die Bestätigungstelegramme verbieten eine solche Herangehensweise. Es wurde daher ein einfaches, aber sehr wirksames Verfahren gewählt: Genau *ein* Mitglied einer Gruppe wird zum Gruppensprecher ernannt. Bei der Konfiguration wird hierzu das Gruppensprecherflag für das Kommunikationsobjekt gesetzt. Dieser Gruppensprecher sollte der Teilnehmer mit der schlechtesten Empfangsmöglichkeit sein. Nur der Gruppensprecher allein bestätigt ein empfangenes Signal durch ein Bestätigungstelegramm, so dass der Gesamtaufwand spürbar sinkt.

Die genaue Behandlung der Bestätigungen unterscheidet sich in Anlagen mit oder ohne Repeaterfunktionalitäten. Bei *Anlagen ohne Repeater* sendet der Sender erneut sein Telegramm, wenn die Bestätigung durch den Gruppensprecher ausbleibt. Bei *Anlagen mit Repeatern* muss die Anwesenheit des Repeaters allen Teilnehmern bei der Programmierung mitgeteilt werden. Wird ein Repeater nachträglich in die Anlage eingesetzt, müssen alle Teilnehmer erneut programmiert werden. Der Vorgang der Bestätigungen ist nun folgender:

Empfängt der Gruppensprecher das Telegramm korrekt, sendet er ein Bestätigungstelegramm und der Vorgang ist abgeschlossen. Dabei ist der Repeater nicht in Erscheinung getreten. Empfängt der Gruppensprecher aber das Telegramm nicht oder nicht korrekt, registriert der Repeater, dass das Bestätigungstelegramm nicht gesendet wurde und wiederholt das Telegramm.

Empfängt der Gruppensprecher nunmehr das Telegramm und sendet eine Bestätigung (ACK), so ist der Vorgang beendet. Falls der Gruppensprecher das Telegramm trotzdem nicht empfängt und somit die Bestätigung ausbleibt, sendet der Repeater ein NACK. Der Sender empfängt das NACK und der Vorgang ist erfolglos beendet.

Das *Main-responder-Flag* der physikalischen Adresse spielt nur eine Rolle, wenn die Länge der Gruppenadress-Tabelle auf Null gesetzt wurde. In diesem Fall akzeptiert der Teilnehmer *alle* Gruppentelegramme, die er empfängt. Dies macht nur Sinn, wenn das Gerät ein Interface zu einem Visualisierungstool oder zur ETS darstellt. Ist dabei das MRF gesetzt, so wird der entsprechende Teilnehmer *alle* empfangenen Gruppentelegramme bestätigen, ist es nicht gesetzt, wird *keines* der Gruppentelegramme bestätigt. Die Handhabung ist aber mit Vorsicht zu genießen, denn in dem Fall, dass das MRF und ein weiteres Gruppensprecherflag gesetzt sind, entstehen zwei ACK, die sich gegenseitig zerstören können.

2.6.4 Telegrammstruktur

Die Telegrammstruktur des PL entspricht der des bekannten KNX-TP-Telegramms (s. Abschnitt 2.4); im Weiteren werden daher nur die Unterschiede zum KNX-TP-Telegramm aufgeführt.

Es wird zwischen zwei Telegrammen unterschieden, dem eigentlichen Datentelegramm und dem Bestätigungstelegramm (**Bild 2.47**); die Kennzeichnung der Telegrammart erfolgt im Steuerfeld.

Training 4 Bit	Präambel 1 8 Bit	Präambel 2 8 Bit	KNX - Telegramm	Checksumme 8+4 Bit	System - ID 8+4 Bit

a)

Training 4 Bit	Präambel 1 8 Bit	Präambel 2 8 Bit	Quittierung 8+4 Bit

b)

Bild 2.47: Telegramme des Powerline
a) Datentelegramm mit variabler Länge b) Bestätigungstelegramm

Auch das KNX-PL nutzt eine *asynchrone Übertragung*, d. h. der Bus führt kein getrenntes Synchronisationssignal. Eine *Grob-Synchronisation* erfolgt durch Auswertung der Netzfrequenz und die *Fein-Synchronisation* durch eine Präambel am Telegrammanfang.

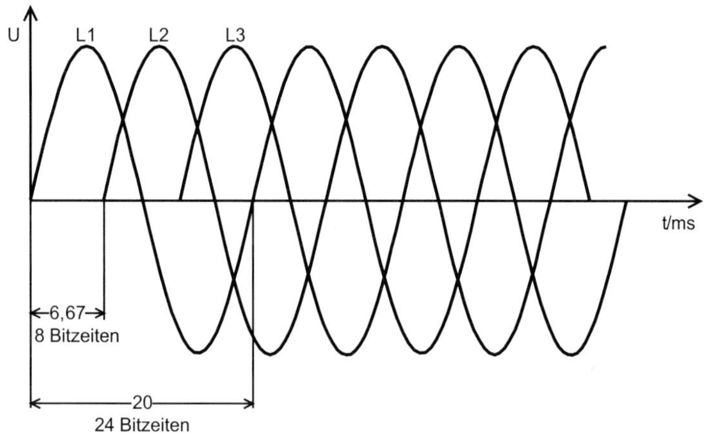

Bild 2.48: Synchronisation durch die Netzfrequenz bei KNX-Powerline

Die Grob-Synchronisation durch die 50 Hz-Netzfrequenz geschieht durch die Auswertung der Nulldurchgänge einer Phase. Eine gesamte Netz-Periode entspricht $T = 1/50$ s = 0,020 s (s. **Bild 2.48**). Durch die Bitzeit von 833,33 µs (s. Abschnitt 2.6.2) ergeben sich 24 Bitzeiten in einer Periode. Genutzt werden alle Phasendurchgänge, so dass die Grobsynchronisation 12 Bitzeiten umfasst. Im Bild 2.48 wird auch deutlich, dass der Phasenkoppler bei der Einkopplung der Signale eine Verzögerung von 6,67 ms (8 Bitzeiten) zwischen den Phasen erzeugen muss.

Jedes PL-Telegramm beginnt mit 4 Bit *Training* und der *Präambel 1* sowie der *Präambel 2* von jeweils 8 Bit Länge. Die Trainingssequenz besteht aus der Bitfolge [0101] und dient zur automatischen Anpassung der Empfangsempfindlichkeit (s. Abschnitt 2.6.2).

Die Präambeln haben die Bitfolge [1011 0000]. Sie werden zur Synchronisation und zur Erkennung einer Busbelegung benötigt (s. Abschnitt 2.6.4). Wird im Anschluss an die erste Phase keine Präambel erkannt, gilt der Bus als frei und einem Sendewunsch kann stattgegeben werden. Danach erfolgt die Sendung des gesamten Telegramms als Bitstrom und nicht zeichenweise wie beim KNX-TP. Dadurch können Start- und Stoppbits weggelassen werden. Die Übertragung eines Bytes geschieht beim PL anders als beim TP. Die Sendung beginnt mit dem MSB (most significant bit). Ohne Startbit werden die Bits 7 bis 0 der Nutzdaten gesendet, dann folgen 4 Bits zur Fehlerkorrektur. Außerdem entfällt das Paritätsbit.

Der im Bild 2.47 mit „KNX-Telegramm" bezeichnete Teil des *Datentelegramms* entspricht bis auf die Checksumme dem KNX-TP-Telegramm. Die Adressierung von Sender (physikalisch) und Empfänger (physikalisch oder Gruppenadresse) erfolgt dabei wie im Abschnitt 2.6.3 dargestellt.

Zur Fehlerkorrektur wird ein sog. (12,8)-Blockcode angewendet. Das Prinzip besteht darin, dass die Nettodaten von 8 Bit Länge zu einem Code von 12 Bit Länge erweitert werden. Das Ergebnis wird mit der *Checksumme* übertragen. Durch diese Übertragungssicherung können Einzelbitfehler korrigiert und Mehrbitfehler erkannt werden. Der Abschluss des Datentelegramms bildet die System-ID (s. Abschnitt 2.6.3).

Nach einem gültigen Telegramm gilt der Bus für eine feste Zeit noch als „belegt", um dem Empfänger das Senden einer Bestätigung (ACK) und dem Sender gegebenenfalls das Wiederholen des Telegramms zu ermöglichen.

Das *Bestätigungstelegramm* hat nur zwei Quittungsarten: ACK und NACK (wird nur vom Repeater benutzt). Mit dem Bestätigungstelegramm wird zur eindeutigen Zuordnung die Prüfsumme des vorherigen empfangenen Datentelegramms wiederholt.

2.6.5 Buszugriffsverfahren und Zugriffskonflikte

In einem offenen Medium, auf das alle Teilnehmer einen Zugriff haben, ist kein absolut kollisionsfreier Zugriff möglich. Deshalb muss auch hier ein spezieller Buszugriff angewendet werden. Beim KNX-PL wird ein „Zeitschlitzverfahren" (slotted access technique) angewendet, das zur Klasse der CSMA-Verfahren gehört (vgl. Abschnitt 2.2.2).

Vor dem Start eines neuen Telegramms muss für 58 Bitzeiten zunächst Busruhe herrschen. Normalerweise sind alle Teilnehmer im Betriebszustand „Empfangen". Möchte nun ein Teilnehmer senden, darf zuvor keine Präambel erkannt worden sein. Die beiden Präambeln steuern den Buszugriff wie folgt:

- Wird die erste Präambelsequenz erkannt, gilt der Bus als belegt und der Teilnehmer darf nicht senden.

- Wird auch die zweite Sequenz erkannt, ist der Bus gesperrt und der sendewillige Teilnehmer geht in den Empfangsmodus, da das Telegramm für ihn bestimmt sein könnte.

Wenn nach erkannter Präambel 1 die zweite Präambel nicht empfangen wird, so wird der „Bus belegt"-Status aufgehoben und der sendewillige Teilnehmer darf senden. Dabei sendet er das gesamte Telegramm, ohne einen evtl. Buskonflikt feststellen zu können. Diese Buskonflikte können nicht verhindert, sondern nur gemindert werden. Dazu dient ein prioritätsgesteuertes Zeitschlitzverfahren mit bis zu 8 Zeit-Schlitzen (Slots):

- Wiederholungstelegramme haben die höchste Priorität und werden im Slot 0 gesendet.
- Es folgt die Systempriorität im Slot 1 (Bestätigungstelegramme, Systemnachrichten, Alarmnachrichten).
- In den Slots 2 bis 8 werden nach einem zufälligen Verfahren die sonstigen Telegramme gesendet. Dazu wird ein interner Zufallsgenerator gestartet, der als Ergebnis eine Zahl zwischen 1 und 7 liefert. Entsprechend diesem Ergebnis wartet der Teilnehmer mit seinem Sendevorgang die entsprechende Anzahl Zeitschlitze ab.

2.6.6 Übertragungsmedium KNX PL 110+

Ein entscheidender Nachteil des Übertragungsmediums PL 110 ist die geringe Datenübertragungsrate von 1,2 kbit/s. Mit dem neuen Übertragungsverfahren PL 110+ wird dieser Nachteil überwunden und es werden Übertragungsraten von bis zu 32,4 kbit/s erreicht. PL 110+ kann parallel zum Übertragungsverfahren PL 110 in der gleichen Installation genutzt werden. Es nutzt das gleiche Frequenzband 95...125 kHz entsprechend der Norm EN 50065-1, aber ein anderes Modulationsverfahren. Hier kommt das OFDM-Modulationsverfahren (Orthogonal Frequency Division Multiplex Modulation) zum Einsatz.

Bei dem hier implementierten OFDM-Verfahren wird der Datenstrom auf bis zu neun Frequenzträger (98,4 kHz, 100,8 kHz, 103,2 kHz, 108,0 kHz, 110,4 kHz, 112,8 kHz, 117,6 kHz, 120,0 kHz, 122,4 kHz) aufgeteilt. Es sind Sinusschwingungen mit einer Periode von 833,33 µs, die orthogonal zu den PL-110–FSK-Signalen sind. Bei orthogonalen Frequenzen erreicht ein Frequenzträger dann sein Modulationsmaximum, wenn alle anderen Frequenzträger gerade einen Nulldurchgang haben.

Für die Modulation der Datenströme wird die DPSK-Modulation (Differential Phase Shift Keying) genutzt, wobei der Anwender für die jeweiligen Frequenzträger unter drei unterschiedlichen Modulationsverfahren (DBPSK mit 10,8 kbit/s, DQPSK mit 21,6 kbit/s oder D8PSK mit 32,4 kbit/s) wählen kann. Damit kann zwischen Datenbandbreite und Robustheit der Datenübertragung projektbezogen entschieden werden. Anschließend werden die modulierten HF-Signale addiert.

KNX PL110+ ist vollständig interoperabel und abwärtskompatibel zu der KNX-PL110-Lösung. Aufgrund der noch geringen Marktdurchdringung wird hier auf eine detaillierte Darstellung verzichtet.

2.7 Funktechnologie (KNX-RF)

Funkübertragung bietet sich zu allererst in solchen Fällen an, bei denen keine Leitungen verlegt werden können, wie dies oft bei Renovierung und Nachrüstung der Fall ist. Das KNX-Funkmedium (KNX-RF), wurde in der Protokollversion KNX 1.1 erstmals 2001 als KNX-Medium definiert. Verwendung fand es zuerst vorwiegend bei kleineren Anlagen und bei Renovierungsprojekten. Diese KNX-Funkspezifikation beinhaltete eine Funklösung im 868-MHz-Band mit einem Kanal.

Die Normversion KNX 2.1 beschreibt vier unterschiedliche Funkspezifikationen:

- KNX RF Ready ist ein Funk-Einkanalsystem.
- KNX RF Multi ist die Weiterentwicklung des KNX-RF-Ready-Systems als Mehrkanallösung mit zwei zusätzlichen Funkkanälen für schnelle Reaktionszeiten und zwei Funkkanälen für Produkte mit langsamen Reaktionszeiten.
- KNX BiBat (BiBat: Bidirectional Battery driven devices) basiert auf der KNX-1.1-Version und wurde für batteriebetriebene Geräte entwickelt.
- KNX BiBat2 ist eine Weiterentwicklung von BiBat mit zwei Funkkanälen.
- Die Auswahl dieser vier KNX-RF-Spezifikationen erfolgt abhängig von der jeweiligen Anwendung. Alle vier Versionen nutzen in Europa das 868-MHz-Band. Da einige der Frequenzen einheitlich von allen verwendet werden, können sie ohne zusätzliche Maßnahmen miteinander

kommunizieren. In anderen Regionen gelten unterschiedliche Regelungen für die verwendeten Frequenzen.

Produkte, die nach der KNX-RF1.1-Spezifikation entwickelt wurden, sind nach wie vor erlaubt, es wird aber empfohlen, sie in die KNX-RF-Ready-Spezifikation zu konvertieren.

2.7.1 Systemkonfiguration und Topologie

KNX-RF nutzt Funksignale zur Kommunikation. Somit entsteht zuerst die Frage nach dem genutzten Frequenzband. Bei der Auswahl war folgende Überlegung entscheidend: Um Sensoren unabhängig vom Stromnetz platzieren zu können, werden die Sensoren des KNX-RF überwiegend mit Batterien betrieben. Also muss das verwendete Frequenzband einen geringen Energiebedarf gewährleisten. Die stark zunehmende drahtlose Vernetzung von PCs, Druckern und sonstigen Geräten der Informationstechnik findet im weltweit lizenzfreien *2,4-GHz-Frequenzbereich* statt. Die hier genutzten Funkstandards *WLAN* oder *Bluetooth* garantieren eine hohe Datenrate, allerdings um den Preis eines *hohen Energiebedarfs*. Sie eignen sich also nicht für einen Batteriebetrieb über längere Zeit, wie er insbesondere für Sensoren benötigt wird. Das für KNX-RF verwendete Frequenzband 868 MHz ist dafür jedoch gut geeignet.

Bei einer großen Anzahl von Sendern in einem Funksystem können die gleichzeitig ausgesendeten Funkdaten beim Empfänger „kollidieren“ und damit nicht ausgewertet werden. Es ist daher entscheidend, ein Funksystem zu wählen, bei dem die Funkübertragung sehr kurz gestaltet ist.

Ein Maß für die Kürze einer Übertragung ist der Duty Cycle. Er gibt die auf eine Stunde bezogene Summe der Sendedauer eines Geräts an. Das 868-bis-870-MHz-Band ist in mehrere Subbänder unterteilt. Für jedes Subband ist eine spezielle Nutzung mit besonderen Parametern (insbesondere unterschiedliche Werte für den Duty Cycle sowie unterschiedliche Sendeleistung) vorgesehen (s. **Tabelle 2.11**).

Die meisten Automatisierungsfunktionen im Gebäude erfordern nur kurzzeitige Übertragungen von jeweils wenigen Informationen per Funk (Schalten von Licht, Bedienung von Jalousien). Damit kommt man überwiegend mit einem kleinem Duty Cycle (z. B. 1 % = 36 s/h) aus.

Tabelle 2.11: Subbänder des 868-MHz-Bands

Subband (MHz)	Nutzung	Kanalraster	max. Sende-leistung	Duty Cycle
868,0–868,6	allgemein	Breitband	25 mW	< 1 %
868,6–868,7	Alarm	25 kHz	10 mW	< 0,1 %
868,7–869,2	allgemein	Breitband	25 mW	< 0,1 %
869,2–869,3	Alarm	25 kHz	10 mW	< 0,1 %
869,3–869,4	offen	offen	10 mW	offen
869,4–869,65	allgemein	25 kHz/Breitband	500 mW	< 10 %
869,65–869,7	Alarm	25 kHz	25 mW	< 10 % – 100 %
869,7–870,0	allgemein	Breitband	5 mW	< 10 % – 100 %

Gerätemodelle

Sensoren sollen unabhängig vom Stromnetz mit Batterien versorgt werden. Sie müssen nicht permanent empfangsbereit sein, sondern nur ereignisgesteuert senden. In der KNX-Spezifikation 1.1 wurde dazu ein *unidirektionales Gerätemodell* definiert. Diese Geräte senden nur bei Bedarf und haben keinen Empfänger. Moderne Sensoren sind *semidirektionale* Geräte. Sie sind bidirektional während der Konfiguration und unidirektional im normalen Betrieb.

Aktoren werden wegen ihres höheren Energiebedarfs meistens aus dem Stromnetz versorgt, sie müssen ständig empfangsbereit sein und nutzen das *bidirektionale Gerätemodell*. Empfänger ohne Sender sind in KNX nicht vorgesehen.

Topologie

KNX-RF nutzt, ebenso wie KNX-PL, ein offenes Medium. Eine hierarchische Anordnung der Geräte ist deshalb nicht möglich. Die Topologie wird durch Sender, Empfänger und – soweit eingesetzt – durch Repeater bestimmt. Die Geräte können prinzipiell an jeder beliebigen Stelle angeordnet werden. Allerdings sind zwei Aspekte zu beachten:

- Bedingt durch das offene Medium ist eine Abgrenzung zu benachbarten KNX-RF-Anlagen notwendig. Dazu senden die Teilnehmer als Bestandteil der Adresse eine Domänenadresse oder ihre Seriennummer als Gerätekennung (s. Abschnitt 2.7.3). Nur diejenigen Empfänger, die auf diesen Sender eingelernt, d. h. mit ihm verbunden wurden oder Teil der Domäne sind, werten seine Telegramme aus.

- Die Reichweite der Funkübertragung ist zu beachten. Sie lässt sich räumlich nicht exakt vorhersagen. Sie wird durch bauliche Gegebenheiten, wie Wände, Decken und Möbel, bestimmt.

KNX-RF-Signale werden mit einer Leistung von 5 mW bis 25 mW gesendet; es wird eine Kommunikationsreichweite von bis zu 30 m inklusive zwei Betonmauern bzw. drei Steinmauern erreicht. Dies ist ausreichend, um ein Einfamilienhaus oder eine Wohnung abzudecken. Wenn die Reichweite nicht ausreicht, kann ein Repeater das Signal auffangen und neu versenden. Der Repeater kann im Prinzip jeder KNX-RF-Empfänger sein, bei dem diese Funktion aktiviert ist.

Bild 2.49 zeigt symbolisch ein Beispiel bei dem der Aktor der Leuchte 1 als Repeater aktiviert wurde. Dieser empfängt das primäre Telegramm des Schalters und sendet es erneut aus. Damit wird die Reichweite der Funklösung erweitert.

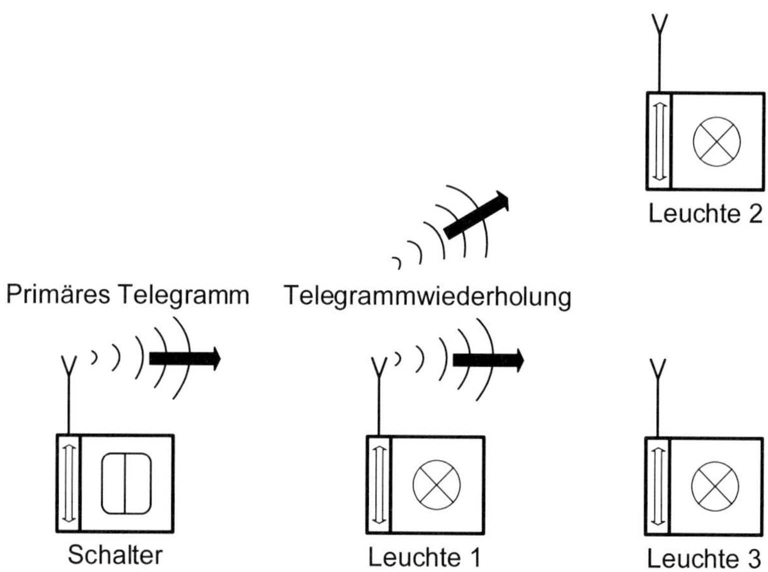

Bild 2.49: Einsatz eines KNX-RF-Repeaters

Die Kommunikationsreichweite reicht meist aus, um ein Einfamilien- oder Mehrfamilienhaus mit höchstens einem Repeater zu versorgen. Kleine KNX-RF-Installationen kommen sogar ohne diese aus.

Die KNX-RF-Spezifikation definiert ein einfaches Repeater-/Retransmitter-Modell, das mit dem Telegramm zusätzlich die KNX-Absenderadresse und eine Telegramm-Nummer verschickt, um mehrfache Wiederholungen des gleichen Telegramms zu vermeiden (s. Abschnitt 2.7.4).

Mischung von Übertragungsmedien

Mit Hilfe von *Medienkopplern* können Informationen und Befehle zwischen KNX-RF- und KNX-TP-Geräten übertragen werden. Somit wird beispielsweise im Zuge eines Umbaus ein bestehendes TP-Netz durch Funk-Teilnehmer erweitert.

2.7.2 Signaldarstellung und Datenübertragung

In der Spezifikation KNX RF 2.1 sind insgesamt sechs Funkkanäle innerhalb des 868-MHz-Bands definiert:

- vier schnelle Kanäle (F1 bis F4) und
- zwei langsame Kanäle (S1 und S2).

Für alle wird eine Frequenzmodulation in Form der *Frequenzumtastung* (*Frequency Shift Keying, FSK*) genutzt (vgl. Abschnitt 2.6.2). Die Codierung erfolgt nach dem *Manchester*-Verfahren. Dabei wird die Sendefrequenz zwischen zwei Frequenzwerten verändert. Zur Darstellung eines Bits werden die *Frequenzwechsel* von der niedrigen zur hohen Frequenz (logische „1") bzw. umgekehrt ausgenutzt. Damit wird die notwendige Signalrate doppelt so hoch wie die Bitrate, das Signal wird „gespreizt". Man spricht vom Spreizcode (chipping sequence) und die Frequenzzustände sind dabei die „Chips". Die Chips sind symmetrisch um die jeweilige Mittelfrequenz f_C des Kanals angeordnet. Die FSK-Abweichung f_{DEV} ist der Abstand der Sendefrequenz von der Mittelfrequenz.

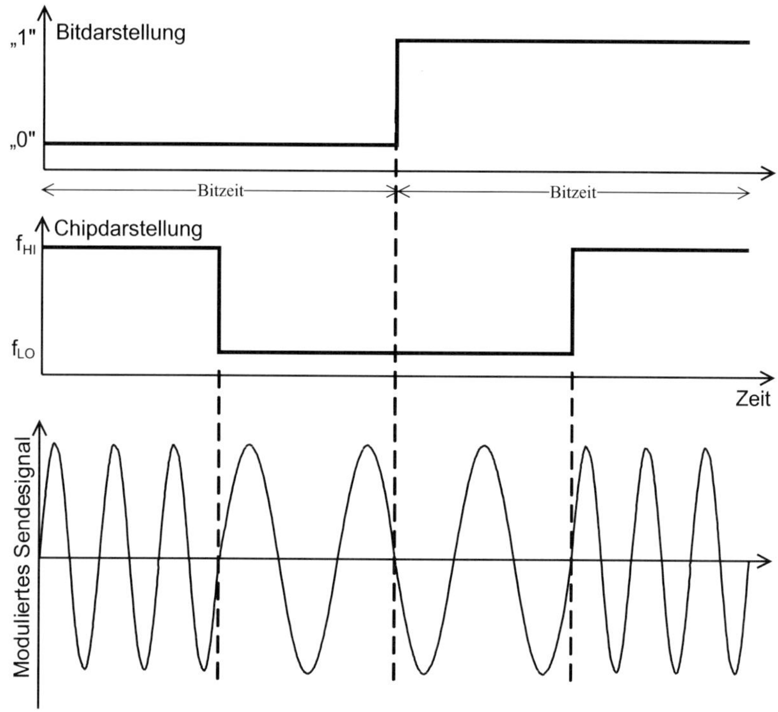

Bild 2.50: Codierung bei KNX-Funk

Das „0"-Chip entspricht der Frequenz $f_{LO} = f_C - f_{DEV}$ und das „1"-Chip $f_{HI} = f_C + f_{DEV}$. Das „0"-Bit wird dabei als Übergang von f_{HI} zu f_{LO} codiert und entspricht der Chip-Folge „10". Entsprechend ist das „1"-Bit der Übergang von f_{LO} zu f_{HI} und mit der Chip-Folge „01" codiert (**Bild 2.50**).

Wie beim KNX-PL, muss auch hier die Synchronisation der Empfänger aus dem Signal gewonnen werden. Dazu dient der Preheader, mit dem jedes Telegramm beginnt. Der *Preheader* besteht aus:

- Präambel,
- Manchester-Verletzung und
- Synchronisation.

Die *Präambel* besteht kanalspezifisch aus unterschiedlichen „01"-Chip-Folgen und ist eine Lernsequenz für den Empfänger. Die darauffolgende *Verletzung der Manchester-Codierung* soll den sog. Capture-Effekt verhindern. Aufgrund dieses Capture-Effekts kann es dazu kommen, dass die an sich ausreichend starken Signale nahe gelegener Sender durch Kollisionen mit wesentlich schwächeren Signalen von Fremdsendern nicht korrekt empfangen werden. Die sich anschließende Synchronisation dient zur Synchronisierung der Empfänger.

Das Ende eines Telegramms wird durch eine *Postambel* gekennzeichnet. Sie besteht für alle Kanäle aus 2 bis 8 Chips.

Tabelle 2.12 zeigt die für die jeweiligen Kanäle spezifischen Parameter.

Tabelle 2.12: Kanalspezifikationen

Eigenschaft	F1	F2	F3	F4	S1	S2
Mittelfrequenz f_C in MHz	868,3	868,95	869,85	869,525	869,85	869,525
Frequenztoleranz	+/- 25ppm	+/- 25ppm	+/- 25ppm	+/- 25ppm	+/- 25ppm	+/- 25ppm
FSK-Abweichung, f_{DEV} in kHz	60 (48 bis 80)	60 (48 bis 80)	60 (48 bis 80)	50 bis 60		
Bandweite in kHz	500	500	300	250	300	250
Bitrate in kbit/s	16,384	16,384	16,384	16,384	8,192	8,192
Chiprate in kchips/s	32,768	32,768	32,768	32,768	16,384	16,384
Chipratentoleranz (Sender)	+/- 1,5 %	+/-1,5 %	+/-1,5 %	+/-1,5 %	+/-1,5 %	+/- 1,5 %
Chipratentoleranz (Empfänger)	+/-2 %	+/-2 %	+/-2 %	+/-2 %	+/-2 %	+/-2 %
max. Duty Cycle	1 %	0,1	100 [1)]	10	100 [1)]	10

1) Duty Cycle ist 100 % bis zu einer maximalen Sendeleistung von 5 mW und auf 1 % begrenzt bei Sendeleistungen von 5m W bis 25 mW.

Bild 2.51 zeigt die Zuordnung der Kanäle zu den jeweiligen Subbändern im 868-MHz-Band.

Preheader	Block 1	CRC	Block 2	CRC	...	Block N	CRC	Postambel
48 chips	10 Byte	2 Byte	16 Byte	2 Byte		1 bis 16 Byte	2 Byte	2 bis 8 chips

Bild 2.51: Zuordnung der Kanäle zu den jeweiligen Subbändern im 868-MHz-Band

Die Kanäle werden in den KNX-RF-Spezifikationen unterschiedlich genutzt. Dabei sind die jeweiligen Längen der Präambeln zu beachten (**Tabelle 2.13**).

Tabelle 2.13: KNX-RF-Spezifikationen

Spezifikation	Parameter	Wert	
KNX RF 1.1	Präambel	Kanal F1	15x „01" Chips, 1 ms
KNX RF Ready	Präambel	Kanal F1	79x „01" Chips, 4,8 ms
KNX BiBat	Präambel	Kanal F1	15x „01" Chips, 1 ms
KNX RF Multi	Präambel	Kanal F1	247x „01" Chips, 15 ms
		Kanal F2	
		Kanal F3	
		Kanal S1	4111x „01" Chips, 500 ms
		Kanal S2	
KNX BiBat2	Präambel	Kanal F1	15x „01" Chips, 1 ms
		Kanal F4	
für alle	Manchester-Verletzung	Chip Sequenz „000111"	
	Synchronisation	Chip Sequenz „011010010110"	

KNX RF 1.1

Die Vorgängerversion KNX RF 1.1 kannte nur eine Einkanallösung mit dem Kanal F1 (in der RF 2.1 Spezifikation wird dieser Kanal F1sh genannt). Für den Kanal F1 wird das Subband 868,0–868,6 MHz verwendet. Die in diesem Subband erlaubten Geräte sind so genannte *Short Range Devices* (SRD), es sind Kurzstreckengeräte für die Sprach- oder Datenübertragung (**Tabelle 2.14**). In dieser Spezifikation war nur der E-Mode verfügbar.

KNX RF Ready

Es handelt sich ebenfalls um eine Einkanallösung. Im Wesentlichen wurde die KNX-RF-1.1-Spezifikation übernommen, wobei die Länge der Präambel angepasst ist. Bestehende KNX-RF-1.1-Produkte können durch ein Software-Update an KNX RF Ready angepasst werden.

KNX BiBat

Hier handelt es sich um bidirektionale, batteriebetriebene Geräte. Die Spezifikation beruht auf der KNX-RF-1.1-Normung. BiBat-Geräte können wegen des Energieverbrauchs nicht ständig im Empfangsmodus sein. Deshalb werden die aktiven Empfangsfenster durch eine Timeslot-Verfahren reduziert. Damit erreicht man eine Batterielebensdauer von ein bis drei Jahren.

KNX RF Multi

Der Nachteil von Einkanallösungen ist, dass die Funkkommunikation durch andere Funksysteme mit unterschiedlichen Medien-Zugangsmethoden im selben oder benachbarten Bändern gestört wird. KNX RF Multi versucht, dies zu vermeiden, indem die Geräte von einem belegten Kanal auf einen weiteren Funkkanal springen können.

Die verwendeten Funkkanäle werden in zwei Kategorien unterteilt, diese definieren zwei unterschiedliche Domänen, wodurch eine voneinander getrennte Kommunikation ermöglicht wird:

- Drei Kanäle F1 bis F3 für eine schnelle Telegrammübertragung mit einer Präambel von 15 ms und einer Datenübertragungsrate von 16,384 kbit/s. Der Duty Cycle in den schnellen Kanälen F1 und F2 beträgt 1 % bzw. 0,1 % bei einer max. Sendeleistung von 25 mW. Sie sind für Empfänger vorgesehen, die permanent oder nicht permanent im Empfangsmodus sind. Im Kanal F3 beträgt die Datenübertragungsrate 100 % bis zu einer maximalen Sendeleistung von 5 mW, sie wird auf 1 % begrenzt bei Sendeleistungen von 5 mW bis 25 mW.
- Zwei Kanäle S1 und S2 für eine langsame Telegrammübertragung mit einer Präambel von 500 ms und einer Datenübertragungsrate von 8,192 kbit/s. Der Duty Cycle des Kanals S1 ist identisch mit dem des Kanals F3. Für den Kanal S2 beträgt er 10 %.

Die langsamen Kanäle sind für Empfänger konzipiert, die nicht permanent im Empfangsmodus sind. Damit sind sie geeignet für bidirektionale batteriebetriebene Geräte oder so genannte Energy-harvesting-Geräte, die die Energie aus der Umgebung nutzen.

Geräte dürfen immer senden. Um Energie zu sparen, können sie in den Schlafmodus versetzt werden. Damit kann der Verbrauch bis zu 80 % für schnelle Kanäle oder bis zu 99 % für langsame Kanäle reduziert werden. Sie werden periodisch aus dem Schlafmodus geweckt, um Telegramme empfangen zu können.

Der Multikanalansatz erlaubt die Überprüfung eines korrekten Empfangs, durch die Unterstützung einer schnellen unmittelbaren Bestätigung von bis zu 64 individuellen Empfängern (Fast IACK). Wenn ein Fast IACK ausbleibt, werden Telegramme automatisch wiederholt.

Der Kanal F1 ist der bevorzugte Kanal, er wird ebenfalls durch Geräte mit der alten KNX-RF-1.1-Spezifikation genutzt. Konfigurationen werden ausschließlich über den Kanal F1 vorgenommen. Die beiden anderen schnellen Kanäle werden dann genutzt, wenn F1 belegt ist.

S1 ist der bevorzugte Kanal für die langsame Kommunikation. Der Kanal S2 ist der Ausweg bei einem belegten Kanal S1.

KNX BiBat2

Die Spezifikation entspricht der von BiBat, wurde aber auf zwei schnelle Kanäle erweitert, die sich im Duty Cycle unterscheiden. Damit werden batteriebetriebene Geräte mit geringem Kommunikationsbedarf, aber einer langen Lebensdauer der Batterien unterstützt. Es wird das gleiche Timeslot-System wie bei BiBat genutzt, aber erweitert um einen Mechanismus, der es gestattet, zwischen den unterschiedlichen Frequenzen zu wechseln. Die Nutzung einer Frequenz ist begrenzt auf eine Periode von 64 Blöcken und einer Dauer von maximal 5 min und 20 s. Der Kanal F4 hat die gleiche Mittelfrequenz, wie S2 und wird nur für BiBat2 genutzt.

2.7.3 Adressierung

Bei der Adressierung von KNX-Funkteilnehmern muss zwischen (früher verwendeten) unidirektionalen und bidirektionalen Geräten (s. Abschnitt 2.7.2) sowie den Konfigurationsmodi (E-Mode, S-Mode) unterschieden werden.

Erweitertes Adressformat

Beim KNX-RF wird die Adressierung um eine 6 Bytes umfassende *Domainadresse* oder *Seriennummer* erweitert (s. Abschnitt 2.7). Eine erweiterte Adresse (*extended address*) besteht aus zwei Adressteilen:

- 1. Teil: Domainadresse oder Seriennummer,
- 2. Teil: physikalische oder Gruppenadresse.

Geräte im S-Mode benutzen die Domainadresse. Sie wird von der ETS vergeben. Die 6 Byte umfassende Domainadresse wird aus den 2 Byte 0x00FA (Herstellercode der KNX Association) und einer 4 Byte umfassenden Zufallszahl gebildet. Damit wird sichergestellt, dass die Domainadresse nicht mit einer Seriennummer irgendeines Geräts kollidiert.

E-Mode-Geräte haben nicht immer die Möglichkeit, die projektspezifische Domainadresse zu empfangen. Deshalb wird hier zur Abgrenzung der Installation die Seriennummer verwendet. Diese ist eine eindeutige Gerätekennung, die bei der Herstellung vergeben wird und nicht verändert werden kann. Sie wird mit jedem Telegramm übertragen und bei der Inbetriebnahme bzw. beim Verbinden der Geräte über Funk als Teil der Quelladresse des Senders im Empfänger hinterlegt. Der Nachteil der Verwendung der Seriennummer ist der, dass jeder Empfänger (Aktuator) eine Tabelle der Seriennummern der mit ihm verbundenen Sender (Sensoren) haben und diese auch ständig aktuell halten muss. Wenn ein Sender ausgetauscht wird, müssen auch bei den Empfängern alle Seriennummern angepasst werden Dies ist bei der Verwendung der Domainadresse nicht nötig.

Im Ctrl-Mode wird während der Konfiguration die Domainadresse als Bestandteil der erweiterten Adresse verwendet. Der Controller baut zum Zweck der Konfiguration eine temporäre begrenzte, private Domain mit dem zu konfigurierenden Gerät auf. Als Domainadresse akzeptiert das Gerät seine eigene Seriennummer, damit wird die Domain von den anderen Geräten abgegrenzt.

Physikalische Adresse

Die physikalische Adresse wird im Wesentlichen für die Konfiguration verwendet und hat damit eigentlich nur Sinn für bidirektionale Geräte. Für unidirektionale Geräte wird einheitlich ab Werk als physikalische Default-Adresse 0x05FF verwendet.

Im S-Mode wird die physikalische Adresse individuell durch die ETS, im Ctrl-Mode durch den Controller vergeben. Geräte im PB-Mode bilden ihre physikalische Adresse selbst durch einen werksseitig programmierten Mechanismus, der bei der Installation für jedes Gerät separat ausgelöst werden muss.

Gruppenadresse

Im S-Mode wird die Gruppenadresse wie im KNX-TP1-S-Mode durch die ETS konfiguriert. Geräte im PB-Mode bilden ihre Gruppenadresse selbst. Jedes sendende Kommunikationsobjekt bekommt eine eindeutige Gruppennummer, die nach einem vordefinierten Schema gebildet wird. Die Regelung für früher verwendete unidirektionale Geräte war wie folgt: Es wird eine per Werk voreingestellte Gruppenadresse, bestehend aus einer festen Zuordnung von Datenpunkt und Gruppenadresse einheitlich für jeden Sensor genutzt. Der Datenpunkt N erhält die Gruppenadresse 0x000N. Die Gruppenadresse 0x0000 ist reserviert als Broadcast-Adresse.

Broadcast

Die Adressierung von Broadcasts unterscheidet Domain-Broadcasts, die an alle Empfänger einer Domain gerichtet sind, und System-Broadcasts (an alle Empfänger aller erreichbaren Domains). Sie unterscheiden sich in der Verwendung der Domainadresse bzw. Seriennummer sowie im Adresstyp „Gruppen-/physikalische Adresse“ (s. **Tabelle 2.14**).

Tabelle 2.14: Adressschema bei KNX-Funk

Kommunikationsart	Konfigurationsmodus	1. Adressteil (6 Bytes)	2. Adressteil (2 Bytes)	AT[1)]	AET[2)]
Punkt-zu-Punkt (unicast)	PB-Mode	Seriennummer	physikalische Adresse	0	0
	Ctrl-Mode	Domainadresse = Seriennummer	physikalische Adresse	0	1
	S-Mode	Domainadresse	physikalische Adresse	0	1

Kommunikationsart	Konfigurationsmodus	1. Adressteil (6 Bytes)	2. Adressteil (2 Bytes)	AT[1]	AET[2]
Punkt-zu-Multipunkt (Gruppentelegramm, multicast)	PB-Mode	Seriennummer	Gruppenadresse	1	0
	Ctrl-Mode	Seriennummer	Gruppenadresse	1	0
	S-Mode	Domainadresse	Gruppenadresse	1	1
Punkt-zu-Domain (Broadcast)	S-Mode	Domainadresse	0x0000	1	1
Punkt-zu-System (Systemprodcast	PB-Mode	Seriennummer	0x0000	1	0
	Ctrl-Mode	Seriennummer	0x0000	1	0
	S-Mode	Seriennummer	0x0000	1	0

1) Adress-Typ Bit 7 des L/NPCI-Felds im Block 2
2) AddrExtensionType Bit 0 des L/NPCI-Felds im Block 2

2.7.4 Telegrammstruktur

Den Aufbau eines KNX-RF-Telegramms zeigt **Bild 2.52**. Wie bei KNX-TP wird auch hier unterschieden in ein Standardtelegramm- und erweitertes Telegramm-Format. Aus Gründen der Übersichtlichkeit soll hier nur auf das Standardtelegramm eingegangen werden. Für das erweiterte Telegrammformat wird auf die KNX-Spezifikation verwiesen.

Preheader variabel	Block 1 10 Byte	CRC 2 Byte	Block 2 16 Byte	CRC 2 Byte	...	Block N 1 bis 16 Byte	CRC 2 Byte	Postambel 2 bis 8 chips

Bild 2.52: Gesamt-Telegramm bei KNX-Funk

Nach dem Preheader (s. Abschnitt 2.7.2) wird der erste Block mit einer festen Länge von 10 Byte gesendet. Er beinhaltet Steuerungsinformationen und die Seriennummer des Geräts bzw. die Domainadresse. Es folgt die 2 Byte lange Checksumme des ersten Blocks (CRC).

Der Block 2 enthält die Quell- und Zieladressen, sowie weitere Steuerungsinformationen. Im zweiten Block werden bereits die ersten Nutzdaten gesendet. Der Block 2 hat (ebenso wie die evtl. folgenden Blöcke) eine maximale Länge von 16 Byte. Nach jedem Block folgt die 2 Byte Checksumme. Reicht der Block 2 nicht aus, um die Daten zu senden, folgen weitere Blöcke. Die Codierung der Daten in Block 2 und den folgenden Blöcken entspricht derjenigen bei KNX-TP und KNX-PL. Das Telegramm endet mit einer Postambel.

Der Telegrammaufbau im Einzelnen

Der *Preheader* hat je nach Ausprägung eine unterschiedliche Länge (s. Abschnitt 2.7.2, **Tabelle 2.13**).

Den Aufbau des *Block 1* zeigt das **Bild 2.53**.

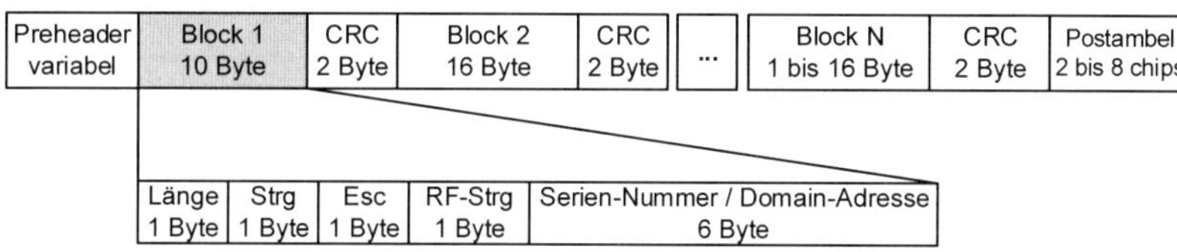

Bild 2.53: Block 1 beim KNX-Funk

Die Längenangabe im ersten Byte umfasst die Nutzdaten in Byte, beginnend mit dem Steuerungsfeld, ohne die CRC-Bytes. Das Steuerungsfeld (Strg) enthält immer 0x44, dies bedeutet nach IEC 870-5 „send/no reply“. Das „Esc“-Feld hat immer den Wert 0xFF und dient zur Unterscheidung anderer Codierungen, insbesondere vom Metering. Das RF-Steuerungsfeld beinhaltet RF-spezifische Parameter (**Tabelle 2.15**). Das Bit 0 des RF-Steuerungsfelds dient zur Unterscheidung von uni- und bidirektionalen Geräten. Bei semidirektionalen Geräten wird dieses Bit dynamisch gesetzt.

Es folgt die Seriennummer bzw. die Domainadresse. Das Feld AddrExtensionType im Block 2 zeigt, welches von beiden verwendet wird.

Die *CRC-Checksummen* nach jedem Block werden nach der Norm IEC 870-5-1 gebildet. Damit ist es möglich, mindestens ein Bitfehler pro Block zu korrigieren.

Das eigentliche KNX-Telegramm folgt ab dem *Block 2*, der maximal eine Länge von 16 Byte haben kann (**Bild 2.54**). Die Codierung der Daten ab

Block 2 entspricht im Wesentlichen dem KNX-Telegrammformat, wie es auch für KNX-TP und KNX-PL definiert ist.

Tabelle 2.15: RF-Steuerungsfeld

Bit	Bedeutung
7 (MSB)	route last, wird nur durch Router gesetzt, 1: nicht weiterleiten
6	wird durch den Sender auf 0 gesetzt
4/5	wird durch den Sender auf 00 gesetzt
2/3	Stärke des empfangenen Signals, wird durch den Retransmitter mit der schwächsten empfangenen Signalstärke gesetzt. Der Sender setzt die Bits auf „00". Der Retransmitter setzt die Werte wie folgt: 00: kein Empfang 01: schwach 10: mittel 11: stark
1	Batterie-Status des Senders: 0: schwach 1: ok
0 (LSB)	unidirektional/bidirektional: 0: Telegramm eines bidirektionalen Geräts 1: Telegramm eines unidirektionalen Geräts

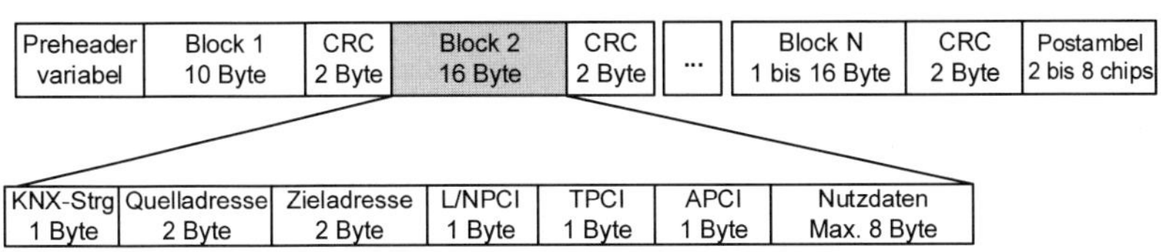

Bild 2.54: Block 2 des Telegramms für KNX-Funk

Das KNX-Steuerungsfeld enthält die KNX-spezifischen Informationen. Die Quelladresse ist immer eine physikalische, die Zieladresse kann eine physikalische oder eine Gruppenadresse sein. Das L/NPCI-Feld (Link Layer/ Network Layer Protocol Control Information) beinhaltet den Adresstyp, den Routing-Zähler und eine Telegramm-Nummer (Link Layer Frame Number – LFN). Das TPCI-Byte (Transport Layer Protocol Control Information) enthält die Datenart sowie eine Folge-Nummer. Die beiden ersten Bits des TPCI-Bytes sowie das folgende APCI-Byte (Application Layer Protocol Control Information) beschreiben die Dienste, wie sie im Protokoll des KNX-TP bereits vorgestellt wurden (s. Abschnitt 2.4.4).

Danach schließen sich die Nutzdaten an, die maximal 8 Byte umfassen können. Ist der Datenumfang größer, folgen weitere Blöcke mit maximal 16 Byte, der letzte Block kann 1 Byte bis 16 Byte lang sein.

Die Einzelheiten zu den PCI-Bytes sind in der **Tabelle 2.16** dargestellt.

Tabelle 2.16: Protocol Control Information des Blocks 2 für das Telegramm KNX-Funk

Feld	Bits	Bedeutung
KNX-Strg	0 (LSB) bis 3	Telegramm-Format: 0000 = Standardtelegramm 01xx = LTE-HEE erweitertes Telegrammformat andere Bitfolgen: s. KNX-Spezifikation
	4 bis 7 (MSB)	0000 asynchrone Datenübertragung, andere Bitfolgen: s. KNX-Spezifikation
L/NPCI	7 (MSB)	Adress-Typ: 0: physikalische Adresse 1: Gruppenadresse
	4 bis 6	Routing-Zähler
	1 bis 3	Linklayer Frame Number (LFN)
	0 (LSB)	AddrExtensionType 0: Block 1 enthält Seriennummer 1: Block 1 enthält Domainadresse
TPCI	6/7 (MSB)	Dienste des Transport Layers: 00: unnumbered data 01: numbered data 10: unnumbered control 11: numbered control
	2 bis 5	Telegramm-Folgenummer
	0 (LSB)/1	APCI
APCI	0 (LSB) bis 7 (MSB)	APCI/Daten wie bei KNX-TP

Den Schluss des Telegramms bildet die *Postambel*, die durch 2 bis 8 Chips gebildet wird. Damit kann das Ende des Telegramms erkannt werden.

2.7.5 Buszugriffsverfahren und Zugriffskonflikte

Zugriffskonflikte können beim KNX-RF nicht vermieden werden, deshalb enthält das KNX-RF-Telegramm auch keine Prioritäten. Das offene Medium Funk lässt keine Kollisionsvermeidung zu. Außerdem senden unidirektionale Sender zu nicht vorhersehbaren Zeiten und sie können den Bus nicht „zurücklesen". Die Telegramme der unidirektionalen Geräte werden in einem Abstand von mindestens 150 ms gesendet (150 ms zuzüglich einer zufälligen Verzögerung).

Bidirektionale Geräte können einen belegten Bus erkennen. Wird innerhalb einer Wartezeit (interframe time) keine Präambel erkannt, gilt der Bus als frei und das Gerät sendet nach einer durch Zufallsprinzip gebildeten Zeit. Hierdurch wird versucht, die Kollisionen zu minimieren (**Tabelle 2.17**).

Tabelle 2.17: Zugriffszeiten beim KNX-Funk

Telegrammart	Interframe time in ms	zufällige Zeit in ms	Gesamtzugriffszeit in ms
Ready und BiBat	15	0 bis 15	15 bis 30
Ready und BiBat Wiederholung	5	0 bis 10	5 bis 15
RF Multi schnell	30	0 bis 20	30 bis 50
RF Multi langsam	60	0 bis 40	60 bis 100

Durch den Einsatz von Retransmittern kann es vorkommen, dass ein Empfänger das Original-Telegramm und das vom Retransmitter wiederholte Telegramm empfängt. Deshalb muss es einen Mechanismus zum Erkennen von *Telegramm-Duplikaten* geben.

Dazu fügt der *Transmitter* für jedes gesendete Telegramm eine Nummer in das LFN-Feld ein. Der 3-Bit-Zähler wird mit jedem Senden um 1 erhöht, nach 8 Telegrammen wird er auf 0 zurückgesetzt und es wird neu gezählt.

Der *Empfänger* erkennt die LFN und verwirft Telegramme mit der gleichen Nummer. Wenn die LFN unterschiedlich sind, wird das Telegramm mit der aktuellsten Nummer weiter verwertet. Der Empfänger hat eine Tabelle, in der die Seriennummern und die LFN der letzten acht empfangenen Telegramme gespeichert sind. Dies vermeidet ein unbeabsichtigtes Verwerfen von Telegrammen.

2.7.6 Konfigurations-Modi, Kompatibilität und Sicherheit

Konfigurations-Modi

Die KNX-Spezifikation enthält nicht nur verschiedene Medien, sondern auch verschiedene Konfigurations-Modi (s. Abschnitte 1.3.1 und 1.3.2). Theoretisch sind alle Kombinationen aus Medien und Modi denkbar, es haben sich aber folgende Kombinationen durchgesetzt:

- S-Mode: KNX-TP, KNX-PL, KNX-RF;
- E-Mode: KNX-RF.

Für KNX-RF wurde zunächst nur der *E-Mode* verwendet, speziell der Controller- und der Push-Button-Mode. So entstanden Geräte, die nur über herstellerspezifische Medienkoppler in die ETS integrierbar waren.

Um im *Push-Button-Mode* z. B. einen Sensor mit einem Aktor zu verbinden, reicht es aus, sie gleichzeitig im Lernmodus zu aktivieren. Der Sensor sendet ein Verbindungs-Kommando, der Aktor reagiert.

Im *Controller-Mode* übernimmt ein zusätzliches Gerät, der Controller, die Verknüpfung der Geräte.

Mit der Protokollversion 2.1 ist KNX-RF auch für den S-Mode verfügbar. Damit können mit der ETS5 auch KNX-RF-Installationen geplant werden. KNX-RF-S-Mode-Geräte können damit auf gleiche Art und Weise wie TP-Geräte in ETS-Projekte eingebunden werden. Durch die Verwendung eines neuspezifizierten Medienkopplers ist die Verbindung zwischen TP- und RF-Anlagen nicht mehr herstellerspezifisch.

Um KNX-RF-E-Mode- von KNX-RF-S-Mode-Geräten unterscheiden zu können, ist (zumindestens bei neuen Geräten) die Angabe der Konfigurationsart (S- oder E-Mode) Pflicht. KNX-RF-Geräte, die nur E-Mode unterstützen, können nach wie vor nur über die herstellerspezifischen Schnittstellen mit

S-Mode-Geräten verbunden werden. Geräte, die sowohl S- als E-Mode unterstützen, können zunächst für kleinere Anlagen verwendet werden und später mit der ETS zu einer komplexen KNX-Anlage erweitert werden.

Kompatibilität zwischen den verschiedenen RF-Spezifikationen

KNX-RF-1.1- und KNX-RF-Ready-Geräte verwenden die gleiche Hardware und unterscheiden sich nur in der Länge der Präambel. Deshalb ist die Kompatibilität gewährleistet.

KNX-RF-1.1- und KNX-RF-Multi-Geräte sind nicht voll kompatibel. Dies liegt an der kurzen Präambel (1 ms) bei den RF-1.1-Geräten. Der Wechsel zwischen zwei Kanälen bei RF Multi benötigt 1 ms und die Erkennung der Busruhe ebenfalls noch einmal 1 ms. Um Kompatibilität herzustellen, müssen KNX-RF-Multi-Geräte auf RF-Ready-Parameter umgestellt werden. Bei S-Mode-Geräten kann dies mit der ETS vorgenommen werden.

Jedes KNX-RF-Multi-Gerät kann mit einem RF-Ready-Gerät und natürlich mit anderen RF-Multi-Geräten kommunizieren. Dazu wird der Kanal F1 benutzt.

Sicherheit

Bei KNX RF und besonders bei KNX Multi wird das erweiterte Telegrammformat unterstützt. Längere Telegramme sind notwendig, um die KNX-Secure-Anwendungsschicht unterstützen zu können (s. Abschnitt 2.9). Dies lässt eine Authentifizierung und Verschlüsselung zu. Somit kann KNX-RF für Anwendungen wie Metering, Zugangskontrolle, Brandmeldung usw. verwendet werden.

2.8 LAN/Ethernet/Internet (KNX-IP)

LAN-Technologien sind als Kommunikationsmedium in fast allen Gebäuden vorhanden. Ein Synonym hierfür ist *Ethernet*. Im Folgenden soll die Bezeichnung LAN (Local Area Network) benutzt werden. Die *Internet*-Technologie hat die Nutzungsgewohnheit der Kommunikationstechnik maßgeblich beeinflusst. Somit war es nur eine Frage der Zeit, bis auch IP als viertes Übertragungsmedium im KNX genutzt wird, gleichberechtigt neben Twisted Pair, Powerline und Funk.

Die mit dieser Erweiterung erreichten Ergebnisse sind im Wesentlichen in zwei Bereichen zu sehen. Zum Einem wird durch das LAN eine wesentliche Erhöhung der Übertragungsgeschwindigkeit erreicht (10 Mbit/s; 100 Mbit/s gegenüber bisher 9,6 kbit/s) und damit bisherige Engpässe auf den Bereichs- oder Hauptlinien beseitigt sowie die Visualisierung umfangreicher Daten erleichtert. Mit dieser höheren Leistungsfähigkeit kann der KNX mit digitalen Kommunikationssystemen hoher Bandbreite wie Audio, Internet oder Telekommunikation vernetzt werden. Der zweite Aspekt ist die Nutzung der mit IP verbundenen Dienste und Tools, wie z. B. Internetbrowser und Webserver, und es wird ermöglicht, von außen über große Entfernungen auf die KNX-Installationen zuzugreifen.

Die Übertragung von KNX-Telegrammen über das LAN ist als *KNXnet/IP*-Protokoll definiert (DIN EN 13321-2).

Die erste Anwendung des KNXnet/IP-Protokolls war die Nutzung des LAN als Bereichs- oder Hauptlinie, um hier von der hohen Übertragungsleistung des LAN zu profitieren. Dazu sind KNX-IP-Router am Markt verfügbar, sie sind vergleichbar mit Linien- oder Bereichskopplern, nutzen aber für die Haupt- bzw. die Bereichslinie das LAN (Ethernet). Damit wird KNX-TP mit KNX-IP in einer Installation kombiniert und somit die Vorzüge von beiden vereint. KNX-TP eignet sich in erster Linie für die lokale Steuerung, während das KNX-IP zur systemübergreifenden Kommunikation dient.

Inzwischen gibt es Endgeräte, die ausschließlich über IP kommunizieren, sie werden als KNX-IP-Geräte bezeichnet. Im Gegensatz zu den KNXnet/IP-Routern verfügen diese KNX-IP-Geräte über keine Twisted-Pair-Anbindung.

Mit dem Medium KNX-IP begibt man sich jetzt allerdings in das völlig anders geartete Gebiet der „Internettechnologien". Die hierfür notwendigen, umfangreichen Kenntnisse muss sich der Planer dieser Anlagen erarbeiten; sie können nicht an dieser Stelle vermittelt werden. Nutzt man ein bestehendes (Büro-) LAN, was meist der Fall ist, so hat man es sofort mit der Netzwerkadministration solcher Netze zu tun, deren Gesichtspunkte wie z. B. Sicherheit, Umfang der IP-Adressen, Netzwerktopologie usw. zu berücksichtigen sind.

2.8.1 Systemkonfiguration und Topologie

KNX-IP kann nur als Haupt- oder Bereichslinie ausgeführt werden, zurzeit noch nicht als Linie. In den als KNX-IP ausgeführten Haupt- oder Bereichslinien können KNX-IP-Endgeräte direkt angeordnet werden. Die Kopplung zu KNX-TP-Bereichen oder -Linien übernehmen die KNXnet/IP-Router, die damit Bereichs- oder Linienkoppler ersetzen.

Bei *bisherigen KNX-TP-Installationen*, die in Bereiche und Linien unterteilt sind, können die Bereichs- oder Linienkoppler durch KNXnet/IP-Router ersetzt und die entsprechenden Bereichs- oder Hauptlinien als KNX-IP ausgeführt werden. Damit wird auf diesen die Busleistung drastisch erhöht, so dass insbesondere auch ein Datenstau bei Alarmschwall vermieden wird.

Sollen die Bereichskoppler durch KNXnet/IP-Router ersetzt werden, so bleiben die vorhandenen Linienkoppler erhalten. Es dürfen aber unterhalb der Router keine weiteren KNXnet/IP-Router verwendet werden. Die Adressierung der Router ist wie gewohnt B.0.0 (mit B: 1…15). **Bild 2.55** zeigt als Beispiel die Vernetzung zweier Bereiche mit jeweils 15 Linien durch ein LAN.

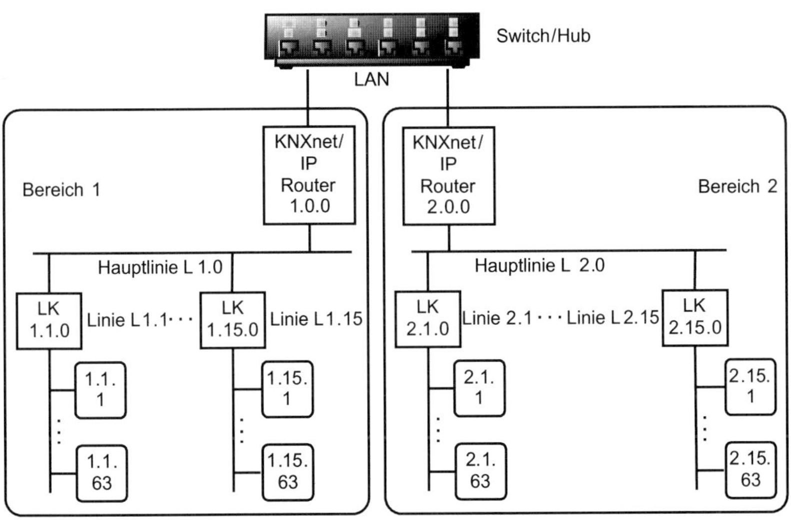

Bild 2.55: KNXnet/IP-Router als Bereichskoppler zur LAN-Vernetzung von zwei Bereichen mit je 15 Linien

Bei einer *neu zu planenden KNX-IP-Installation* wird man auf die Strukturierung in Bereiche und Linien ganz verzichten. Man nutzt den Adressvorrat B.L (B = 1…15; L = 1…15), um 15x15 = 225 Linien zu adressieren. Die Adressierung der KNX/IP-Router bleibt aber, um die Konformität zu den anderen Medien und das Adressschema zu wahren, wie gewohnt: B.L.0 (mit B; L: 1…15). Es dürfen keine KNX/IP-Router topologisch oberhalb der Linienkoppler verwendet werden. **Bild 2.56** stellt die alternative Situation zur LAN-Installation nach Bild 2.55 dar. Im dargestellten Beispiel werden 30 Linien sternförmig (Hub) über das schnelle LAN verbunden.

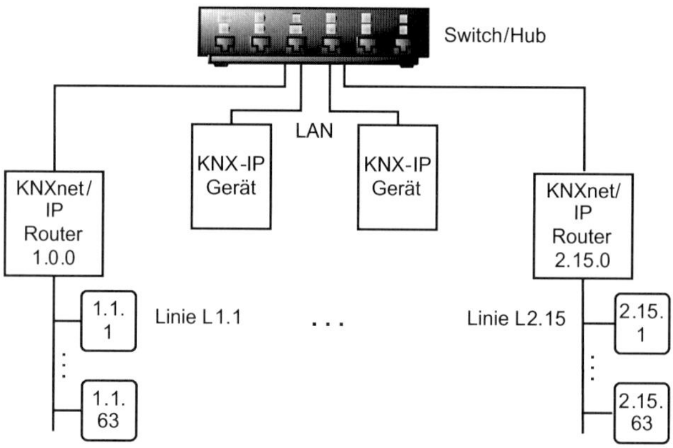

Bild 2.56: Installation mit KNX-IP-Geräten und IP-Routern als Linienkoppler zur LAN-Vernetzung für 30 Linien

Es sind auch gemischte Topologien mit KNXnet/IP-Router als Bereichs- und als Linienkoppler möglich. Dabei muss beachtet werden, dass weder oberhalb noch unterhalb der Router weitere Router eingesetzt werden.

2.8.2 Kommunikationsarten

Die KNXnet/IP-Spezifikation beschreibt Dienste, die je nach Notwendigkeit in den einzelnen Geräten implementiert sein können. Genauer genommen sind es Gruppen von Diensten:

- *Core services:* Finden und Erkennen von KNXnet/IP-Geräten;
- *Device management:* Konfiguration von KNXnet/IP-Geräten;

- *Tunneling:* Punkt-zu-Punkt-Kommunikation (Konfiguration und Inbetriebnahme);
- *Routing:* Runtime-Kommunikation.

Weitere Dienste sind in Vorbereitung (Remote logging, Remote configuration and diagnosis, Object server). Hier soll nur auf die Kommunikationsarten Tunneling und Routing näher eingegangen werden.

KNXnet/IP-*Tunneling* definiert eine Punkt-zu-Punkt-Kommunikation *eines* Clients (PC) mit einer Linie bzw. mit einem einzelnen KNX-Gerät. Dieser Modus wird für die Konfiguration und Inbetriebnahme mit Hilfe der ETS oder auch für die Visualisierung verwendet.

KNXnet/IP-*Routing* kommt für die Runtime Kommunikation zum Einsatz. Diese Kommunikationsart wird für die Verbindung von Linien/Bereichen aber auch für die Kommunikation der KNX-IP-Geräte genutzt. Die KNX-Telegramme werden einzeln in UDP/IP-Telegramme gepackt und als Multicast-Telegramme über das LAN gesendet (s. Abschnitt 2.8.4).

Das Hauptproblem dieser Kommunikation ist der Übergang des sehr schnellen LAN-Mediums auf KNX-TP. Dazu müssen die KNXnet/IP-Router umfangreiche Puffer aufweisen (für ca. 3 Sekunden Aufzeichnungsdauer bei sehr hoher Geschwindigkeit des Datenstroms). Außerdem muss der Verlust von Telegrammen sehr schnell behandelt werden. Dazu wird der Dienst „Routing-Lost-Message“ aus der Dienstgruppe Routing genutzt.

2.8.3 Adressierung

KNXnet/IP-Router

Die Router haben eine Verbindung zu KNX-TP und zum LAN. Somit benötigen sie eine physikalische KNX-Adresse und eine IP-Adressierung.

Die *IP-Adressierung* umfasst

- IP unicast Adresse;
- IP System Multicast Adresse;
- IP Routing Multicast Adresse.

Die *IP unicast Adresse* kann eine fixe IP-Adresse sein, die über die ETS konfigurierbar ist. Sie kann aber auch über einen BootP- (Bootstrap Protocol) oder DHCP- (Dynamic Host Configuration Protocol) Server zugewiesen werden. Die fixe Zuweisung und *eine* der beiden letztgenannten Methoden müssen in jedem KNX-IP-Gerät implementiert sein. Optional ist der Modus *AutoIP*, bei dem das Gerät in der Lage ist, selbst eine IP-Adresse im Bereich von 169.254.1.0 bis 169.254.254.255 zuzuweisen.

Die *IP System Multicast Adresse* ist eine einheitliche Multicast-Adresse für alle Geräte innerhalb einer Installation. Sie ist für alle Installationen gleich: 224.0.23.12. Über diese System-Multicast-Adresse werden z. B. die Dienste zum Finden und Erkennen von KNXnet/IP-Geräten (core services) genutzt.

Die Runtime-Kommunikation Routing nutzt die *Routing Multicast Adresse* zum Verschicken der Multicast-Telegramme. Alle KNXnet/IP-Router können diese Multicast Telegramme empfangen. Anhand ihrer Routing-Tabelle entscheiden sie, ob das Telegramm in die angeschlossene KNX-Linie weitergeleitet werden soll. Die KNX-IP-Geräte empfangen ebenfalls alle Multicast-Telegramme und entscheiden anhand der Gruppenadresse, ob diese Telegramme weiterverarbeitet werden.

Die *Routing Multicast Adresse* wird aus der System-Multicast-Adresse durch Addition mit einem Offset gebildet. Der Defaultwert (Voreinstellung) des Offsets ist Null. Wenn es mehr als eine Installation in einem Projekt gibt, werden die einzelnen Installationen durch unterschiedliche Offsets und damit unterschiedliche Routing-Multicast-Adressen voneinander getrennt.

2.8.4 Telegrammstruktur

Das KNX-Telegramm wird über IP/UDP gekapselt und über das LAN (Ethernet) verschickt. Um dies zu verstehen, muss man das TCP/IP-Referenzmodell bemühen. Dieses geht (im Unterschied zum ISO/OSI-7-Schichten-Modell) von nur 4 Schichten aus (**Bild 2.57**).

In der Anwendungsschicht werden die eigentlichen Nutzdaten im KNXnet/IP-Telegramm eingebettet (codiert als cEMI). Dieses Telegramm wird in der Transportschicht über UDP (User Datagram Protocol) transportiert. Im Gegensatz zum *TCP* (Transmission Control Protocol), welches im Internet verwendet wird, ist *UDP* ein verbindungsloses Protokoll. Es stellt keine Mechanismen zur Verfügung, die den Empfang der Daten beim Zielrechner sichern. Man kann sich dies wie das Versenden von E-Mails vorstellen. Im Vergleich zu TCP hat UDP einen wesentlich geringeren Protokoll-Overhead.

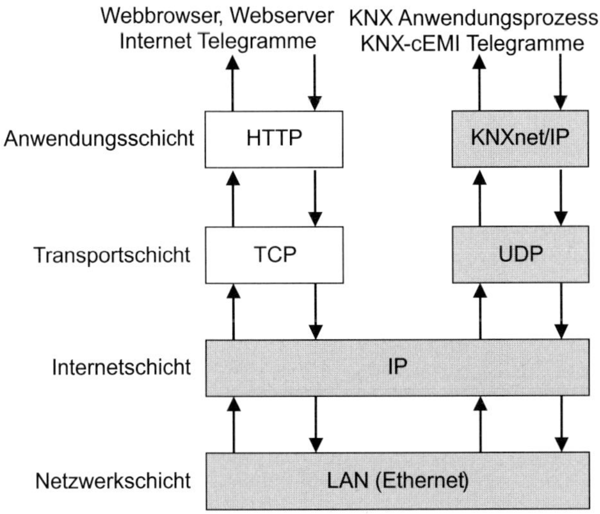

Bild 2.57: Die vier Protokollschichten des TCP/IP-Referenzmodells

Auf der Internet-Schicht wird das IP (Internet Protocol) angewendet. Das IP ist wiederum ein verbindungsloses Protokoll. Folgende Funktionen des IP werden hier genutzt:

- Definition von Datengrammen für die Übermittlung von Daten,
- Definition des Adressierungsschemas,
- Routing von Datengrammen durch das Netz,
- Fragmentierung und Zusammensetzen von Datengrammen,
- Kopplung zur Transport- und Netzwerkebene.

Auf der Netzwerkebene wird das so entstandene Datengramm (Telegramm) über das LAN transportiert. Dieses kann unterschiedlich ausgeführt sein. Davon sind die höheren Schichten unberührt. Als Synonym für die LAN-Technologien wird „Ethernet“ verwendet, wobei man exakterweise die entsprechenden Normen angeben sollte. Das am häufigsten verwendete LAN ist das Ethernet II (DIX-Standard DEC, Intel, Xerox). Weitere Ausprägungen sind nach den internationalen Normen ISO 8802-3, ISO 8802-3/2, ISO 8802-2 SNAP spezifiziert.

Im Bild 2.57 ist neben der Kapselung des KNX-Telegramms (graue Felder) zusätzlich die Nutzung von Internetanwendungen (weiße Felder) angedeutet. Dies wird bei KNX-IP-Endgeräten oft benutzt. Diese Geräte sind für höhere Anforderungen konzipiert und es bedeutet kaum einen Aufwand, auch TCP in der Transportschicht zu installieren, um über die Protokolle der Anwendungsschicht (z. B. HTTP), Internetanwendungen wie einen Webbrowser oder Webserver zu nutzen.

Wir betrachten nun das KNXnet/IP-Protokoll. Jede der im Bild 2.57 dargestellten Protokollschichten fügt einen sog. Header (protokollspezifische Parameter) an, so dass die Struktur nach **Bild 2.58** entsteht.

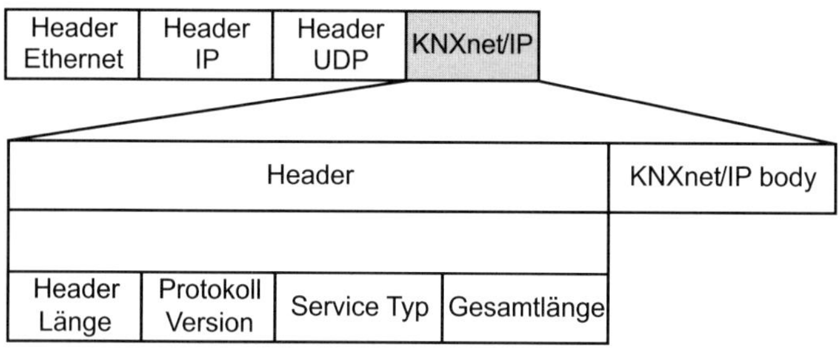

Bild 2.58: Gesamtprotokoll für KNX-IP

Auf die Ethernet-, IP- und UDP-Header soll hier nicht eingegangen werden, diese sind der einschlägigen Literatur zu entnehmen. Es sei nur erwähnt, dass für KNXnet/IP das UDP-Port 3671 genutzt wird. *Jedes KNXnet/IP-Telegramm* beginnt mit einem Header nach **Bild 2.59**.

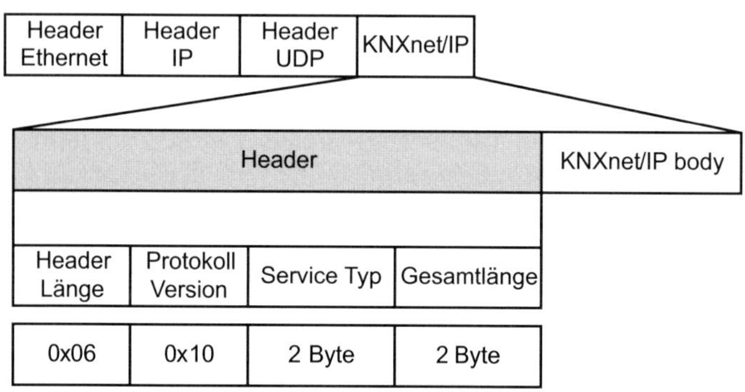

Bild 2.59: KNXnet/IP-Header

Die *Header-Länge* ist mit 6 Byte immer gleich. Bei zukünftigen Protokollversionen kann sich dies möglicherweise ändern. Dieses Feld ist gut geeignet, den Beginn des KNXnet/IP-Bodys zu finden. Dieser enthält im Wesentlichen das eigentliche KNX-Telegramm mit den Nutzdaten.

Die gegenwärtige *Protokollversion* ist 1.0 und wird durch ein hexadezimales 10 codiert.

Der KNXnet/IP-*Service-Typ* kennzeichnet die Dienste und die Art, wie die im optionalen KNXnet/IP-Body enthaltenen Daten behandelt werden sollen. Dazu wird eine 2 Byte-ID angegeben. Das höherwertige Byte dieser ID beschreibt die Service-Gruppe und das niederwertige Byte den jeweiligen Service-Typ.

Bei der hier betrachteten Runtime-Kommunikation sind nur folgende Service-Typen von Interesse (**Tabelle 2.18**):

Tabelle 2.18: Routing Services des KNX-IP

Service	ID	Beschreibung
ROUTING_INDICATION	0x0530	Senden von KNX-Telegrammen über das IP-Netzwerk
ROUTING_LOST_MESSAGE	0x0531	Benachrichtigung über den Verlust von KNX-Telegrammen

Die *Gesamtlänge* beschreibt die Länge des gesamten KNXnet/IP-Telegramms, beginnend mit der Header-Länge bis zum Ende des KNXnet/IP-Bodys in Bytes.

Der *KNXnet/IP-Body* enthält die Nutzdaten. Er wird in cEMI (common External Message Interface) codiert. Das EMI-Format wurde zum Austausch von Daten zwischen Anwendungsmodul und Busankoppler entwickelt und genutzt. Eine Weiterentwicklung stellt das cEMI-Nachrichtenformat dar. Es ist unabhängig von den Telegrammstrukturen der einzelnen Medien und ermöglicht daher den Datenaustausch zwischen allen möglichen KNX-Medien. Eine cEMI-Nachricht hat folgende Struktur (**Bild 2.60**):

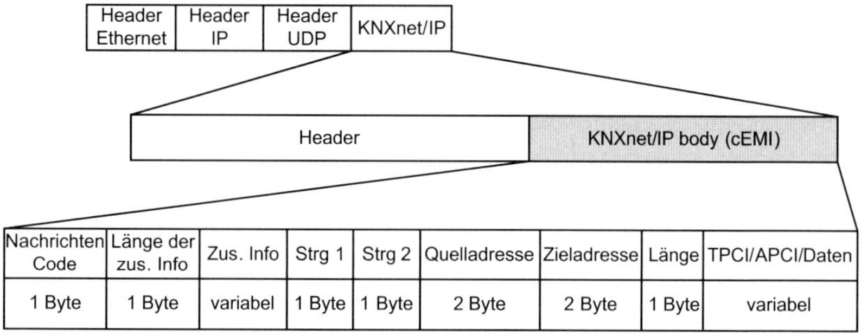

Bild 2.60: Struktur einer cEMI-Nachricht des KNX-IP

Jede cEMI-Nachricht beginnt mit einem 1 Byte langen *Nachrichten-Code* (Message Code) für die Dienstart. Hier wird das bekannte Client-Server-Modell benutzt. Der Server ist eine Einheit (Programm in einem Gerät), das einen bestimmten Dienst (Service) anbietet, z. B. kann ein Server bestimmte Daten vorhalten. Ein Client nutzt diese Dienste. Dazu sendet er eine Anforderung (*request*) an den Server. Dieser wird durch das Dienstelement *indication* über die Anforderung informiert und wird den Dienst ausführen. Der Client liefert seiner Anwendungsschicht mit dem Dienstelement *confirmation* die Ergebnisse seiner vorangegangenen Anforderung. Beispielhaft seien hier drei Services aufgeführt (**Tabelle 2.19**):

Tabelle 2.19: Message Codes des KNX-IP

Service	cEMI-Message Code
L_Data.req	0x11
L_Data.con	0x2E
L_Data.ind	0x29

Das optionale Feld *zusätzliche Informationen* (Additional Information) ist vorgesehen für medienabhängige (z. B. KNX-RF) sowie weitere Informationen wie Zeitstempel oder Fehler-Flags. Das Feld hat eine variable Länge, deshalb muss im vorhergehenden Feld die Länge dieses Felds in Byte angegeben werden (*Länge der zus. Info*).

Jetzt schließen sich Felder an, die mit den bisher vorgestellten KNX-Telegrammen vergleichbar sind (**Bild 2.61**).

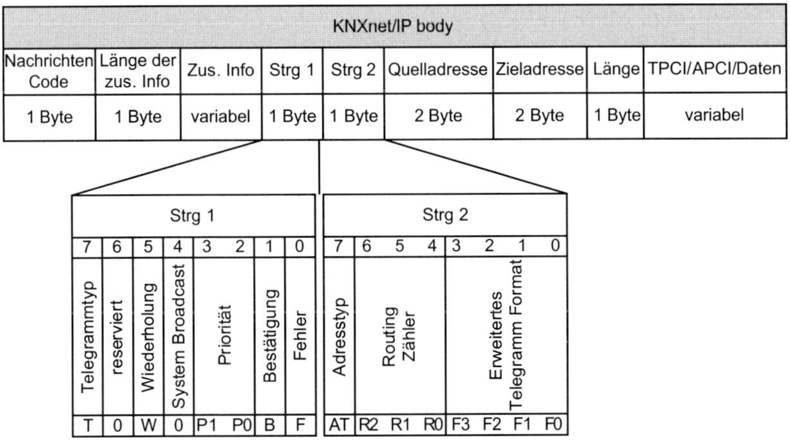

Bild 2.61: Steuerung Strg 1 und 2 für KNX-IP

Die Details zu den Feldern Strg 1 und 2 sind den **Tabellen 2.20** und **2.21** zu entnehmen. Das Steuerungsfeld 2 entspricht dem erweiterten Steuerungsfeld bei TP (s. Abschnitt 2.4.6).

Tabelle 2.20: Steuerung 1

Bezeichnung	Bit	Bedeutung
Telegrammtyp	7	0 = erweitertes Telegrammformat, 1 = Standardformat
Wiederholung	5	0 = Wiederholung des Telegramms bei Störung, 1 = keine Wiederholung
System Broadcast	4	0 = System Broadcast, 1 = Broadcast, für KNXnet/IP immer 1
Priorität	3 2	00 = Systemfunktion, 10 = Alarmfunktion 01 = normale Betriebspriorität 11 = niedrige Betriebspriorität
Bestätigung	1	0 = keine Bestätigung gefordert, 1 = Bestätigung gefordert
Fehler	0	0 = kein Fehler, 1 = Fehler

Tabelle 2.21: Steuerung 2

Bezeichnung	Bit	Bedeutung
Adresstyp	7	Typ der Zieladresse: 0 = physikalisch, 1 = Gruppenadresse
Routingzähler	6	Routingzähler, > 0 weiterleiten, = 0 blockieren.
	5	
	4	
erweitertes Telegrammformat	3	0000 = Standard Telegramme mit Länge der Nutzdaten > 15 Byte 01xx = LTE-Format (s. Abschn. 2.4.6)
	2	
	1	
	0	

Die Angabe der Quell- und Zieladresse ist analog zu KNX-TP. Die Längenangabe bezieht sich auf die Anzahl der Nutzdaten (ohne TPCI) in Bytes, der maximale Wert ist 255. Das Feld TPCI/APCI/Daten ist analog zum Telegramm des KNX-TP ab dem Byte 7 (s. Abschnitt 2.4.4).

Bild 2.62 zeigt als Beispiel den KNXnet-Header und -Body für ein Telegramm mit den gleichen KNX-spezifischen Telegramminhalten wie das TP-Telegramm nach Bild 2.31. Hier wird der zusätzliche Telegramm-Overhead deutlich, wobei noch nicht die Ethernet-, IP- und UDP-Header dargestellt sind. Der höhere Telegrammaufwand wird jedoch durch die 1.000- bis 10.000-fach höhere Busgeschwindigkeit gegenüber KNX-TP mehr als ausgeglichen.

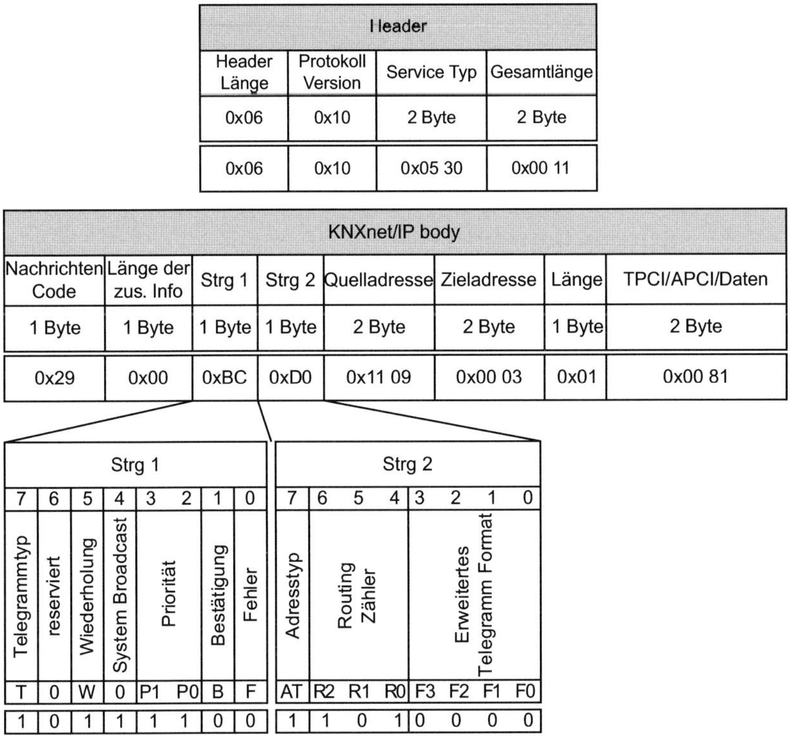

Bild 2.62: Beispiel eines KNXnet-Headers und -Bodys für ein Telegramm analog zu dem nach Bild 2.31

2.8.5 Konfigurations-Modi

KNX-IP-Geräte wird man nur für erhöhte Anforderungen einsetzen, so dass die Konfiguration im S-Mode mit der ETS der Normalfall ist.

Die KNX-IP-Geräte lassen sowohl Multicast-Kommunikation (Routing) auch die Unicast-Kommunikation (Tunneling) zu. Auf diese Weise wird die Buslast infolge der ETS-Konfigurationstelegramme (Tunneling) von den Runtime KNXnet/IP-Routingtelegrammen getrennt. Die ETS und das zu konfigurierende Gerät kommunizieren also direkt und stören die anderen KNX/IP-Geräte nicht.

Die Geräte können mit der ETS geplant, projektiert und in Betrieb genommen werden. Der PC mit der ETS kann sich an einer beliebigen Stelle im Netzwerk befinden. Vorteilhaft ist es jedoch, wenn die ETS direkt mit dem IP-Netzwerk verbunden ist und direkt mit dem Zielgerät kommuniziert (vgl. Abschnitt 4.5).

2.8.6 Busmedium und Geräte

Als *Busmedium* wird bei KNXnet/IP meist ein vorhandenes LAN genutzt. Dies sind, wenn Ethernet verwendet wird, 10Base-T (nach IEEE 802.3i), ausgeführt in Twisted Pair (CAT-3) oder 100Base-TX (nach IEEE 802.3u) in Twisted Pair (CAT-5). Bei beiden Ausführungen ist die Länge eines Segments auf 100 m beschränkt und die Topologie muss *sternförmig* ausgeführt werden. Dazu sind Hubs oder Switches notwendig.

Sollen Entfernungen von weit mehr als 100 m überbrückt werden, bieten sich optische Medien an (Lichtwellenleiter LWL).

Mit der IP-Technologie stehen nun auch Dienste und marktgängige Geräte zur Verfügung wie:

- WLAN (Wireless LAN) – Funk,
- Fernzugriff über VPN (Virtual Private Network).

Für das WLAN können als Gerätetechnik handelsübliche Netzwerkkomponenten verwendet werden. Diese Funkübertragung ist insbesondere bei der Inbetriebnahme von KNXnet/IP-Installationen sehr nützlich.

Über das VPN kann mit hoher Sicherheit ein Fernzugriff von jedem beliebigen Nutzer des Internets eingerichtet werden. Dazu sind handelsübliche VPN-Router erhältlich. Allerdings entsteht ein erhöhter Aufwand bei der Einrichtung des privaten Netzwerks.

Ein *KNX-IP-Gerät* besteht im Wesentlichen aus einem Ethernetcontroller und einem Mikrocontroller. Die Wahl des Mikrocontrollers hängt von der erforderlichen Rechenleistung des Geräts ab. Prinzipiell kann das KNXnet/IP-Protokoll auf einem 8-Bit-Mikrocontroller implementiert werden. Je nach Anwendung können aber auch leistungsfähigere Controller erforderlich sein. Bei gehobenen Anforderungen sind Plattformen aus dem PC-Bereich anwendbar.

Zu beachten ist, dass die KNX-IP-Geräte meist einen höheren Stromverbrauch als KNX-TP-Geräte aufweisen. Je nach Anwendung arbeiten diese mit einem eigenen Netzanschluss (230 V AC) oder sie benötigen ein externes Netzteil.

Alternativ kann die Versorgung über *Power-over-Ethernet* erfolgen (PoE, IEEE 802.3af). Dazu muss sowohl das Endgerät als auch der Switch diesen Standard unterstützen. Die hierüber maximal zu versorgende Leistung liegt bei ca. 25 W.

2.9 Sicherheit

2.9.1 Allgemeine Schutzziele und Maßnahmen beim KNX

In den ersten Jahren der Entwicklung des EIB bzw. KNX war die Kommunikation über TP am weitesten verbreitet und die Schutzmaßnahmen gegen unbefugten Zugriff auf das Netzwerk bestanden im Wesentlichen in der Vermeidung eines unberechtigten physischen Zugangs zum Netzwerk. Mit der Erweiterung auf offene Medien, insbesondere durch das Internet und die Funkübertragung, waren bereits in der KNX Version V1.1 Schutzmaßnahmen vorgesehen. Neben den prinzipielle IT-Sicherheitsmaßnahmen war es möglich, über ein Passwort bestimmte Dienste wie Programmieren oder Download zu schützen. Allerdings waren diese Maßnahmen abhängig von der jeweiligen Geräterealisierung.

In Geräten der Systemprofile 2, 7 und B (s. Kapitel 3) ist es möglich einen 4 Byte umfassenden hexadezimalen Autorisierungs-Code festzulegen. Alle Geräte einer Installation erhalten diesen Schlüssel, mit dessen Hilfe die Dienste Programmieren und Download geschützt sind. Die normale Kommunikation über die Gruppenadressen wird bei den passwortgeschützten Geräten nicht eingeschränkt.

Wenn dieses Passwort verloren geht, können die Geräte nur durch den Hersteller in den unverschlüsselten Zustand zurückgesetzt werden.

Diese beschriebenen Maßnahmen sind mit der zunehmenden Verwendung von IP-Netzwerken nicht mehr ausreichend. Der KNX-Standard V2.1 beschreibt ein grundsätzlich neues Sicherheitskonzept. Die hierin vorgesehenen Schutzmaßnahmen sollen die Kommunikation auf jedem Medium (KNX TP, PL, RF, IP) gegen unbefugte Manipulationen schützen. Bei KNX-IP-

Netzwerken darf der Zugriff von außen nur durch autorisierte Benutzer erfolgen und während des Betriebs sollen nur Informationen zwischen Busteilnehmern ausgetauscht werden, die nachweislich Teil des Bussystems sind.

Beim KNX werden folgende Schutzziele angestrebt (s. **Tabelle 2.22**):

- Vertraulichkeit (*englisch:* confidentiality),
- Integrität (*englisch:* integrity) und
- temporäre Unversehrtheit (*englisch:* Data Freshness).

Das neuentwickelte Sicherheitskonzept des KNX versucht, diese Ziele durch ein zweistufiges Konzept zu erreichen:

- KNX Data Security und
- KNX IP Secure.
- KNX IP Secure sowie KNX Data Security sind ab ETS 5.5 verfügbar. Beide Mechanismen ermöglichen, dass Geräte einen gesicherten Kommunikationskanal aufbauen können. Sie verwenden Sicherungsmechanismen, die auch für die sichere Übertragung von Daten zwischen Elektrozählern und Energieversorgungsunternehmen (EVU) vorgesehen sind. **Tabelle 2.22** zeigt in der Übersicht die entsprechenden Schutzmaßnahmen, die in den nächsten Abschnitten näher ausgeführt werden.

Tabelle 2.22: Schutzziele und -maßnahmen beim KNX

Schutzziel	Gegenstand	Attacke	Maßnahme
			Data Security und IP Secure
Vertraulichkeit (*englisch:* confidentiality)	Daten dürfen nur von autorisierten Benutzern gelesen und modifiziert werden.	Angreifer versucht Daten zu lesen und/oder sie zu manipulieren.	*Verschlüsselung* gemäß AES-128 CCM Algorithmen mittels eines symmetrischen Schlüssels mit 128 Bit.[1)]
Integrität (*englisch:* integrity)	Daten dürfen nicht unbemerkt verändert werden.	Angreifer speist manipulierte Daten ein.	Ein *Authentifikationscode* (message authentication code – MAC) wird jeder Meldung angehängt.[2)]
temporale Korrektheit (*englisch:* Data Freshness)	Zeitliche Bedingungen (Reihenfolgen, maximale Verzögerungen) werden eingehalten.	Angreifer zeichnet Daten auf und sendet sie unverändert zu einem späteren Zeitpunkt.	*Sequenznummer/ Sequenzidentifikation*

1) Ein symmetrischer Schlüssel bedeutet, dass der gleiche Schlüssel sowohl durch den Sender für die Verschlüsselung ausgehender Meldungen als auch durch den/die Empfänger zur Verifikation und Entschlüsselung der empfangenen Meldungen verwendet wird.
2) Dieser Code erlaubt es zu verifizieren, dass eine Meldung nicht verändert wurde und dass sie auch vom richtigen Kommunikationspartner stammt.

2.9.2 KNX Data Security

Unabhängig vom Medium (KNX TP, PL, RF, IP) können durch *KNX Data Security* ausgesendete Meldungen wahlweise authentifiziert und/oder verschlüsselt werden. Die dazu notwendige Erweiterung des Busprotokolls hält sich in Grenzen und erlaubt es, dass Anwendungen, die gesichert werden müssen, in bestehende Anlagen ohne Änderung oder Austausch der Systemkomponenten eingeführt werden können. Gesicherte und ungesicherte Anwendungen können gemischt im selben Bussystem verwendet werden.

Verschlüsselung und Authentifizierung erfolgt auf der Applikationsebene. Dazu wird eine neue Teilschicht in die Anwendungsschicht (s. Bild 2.57), Secure Application Layer (S-AL), eingeführt. Diese Teilschicht hat folgende Funktionalitäten:

- Unterstützung gesicherter Datentelegramme (S-A_Data-service),
- Behandlung der Sequenznummer und
- Behandlung von Sicherheitsfehlern.

S-A_Data-service

Der S-A_Data Dienst ersetzt das normale Telegramm. Das sichere Telegramm wird um die sicherheitsrelevanten Informationen erweitert, dazu wird das erweiterte Telegrammformat genutzt. **Bild 2.63** zeigt am Beispiel KNX-TP ein Sicherheitstelegramm.

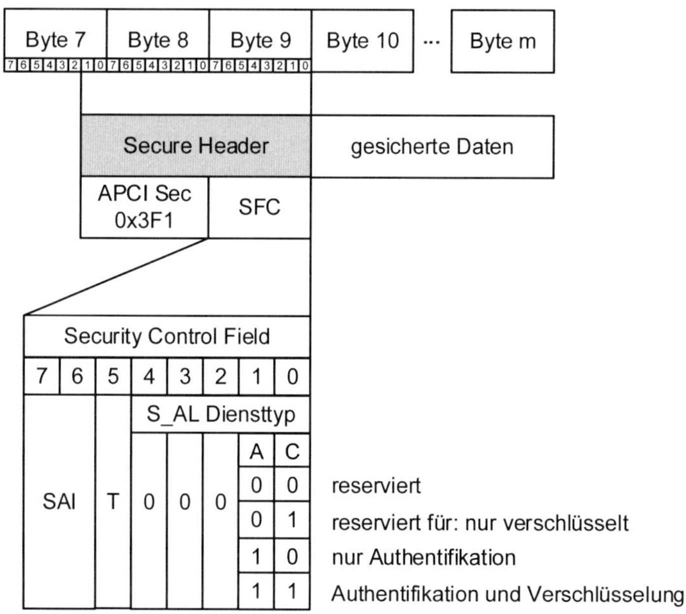

Bild 2.63: Verschlüsseltes TP-Telegramm (S-A_Data)

Der Secure Header (SHD) ist ein 18-Bit-Feld und besteht aus den folgenden Feldern:

- APCISec (10 Bit): immer 0x3F1, damit wird ein sicheres von einem normalen Telegramm unterschieden;
- Security Control Field (SCF) (8 Bit).

Die Belegung des SFC-Felds ist Bild 2.63 zu entnehmen. Durch die Bits 0 und 1 (Belegung C und A) wird entschieden, ob das Telegramm verschlüsselt und/oder authentifiziert werden soll.

Die Bedeutung der weiteren Felder des SFC sind:

- T (Tool Access): 1 = Authentifikation und/oder Verschlüsselung wird durch einen speziellen Tooleintrag gekennzeichnet. Einzelheiten siehe KNX-Spezifikation.
- Security Algorithm Identifier (SAI): kennzeichnet den Sicherheitsalgorithmus und den Operationsmodus. Zurzeit wird nur die Bitkombination 0 0 genutzt: CCM: AES CTR für Verschlüsselung und AES CBC für Authentifizierung.

Gesicherte Daten

Die gesicherten Daten haben folgendes Format (**Bild 2.64**):

- Folgenummer (Sequence Number – SeqNr): 6-Byte-Zähler,
- Nutzdaten (*N* Bytes) und
- Authentifikationscode (Message Authentication Code – MAC): 4 Bytes.

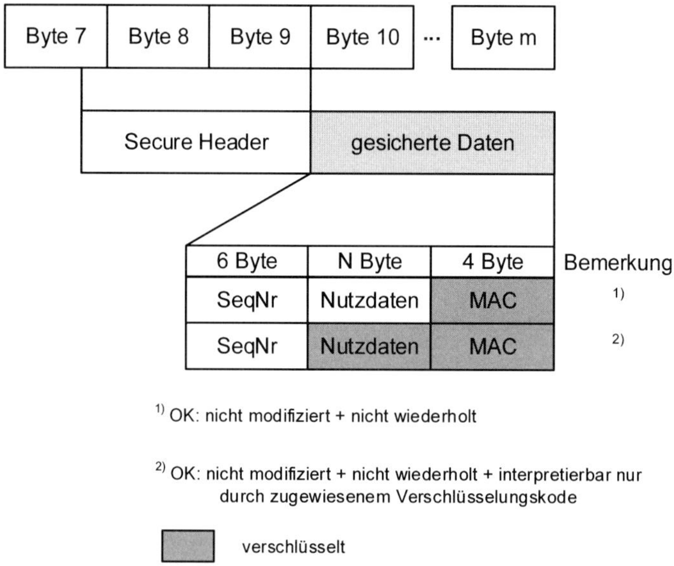

Bild 2.64: Format der gesicherten Daten

Für Authentifikation und Verschlüsselung wird der gleiche Schlüssel verwendet. Die Verwendung des Schlüssels ist wie folgt:

- Die Geräte werden mit einem gerätespezifischen „Factory Device Set up Key (FDSK)“ ausgeliefert.
- Bei der Planung wird dieser Schlüssel in die ETS eingegeben. Dieser Vorgang erfolgt nicht über den Bus.
- Die ETS erzeugt einen projektspezifischen Werkzeugschlüssel.
- Über den Bus sendet die ETS den Werkzeugschlüssel zum Gerät, das konfiguriert werden soll. Die Übertragung wird mit dem ursprünglichen und vorher eingegebenen FDSK-Schlüssel verschlüsselt und authentifiziert. Weder der Werkzeug- noch der FDSK-Schlüssel werden im Klartext über den Bus gesendet.
- Das Gerät akzeptiert nach der vorherigen Aktion nur noch den Werkzeugschlüssel für weitere Kommunikation mit der ETS. Der FDSK-Schlüssel wird für die weitere Kommunikation nicht mehr verwendet.
- Die ETS erzeugt so viele Laufzeitschlüssel wie für die Gruppenkommunikation, die man schützen möchte, benötigt werden.

- Über den Bus sendet die ETS die Laufzeitschlüssel zum Gerät, das konfiguriert werden soll. Die Übertragung wird über den Werkzeugschlüssel verschlüsselt und authentifiziert. Die Laufzeitschlüssel werden nie im Klartext über den Bus gesendet.
- Die Zugriffskontrolle wird durch Benutzerrollen mit entsprechenden Genehmigungen für Datenzugriff und Dienste geregelt. Benutzerrollen werden verwendet, um die Einstellungen der vorgenannten Bereiche nicht für jeden Nutzer einzeln festlegen zu müssen. Statt Benutzern Rechte direkt zuzuweisen, wird eine Benutzerrolle definiert, die dann vielen Benutzern zugeordnet werden kann.

2.9.3 KNX IP Secure

KNX IP Secure sichert die in IP-Netzen ausgesendeten Nachrichten durch Authentifikation und Verschlüsselung. Damit wird verhindert, dass KNX-Tunneling- (Konfiguration) oder Routing- (Laufzeit) Meldungen über IP mitgelesen oder manipuliert werden können. Die KNX-IP-Secure-Mechanismen stellen eine zusätzliche Sicherheitshülle für den KNXnet/IP-Datenverkehr dar. Das bisherige Mittel der Wahl, um die IP-Kommunikation zu schützen, war eine gesicherte VPN-Verbindung (s. Abschnitt 2.8). Damit kann jedoch nicht sichergestellt werden, dass der Sender autorisiert ist, ein bestimmtes Bussystem zu konfigurieren oder Daten mit dem System auszutauschen.

Die Schutzziele

- Vertraulichkeit,
- Integrität und
- temporäre Unversehrtheit

werden erreicht durch den Aufbau eines gesicherten Kommunikationskanals. Neben der Nutzung eines gesicherten Kommunikationskanals ist es wichtig, dass die Kommunikationspartner einander vertrauen. Dies wird durch eine gegenseitige Authentifikation erreicht. Damit werden so genannte *Man-in-the-middle-Attacken* verhindert. Hierbei ist ein potenzieller Angreifer zwischen zwei Kommunikationspartnern angesiedelt. Er tarnt sich als legaler Benutzer und versucht, den Datenverkehr der einen Seite aufzufangen sowie zu entschlüsseln und sendet eine eventuell geänderte und wieder verschlüsselte Nachricht an den anderen Kommunikationspartner.

Bei KNX IP Secure, wird ein gesicherter Kommunikationskanal sowohl für die Laufzeit als auch das Gerätemanagement auf folgende Art und Weise aufgebaut:

Sowohl Client als auch Server erzeugen jeweils eine Kombination eines öffentlichen und privaten Schlüssels. Dies wird als asymmetrische Verschlüsselung bezeichnet.

- Der Client sendet dem Server seinen öffentlichen Schlüssel im Klartext.
- Der Server antwortet mit seinem öffentlichen Schlüssel im Klartext und hängt das Ergebnis der folgenden Berechnung an: Er berechnet den XOR-Wert seines öffentlichen Schlüssels, verschlüsselt dies mit dem Geräte-Authentifikationsschlüssel (um sich gegenüber dem Client zu authentifizieren) und verschlüsselt dies ein zweites Mal mit dem berechneten Session-Schlüssel. Der Geräte-Authentifikationsschlüssel wird entweder durch die ETS während der Konfiguration zugewiesen oder ist der Werkzeugschlüssel. Der Session-Schlüssel wird aus dem privaten Schlüssel auf der Basis einiger Parameter berechnet.
- Der Client führt die gleiche XOR-Operation durch, aber autorisiert sich indem er erstens mit dem Passwort des Servers und zweitens mit dem Session-Schlüssel verschlüsselt. Der Session-Schlüssel des Clients und des Servers sind identisch.

Erweiterung des IP-Telegramms

Die Protokollschichten des bisherige KNXnet/IP (s. Bild 2.57) werden auf der Anwendungsschicht um eine Teilschicht, den KNXnet/IP Security Layer, erweitert. Das bisherige KNXnet/IP-Telegramm wird in ein KNXnet/IP-Secure-Telegramm gekapselt (s. **Bild 2.65**) und wie bisher über UDP oder TCP versendet.

Ethernet Header	IP Header	TCP/UDP Header	KNXnet/IP Secure Header	KNXnet/IP Standard Header	KNXnet/IP cEMI message	KNXnet/IP Secure MAC
unverschlüsselt			authentifiziert	authentifiziert + verschlüsselt		verschlüsselt
			gegen Wiederholung geschützt			

Bild 2.65: KNXnet/IP-Secure-Telegramm

Der KNXnet/IP Header enthält als Protokollversion 0x13, damit kann das gesicherte Telegramm von einem normalen (Version 0x10) unterschieden werden.

3 Gerätetechnik und Elektroinstallation

In der konventionellen Elektroinstallation bestimmt die Art der *Verdrahtung* auch die Funktion einer Anlage *(Installationsschaltung)*. Dies ändert sich durch den Einsatz eines Bussystems. Beim KNX-System wird sowohl die Funktion der einzelnen Geräte als auch die Funktion des Gesamtsystems ausschließlich durch die *Applikation* und *Parametrierung* der Busgeräte festgelegt. Dieselbe Installation kann daher zu einem späteren Zeitpunkt durch Umparametrierung für eine veränderte Funktion genutzt werden (s. Abschnitt 1.3).

Die gesamte Elektroinstallation, sowohl die Starkstrom- als auch die Businstallation, wird nach den Regeln der VDE 0100 von einer Elektrofachkraft ausgeführt. Zusätzlich zur DIN VDE 0100 gelten für den Bereich der Businstallation die Regeln der VDE 0829-1, die alle busspezifischen Werte und Vorgaben festlegen, wie Leitungslängen, Leitungsführung, Anzahl der Teilnehmer.

Die KNX-Busleitung wird gemeinsam mit der Starkstrominstallation verlegt und mit *Kleinspannung* (SELV) von 30 V DC betrieben.

3.1 Geräte für Zweidrahtleitung (KNX-TP)

3.1.1 Aufbau von Teilnehmern

Als KNX-Teilnehmer wird jedes Gerät bezeichnet, das für den Anschluss an das KNX-System in Bustechnologie vorgesehen ist. Hierzu gehören Taster, Dimmer, Leuchten, Sensoren, Melder, Jalousieantriebe, Aktoren usw.

Die mechanische Ausführung und Bauform des Teilnehmers spielt dabei eine untergeordnete Rolle, z. B. gibt es Gehäuse für Normschienen-Montage, für den Unterputz- oder zum Geräteeinbau.

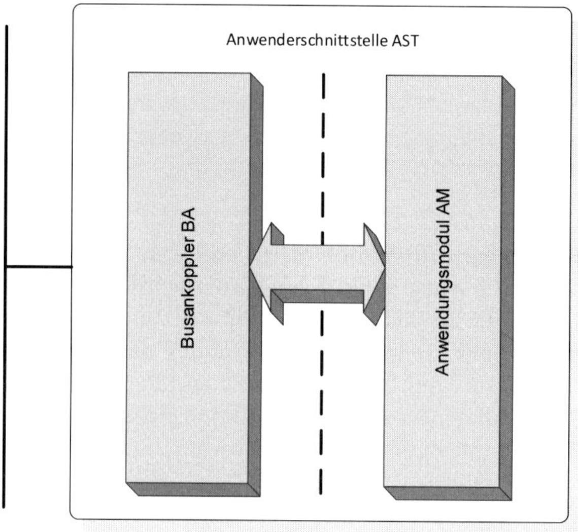

Bild 3.1: Allgemeiner Aufbau eines KNX-Teilnehmers

Der prinzipielle Aufbau sämtlicher Busteilnehmer ist immer gleich. Alle Teilnehmer bestehen intern aus zwei miteinander verbundenen Komponenten (Modulen) (**Bild 3.1**):

- dem Busankoppler (BA) und
- dem Anwendungsmodul (AM).

Diese werden über die Anwenderschnittstelle (AST) verbunden.

Der *Busankoppler (BA)* übernimmt alle Aufgaben, die in irgendeiner Form den Bus direkt betreffen, wie Abwicklung des Datenverkehrs und Erzeugung der Versorgungsspannungen sowie für viele einfache Geräte die Verarbeitung der spezifischen Sensor- bzw. Aktorfunktion.

Das *Anwendungsmodul (AM)* enthält den anwendungsspezifischen Teil des Geräts, wie Taster, Regler, Anzeigeelement.

Die *Anwenderschnittstelle (AST)* ist eine genormte 10-polige Steckverbindung zwischen den beiden Modulen BA und AM. Diese Anwenderschnittstelle dient zur Stromversorgung des Applikationsmoduls und zum Austausch von Meldungen zwischen beiden Modulen.

Busankoppler und Anwendermodul werden getrennt oder zusammen in einem Gehäuse angeboten.

Der Busankoppler und das Anwendungsmodul sowie das gerätespezifische Applikationsprogramm (AP) müssen vom gleichen Anbieter sein, damit das Gerät insgesamt korrekt arbeitet.

Es gibt es zwei Konfigurationsmodi von KNX-Geräten: S-Mode und E-Mode. Bei S-Mode-kompatiblen KNX-Teilnehmern erhält das Gerät seine vorbestimmte Funktion durch Laden des Applikationsprogramms (über die ETS). Bei E-Mode kompatiblen Teilnehmern wird das Gerät mit geladenem Applikationsprogramm geliefert.

3.1.1.1 Busankoppler

KNX Busankoppler werden in zwei Varianten hergestellt, zum einen den BA mit Programmspeicher (Mikrocontroller und Übertragermodul passend zum verbundenen Medium, sowie AST zum AM) und zum anderen den BA ohne Programmspeicher (nur medienspezifisches Übertragermodul mit digitaler Schnittstelle zum Applikations-Mikrocontroller).

Prinzipiell besteht der Busankoppler (BA) aus zwei Baugruppen: dem Übertragungsmodul und einem Mikrocontroller zur Abwicklung des Datenverkehrs und der Geräteapplikation (**Bild 3.2**). Dieser Mikrocontroller enthält in seinem ROM bzw. Flash-Speicher die System-Software, also Busprotokoll, Verwaltung, Kommunikation und Steuerung der Anwenderschnittstelle. Dieses Programm wird bei der Herstellung des Busankopplers im Mikrocontroller fest einprogrammiert und kann vom Anwender nicht geändert werden.

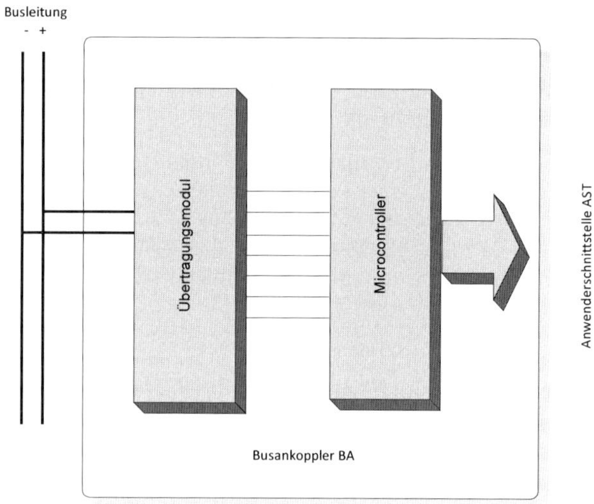

Bild 3.2: Busankoppler (BA)

Bild 3.3 zeigt einen Busankoppler für Unterputzeinbau, links ist die Steckverbindung der Anwenderschnittstelle AST zu erkennen.

Bild 3.3: Busankoppler für Unterputzeinbau (Fa. *Busch-Jaeger Elektro*)

In einem zweiten Speicher, der als elektrisch lösch- und wiederbeschreibbarer *EEPROM- oder auch als Flash-Speicher* ausgeführt ist, kann der Mikrocontroller seine gerätespezifische Applikation sowie *Parametrierungsdaten* ablegen, die ihm bei der *Inbetriebnahme* oder Umparametrierung über den Bus übergeben werden. Diese Daten bestimmen die gewünschte spezielle *Gerätefunktion.* Die Parametrierungsdaten legen z. B. fest, ob ein Aktor als Schalt- oder Dimmaktor arbeiten soll, mit welcher Grundhelligkeit er beginnt, seine Dimmgeschwindigkeit, sein Verhalten nach einer Netzunterbrechung. Auch alle zugeordneten physikalischen und logischen Adressen (Gruppenadressen) des Teilnehmers werden in diesem *Speicher nichtflüchtig* abgelegt, d. h. auch bei Spannungsausfall bleiben diese Daten erhalten.

Im *RAM* der Mikrokontroller werden *temporäre Daten*, wie Zustände oder aktuelle Werte der Kommunikationsobjekte abgelegt, diese gehen bei RESET oder *Spannungsausfall* verloren.

Derzeit sind in den Busankopplern nach Bild 3.2 *8-Bit-Mikrocontroller-Typen* des Chip-Herstellers Motorola eingesetzt; dabei handelt es sich z. B. um den Mikrocontroller 68HC05B6, der genutzt wird in:

- den „Standard-BA" im UP-, Einbau- und REG-Gehäuse,
- das BIM M111 (Bus Interface Modul, eine kleine Platine ohne Schieberegister, Programmierknopf und -LED). Diese Baugruppe kann einfach auf eine andere Platine aufgesteckt bzw. -gelötet werden.

In den letzten Jahren sind zusätzlich von verschiedenen Herstellern auch Busankopplertypen auf der Basis von vorhandenen Chip-Sätzen und Mikroprozessoren/Mikrocontrollern entwickelt worden.

Zusätzlich sind folgende Prozessoren verfügbar:

Mikrocontroller der 78K0/KE2 von NEC beinhalten das Bus-Interface der BIM M13x Familie. Ein Vorteil der BIM M13x-Familie ist, dass die Module untereinander pinkompatibel sind. Sie sind außerdem zu den Modulen BIM M111 und BIM M113 pinkompatibel, so dass ein Hersteller die BIM M111 oder M113 durch ein Mitglied der Familie BIM M13x ersetzen kann. Hierzu ist keine weitere Hardwareanpassung erforderlich, lediglich die Applikationssoftware muss neu geschrieben werden.

Die „KNX-Busfähigkeit" dieser nicht spezifisch für KNX entwickelten Hardware wird dabei durch eine sog. *TP-UART* realisiert. Dies ist ein TP Transceiver mit integrierter Universal Asynchronous Receiver Transmitter (UART)-Funktionalität. Während der gewöhnliche Transceiver im Busankoppler lediglich analoge Funktionen beinhaltet (verstärken, Signale detektieren usw.), beinhaltet der TP-UART den vollständigen Digitalteil des Link-Layers. Diese Variante kommt vielen Herstellern entgegen, die bereits lauffähige Applikationen auf der Basis anderer Mikrocontroller entwickelt haben, die sie dadurch nur noch an das KNX-Protokoll anpassen müssen.

Das *Übertragungsmodul* nach **Bild 3.4** verbindet den Mikrocontroller des Busankopplers mit dem Bus (vgl. Bild 3.2). Es enthält den zur Busankopplung notwendigen Übertrager und alle weiteren Schaltungsteile, die den Bus betreffen.

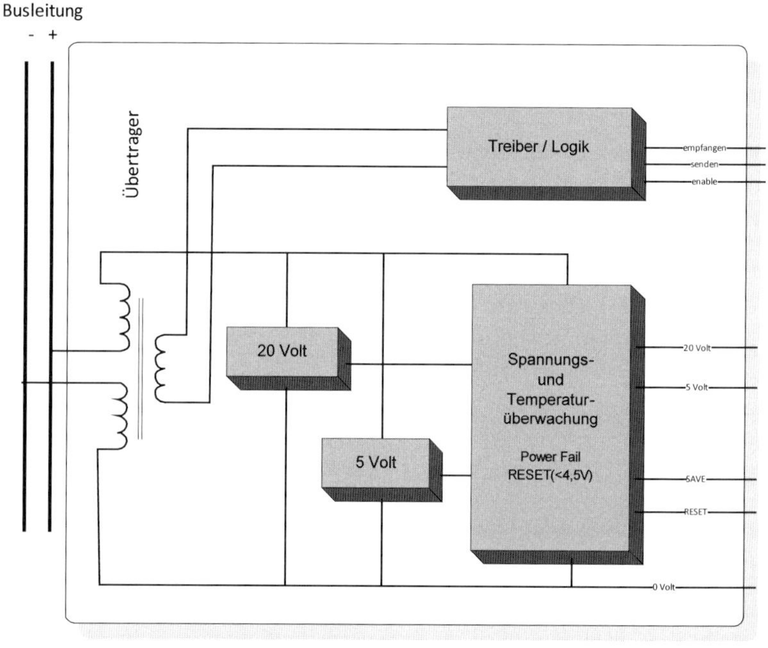

Bild 3.4: Übertragungsmodul

- Der Übertrager trennt die Informationssignale auf der Busleitung von der Gleichspannungsversorgung für die Empfangsseite des Teilnehmers. Für die Sendeseite übernimmt der Übertrager die Modulation der Gleichspannung auf der Busleitung mit den zu sendenden Informationssignalen (s. Abschnitt 2.2.1).
- Eine Verpolschutzeinrichtung schützt den Teilnehmer vor vertauschter Polarität der beiden Bussignale. Ein verpolt angeschlossener Teilnehmer wird automatisch deaktiviert. Es entstehen bei der Verpolung keine Schäden.

- Das Netzteil stellt die notwendigen Teilspannungen zur Verfügung, das sind stabilisierte 5 V DC für den Mikrocontroller und das Anwendungsmodul und außerdem aus der Busspannung gefilterte, stabilisierte 20 V DC, die für Anwendungsfunktionen benutzt werden können.
- Eine Spannungsüberwachung der Busleitung deaktiviert den Teilnehmer bei Busspannungen unter 18 V DC und gibt gleichzeitig ein entsprechendes Signal an den Mikrocontroller, damit dieser eventuell wichtige Daten noch in den nichtflüchtigen EEPROM-Speicher retten kann. Solche Daten können z. B. die Stellung einer Jalousie oder der Helligkeitswert einer Leuchte sein. Bei Wiederkehr der Busspannung wird der unterbrochene Betrieb wieder aufgenommen. Ein Reset des Prozessors wird bei < 4,5 V ausgelöst.
- Die *Treiberlogik* bereitet das induktiv eingekoppelte Datensignal des Bussystems für den Mikrocontroller auf, die *Sendelogik* setzt das Sendesignal des Mikrocontrollers in die benötigten Ansteuersignale für den Übertrager um.

Der Busankoppler ist in der Praxis als eigenes Modul aufgebaut und in allen benötigten Bauformen erhältlich, z. B. für Unterputz, Aufputz und Einbau. Die Gerätefunktion ergibt sich erst durch das Aufstecken des entsprechenden Anwendungsmoduls in Verbindung mit der gerätespezifischen Applikation sowie einer entsprechenden Parametrierung des Busteilnehmers.

3.1.1.2 Anwenderschnittstelle

Die Anwenderschnittstelle (AST) ist das Verbindungselement zwischen Busankoppler und Anwendungsmodul. Sie stellt eine standardisierte Übergabestelle aller benötigten elektrischen Signale dar:

- 0 V, 5 V, 20 V DC als Versorgungsspannungen für das Anwendungsmodul,
- 5 bidirektionale digitale und analoge Datenleitungen,
- ein analoger Eingang zur Erkennung des angeschlossenen Anwendungsmoduls.

Eine schematische Darstellungder Typfestlegung ist im **Bild 3.5** dargestellt.

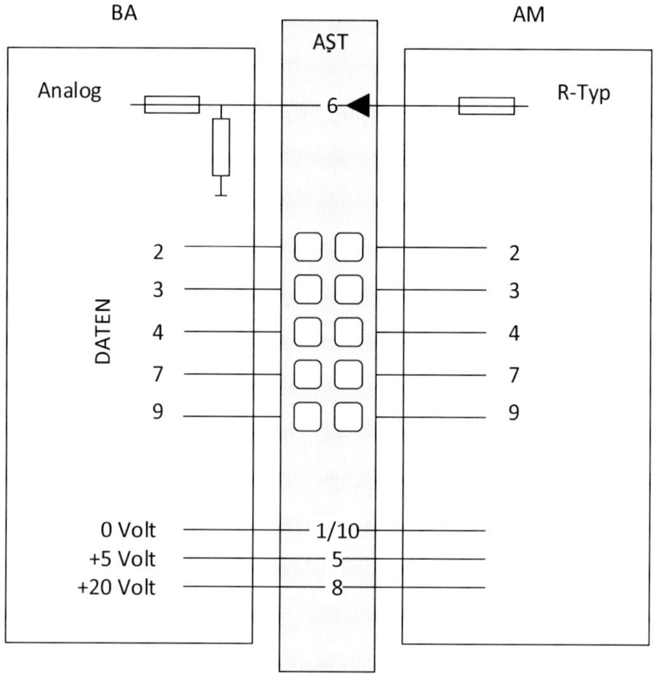

Bild 3.5: Typfestlegung des Applikationsmodul

Physikalisch ist die Anwenderschnittstelle eine Steckverbindung, die beim Aufstecken des Anwendungsmoduls auf den Busankoppler die Signale von Busankoppler und Anwendungsmodul verbindet. Dabei kommt der Erkennung des *Modultyps* eine wichtige Bedeutung zu

In jedes Anwendungsmodul ist ein spezieller *Messwiderstand* eingebaut, der durch seinen Widerstandswert einem bestimmten Modultyp entspricht. Diese Maßnahme verhindert eine falsche Programmausführung des Busankopplers, da dieser nur solche Anwendungsprogramme akzeptiert, die zum aufgesteckten Anwendungsmodul passen. Wird eine undefinierte Spannunggemessen, so meldet der Busankoppler einen Fehler bei der Inbetriebnahme/Diagnose.

Um die Anzahl der benötigten Steckverbindungen der Anwenderschnittstelle klein zu halten, wurde eine analoge Lösung zur Erkennung des Anwendungsmoduls gewählt. Der im Anwendungsmodul eingebaute Messwiderstand hat zusammen mit einem zweiten, im Busankoppler eingebauten

Widerstand die Funktion eines *Spannungsteilers*. Die hierbei entstehende Spannung wird vom Mikrocontroller des Busankopplers gemessen und ausgewertet.

Die Auflösung dieser analogen Schnittstelle beträgt 0,25 V, so dass bei einem Messbereich von 5 V insgesamt 20 verschiedene Modultypen möglich sind. Eine Auswahl bereits definierten Typen sind entsprechend **Tabelle 3.1** codiert.

Tabelle 3.1: Codierung der Anwendungsmodule

Typ	Spannung V	Funktion
0	0,00	kein Applikationsmodul angeschlossen
2	0,50	4 Binär- (Analog-) Eingänge, 1 Binärausgang
4	1,00	2 Binär- (Analog-) Eingänge, 2+1 Binärausgang
6	1,50	3 Binär- (Analog-) Eingänge, 1+1 Binärausgang
12	3,00	seriell synchron
14	3,50	seriell synchron starre Länge
16	4,00	seriell asynchron
19	4,75	4+1 Binär-Ausgänge
20	5	Download

3.1.2 Bauformen

Geräte für den Bus werden grundsätzlich in vier verschiedenen Bauformen angeboten: Unterputz (UP); Einbau (EB); Aufputz (AP); Reiheneinbaugehäuse (REG). Die verschiedenen Geräteausführungen innerhalb der einzelnen Bauformen gestatten einen individuell nach den jeweiligen Objektanforderungen ausgerichteten Aufbau der Anlagen.

Zur Installation von *KNX-Unterputzgeräten* können Installationsdosen für Schraubmontage nach DIN 49073:2007-09 bzw. DIN VDE 0606-1 verwendet werden, da KNX-Geräte für diese Montageart geliefert werden. Die nachträglichen Korrekturmöglichkeiten des Gerätesitzes sind allerdings nicht sehr groß. Es ist deshalb auf einen möglichst exakten Sitz der Dose und einen putzbündigen Einbau zu achten.

Nach Aufstecken des Bussteckers wird der *Busankoppler* in der Dose montiert. Der Busankoppler enthält die für eine Inbetriebnahme notwendige Programmier-/Lerntaste und eine Leuchtdiode LED (**Bild 3.6**). Mit der Taste (Standard BA) oder Tastenkombination (z. B. Jung TSM) über die jeder Teilnehmer verfügt, wird bei der Inbetriebnahme die Übernahme der physikalischen Adresse aktiviert. Die Leuchtdiode zeigt den Lernvorgang an. Die Programmier-/Lerntaste darf immer nur bei einem Teilnehmer betätigt sein, da sonst die Übernahme der physikalischen Adresse durch die ETS abgebrochen wird (s. Abschnitt 4.6).

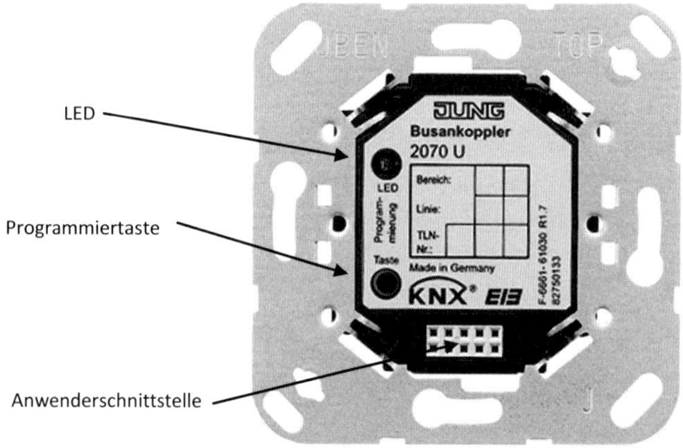

Bild 3.6: Unterputz-Busankoppler mit Programmiertaste, LED und Anwenderschnittstelle (Fa. *Jung*)

Einbaugeräte (EB) haben keine Trennung zwischen Busankoppler und Anwendungsmodul. Diese Geräte eignen sich besonders gut für den Einbau in Zwischendecken, Unterflursysteme, Kabelkanäle, Jalousiekästen usw. Bei der Verwendung dieser Geräte ist die Einsparung an Leitungen und die Reduzierung des Verdrahtungsaufwands am größten. Sie stellen normalerweise komplette Funktionseinheiten für eine bestimmte Aufgabenstellung dar. **Bild 3.7** zeigt einen Jalousieaktor zum Einbau in eine Unterputzdose.

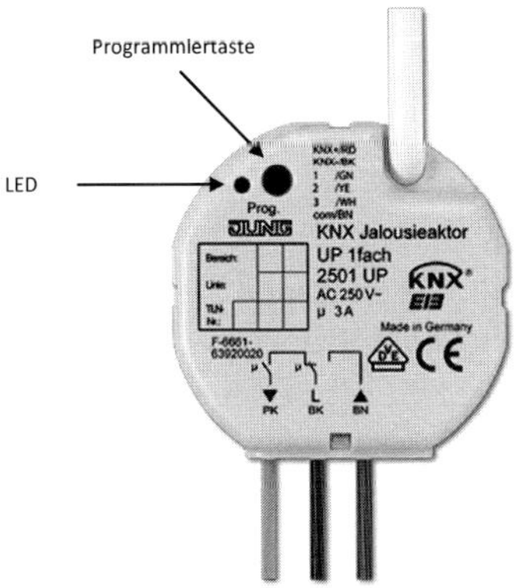

Bild 3.7: Jalousieaktor für Unterputzeinbau (Fa. *Jung*)

Aufputzgeräte (AP) sind meist als Kombinations-Geräte ausgeführt, d.h. sie erfüllen sowohl Sensor- als auch Aktor-Funktionen. Ihre Bedeutung war in den vergangenen Jahren rückläufig. Die meisten heute verwendeten Aufputzgeräte sind insbesondere Lösungen für den Zweckbau. Auch Aufputzgeräte verfügen über einen integrierten Busankoppler, der über Anschluss- und Abzweigklemmen kontaktiert wird (**Bild 3.8**).

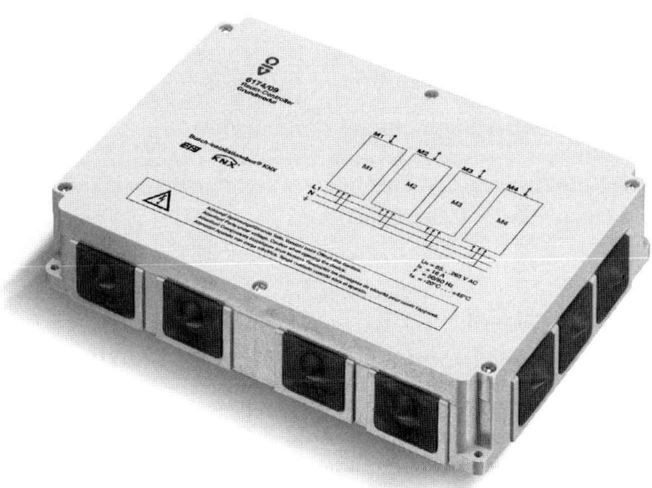

Bild 3.8: Raumcontroller als Aufputzgerät (Fa. *Busch-Jaeger Elektro*)

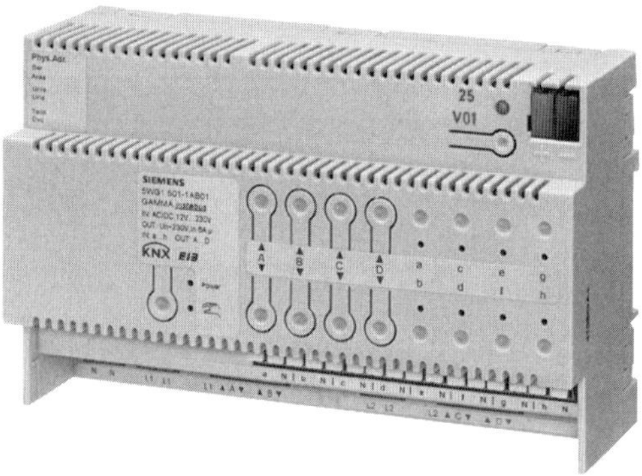

Bild 3.9: KNX-Teilnehmer im Reiheneinbaugehäuse (Fa. *Siemens*)

Für den Einbau in Verteilerschränken sind Busteilnehmer im *Reiheneinbaugehäuse (REG)* vorgesehen (**Bild 3.9**).

Die REG-Geräte erfreuen sich einer besonderen Beliebtheit, weil sie meist folgende Vorteile bieten:

- gut zugänglich im Verteiler,
- umfangreiche Parametrierungsmöglichkeiten,
- als komplette Verteilung zur Baustelle lieferbar,
- gute Übersichtlichkeit im Servicefall,
- schnell austauschbar.

Weitere Vorteile, je nach Hersteller sind:

Statusanzeigen (signalisieren den Zustand des Verbrauchers), Handbedienmöglichkeiten (auch vor der Inbetriebnahme).

3.1.3 Systemgeräte

3.1.3.1 Spannungsversorgung und Leitungsführung (TP)

Jedes Segment der Linien einschl. der Haupt- und Bereichslinien muss über eine eigene Spannungsversorgung (**Bild 3.10**) und eine Drossel zur Entkopplung verfügen. Entsprechende Darstellungen zu Grundeigenschaften und Strukturen der Spannungsversorgung sind bereits im Abschnitt 2.3 erfolgt. Nachfolgend werden hierzu entsprechende gerätetechnische Lösungen behandelt.

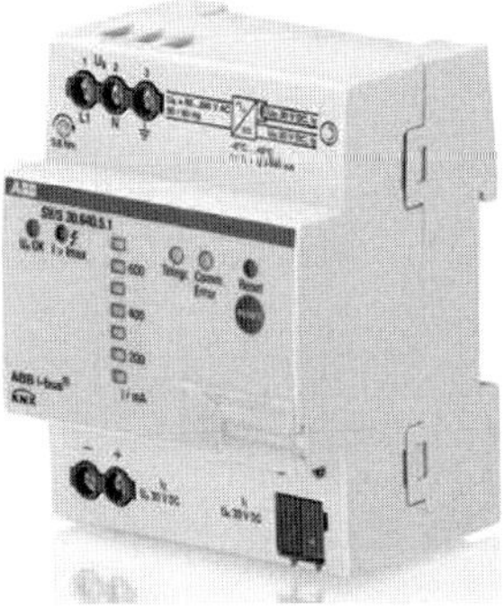

Bild 3.10: KNX-Spannungsversorgung mit Diagnosefunktion (Fa. *ABB*)

Neben den ursprünglichen Spannungsversorgungen (ohne Teilnehmeradresse) gibt es jetzt auch KNX-Spannungsversorgungen mit Diagnosefunktion. Sie verfügen über eine erweiterte LED-Anzeige zur visuellen Darstellung der aktuellen Stromabgabe in die Buslinie und zur schnellen Diagnose des Buszustands. Diesen Geräten muss eine Teilnehmeradresse zugewiesen werden und über ETS-Kommunikationsobjekte können dem KNX-System Zustandswerte bereitgestellt werden.

Die Spannungsversorgung für den Installationsbus und 64 Teilnehmer hat eine Nennspannung von 30 V DC. Diese Spannung ist so gewählt, dass über die maximal zulässige Kabellänge von 350 m zwischen Spannungsversorgung und Teilnehmer bei Verwendung des vorgeschriebenen Leitungsmaterials (z. B. YCYM 2x2x0.8) die Mindestversorgungsspannung von 21 V DC für die Teilnehmer nicht unterschritten wird. Der Gesamtausgangsstrom einer KNX-Spannungsversorgung für die zentrale Busspannungsversorgung beträgt in einigen Ausführungen 160 mA, 320 mA, jetzt zunehmend 640 mA. Das **Bild 3.11** zeigt zunächst den Aufbau einer Spannungsversorgung mit Nennstrom 320 mA und intern eingebauter Drossel. Ein Pufferkondensator innerhalb der Spannungsversorgung überbrückt primärseitige Netzausfälle bis zu 100 ms (0,1 s).

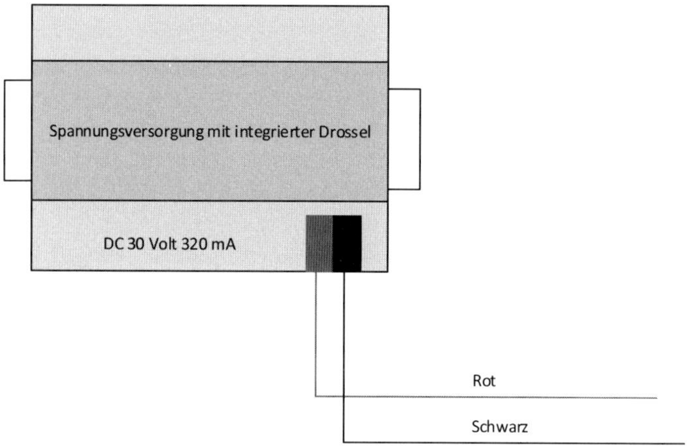

Bild 3.11: Spannungsversorgung mit Nennstrom 320 mA

Der Ausgang einer Spannungsversorgung ist wegen der eingebauten Drossel stark induktiv. Er stellt daher für die Wechselspannung der auf dem Bus übertragenen Informationssignale eine hohe Impedanz dar, so dass eine Entkopplung zwischen Informationssignalen und Gleichstromversorgung gewährleistet ist.

Die Struktur für eine Spannungsversorgung mit einem Nennstrom von 640 mA, die für die Versorgung von mehreren Linien genutzt werden kann, zeigt das **Bild 3.12**. Diese Spannungsversorgung besitzt einen KNX-Spannungsausgang mit intern eingebauter Drossel zur Versorgung der Linie 1. Ein zweiter Ausgang stellt eine Hilfsspannung zur Verfügung, die unverdrosselt ist. Mit einer zusätzlichen externen Drossel nach **Bild 3.13** kann damit auch ein zweites Liniensegment (hier Linie 2) versorgt werden.

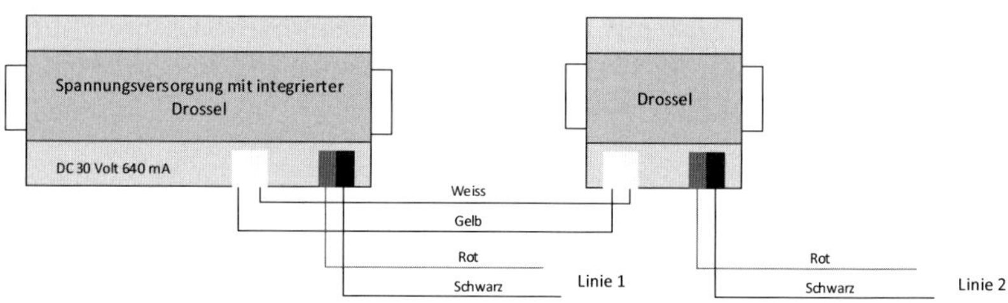

Bild 3.12: Spannungsversorgung mit Nennstrom 640 mA zur Versorgung von zwei Buslinien

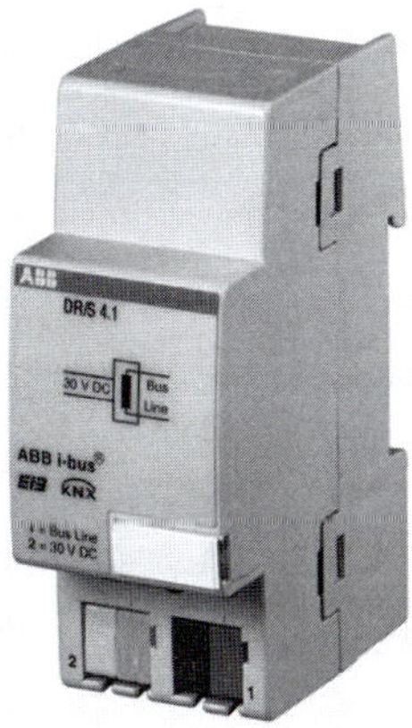

Bild 3.13: KNX-Drossel (Fa. *ABB*)

Die Anordnung der Spannungsversorgung innerhalb einer Buslinie ist an sich beliebig. Wenn jedoch sehr viele Teilnehmer (>30) auf engem Raum eingebaut werden, beispielsweise innerhalb eines Verteilers, sollte auch die Spannungsversorgung in direkter Nähe angeordnet werden, um unnötige Spannungsabfälle zu vermeiden. Bei erhöhtem Strombedarf kann eine zweite Spannungsversorgung an dasselbe Segment angeschlossen werden, wenn der Minimalabstand zwischen den Spannungsversorgungen (Herstellerangaben beachten) eingehalten wird.

Leitungsführung

Für die Verlegung der Busleitung ist kein zusätzlicher Leitungsweg notwendig, da sie mit in der Trasse der Energieleitungen verlegt werden kann. Die Prüfspannung der vorgeschriebenen KNX-Leitungen beträgt 4 kV bzw. 2,5 kV; diese Leitungen können daher neben Starkstromleitungen, unter Beachtung der Angaben nach **Bild 3.14**, verlegt werden.

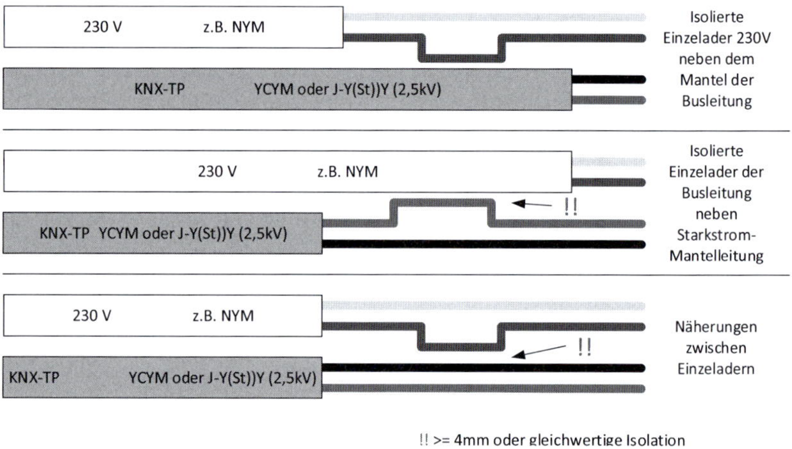

Bild 3.14: Leitungsführung

- Isolierte Adern von Starkstrommantelleitungen und die KNX-Busleitung dürfen ohne Abstand zueinander verlegt werden.
- Isolierte Adern von KNX-Busleitungen müssen mit einem Abstand von mindestens 4 mm zu isolierten Adern von AC 230-V-Netzen verlegt werden oder mit einer gleichwertigen Isolation durch Trennsteg oder Isolierschlauch auf den Adern der Busleitung versehen werden (DIN VDE 0110-1 Basisisolierung). Dies gilt auch für Adern von Leitungen anderer Nicht-SELV-Stromkreise.
- Von der äußeren Blitzschutzanlage (Blitzableiter) ist ausreichender Abstand einzuhalten.
- Es ist für dauerhafte Kennzeichnung der Busleitungen mit KNX TP oder BUS zu sorgen.

Die zulässige Leitungslänge zwischen der KNX-Spannungsversorgung und dem letzten Teilnehmer eines Segments beträgt maximal 350 m, zwischen zwei Teilnehmern sind maximal 700 m Leitung zulässig. Entsprechende Strukturen hierzu wurden bereits im Abschnitt 2.3 behandelt.

3.1.3.2 Linienkoppler (TP)

Linienkoppler verbinden verschiedene Linien mit der Hauptlinie zu einem Bereich (**Bild 3.15**). Die Funktion des Linienkopplers geht hier über die reine Verstärkeraufgabe hinaus. Linienkoppler haben zusätzlich eine *Filterfunktion* für Telegramme (sog. Router) und trennen die Linien galvanisch.

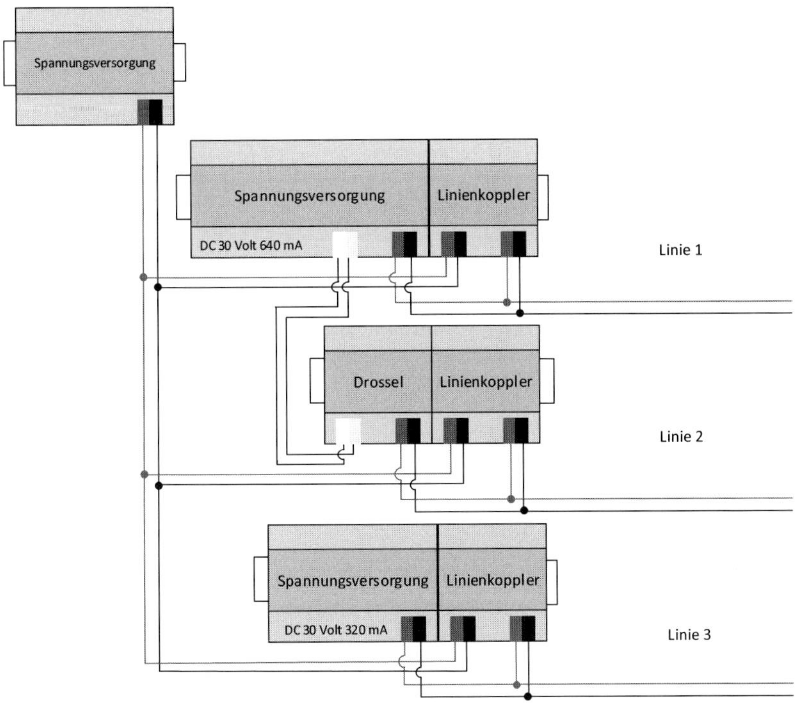

Bild 3.15: Anschlussbeispiel für Koppler als Linienkoppler

Linienkoppler filtern sowohl Telegramme mit Teilnehmer- als auch Gruppenadressierung. Ausschließlich Telegramme für Teilnehmer in angrenzenden Teilnetzwerken werden weitervermittelt.

Für die Filterung von *Gruppenadressierungen* erhält bei der Parametrierung jeder Linienkoppler eine Liste derjenigen *Gruppenadressen*, die seine Linie linienübergreifend betreffen. Ausschließlich Telegramme mit diesen Gruppenadressen lässt der Linienkoppler passieren, alle anderen werden gestoppt. Die Erzeugung der Filtertabellen erfolgt bei der Projektierung mit der *Engineering-Tool-Software ETS5* (s. Abschnitt 4.5). Die Filterfunktion des Linienkopplers hat die Aufgabe, Telegramme möglichst auf diejenigen Linien (Segmente) zu begrenzen, in denen sie benötigt werden. Auf der *Hauptlinie* eines Bereichs sind daher nur solche Telegramme anzutreffen, die Teilnehmer in mehr als einer Linie betreffen. Hierdurch wird der *Datendurchsatz* des Gesamtsystems wesentlich erhöht, da in allen Linien gleichzeitig Informationen übertragen werden können. Einen Linienkoppler für Normschienen-Montage zeigt **Bild 3.16**.

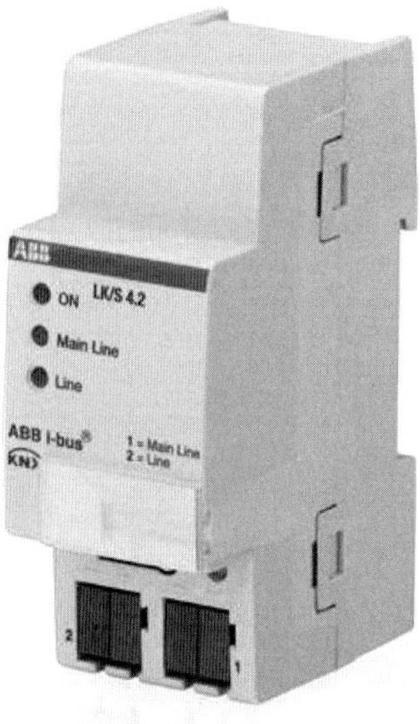

Bild 3.16: KNX-Bereichs-/Linienkoppler/Linienverstärker als Universalgerät (Fa. *ABB*)

3.1.3.3 Linienverstärker (TP)

Linienverstärker werden zur galvanischen Entkopplung der Liniensegmente eingesetzt (**Bild 3.17**). Sie sind netzwerktechnisch als Bridges aufzufassen und arbeiten als *Signalverstärker*. Linienverstärker vermindern ebenso, wie die Koppler, den Routing-Zähler und verhindern so die Weiterleitung fehlerhafter Telegramme. Üblicherweise aber lassen Linienverstärker sämtliche Telegramme unverändert in beide Richtungen durch. Die Funktion Linienverstärker ist die einfachste Funktion des Geräts.

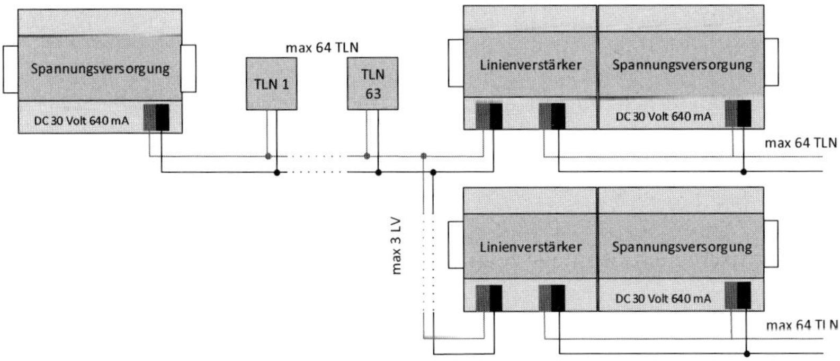

Bild 3.17: Anschlussbeispiel Koppler als Linienverstärker

3.1.3.4 Bereichskoppler (TP)

Bereichskoppler verbinden verschiedene Bereiche über eine *Bereichslinie* (**Bild 3.18**) miteinander. Die Funktion des Bereichskopplers entspricht hierbei der des Linienkopplers für die Linien.

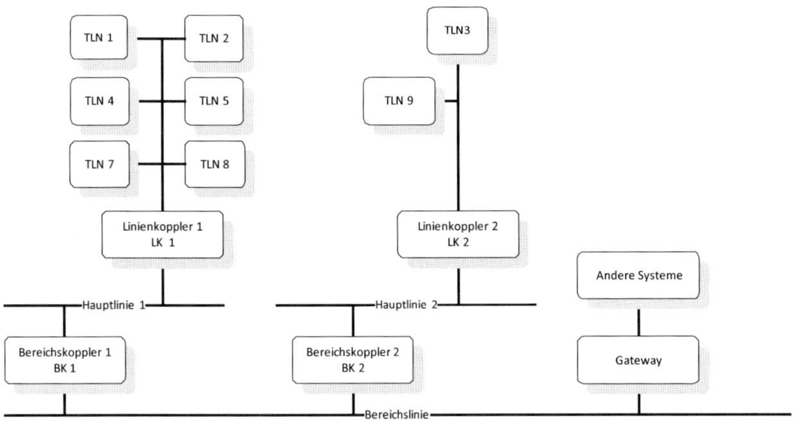

Bild 3.18: Bereichskoppler und Bereichslinie

Auch diese Maßnahme trägt wesentlich zur Erhöhung des Datendurchsatzes und zum störungsfreien Betrieb des Bus-Netzwerks bei. Nur durch die Tatsache, dass der Informationsaustausch zwischen den Teilnehmern innerhalb des Liniensegments stattfindet, kann die hohe Gesamt-Übertragungsleistung in der Anlage erzielt werden trotz der an sich niedrigen Übertragungsgeschwindigkeit von 9,6 kbit/s auf dem Bus.

Die Alternative, also eine Erhöhung der Übertragungsrate, würde zu teurerem Kabelmaterial, zu einer erhöhten Störungsausstrahlung des Bussystems und zu einer Erhöhung der Empfindlichkeit gegen Störeinstrahlung führen. Somit trägt das strukturelle Konzept mit Kopplern wesentlich zu einer guten elektromagnetischen Verträglichkeit (EMV) des Bussystems bei, indem eine niedrige Übertragungsrate auf dem Bus ausreichend ist.

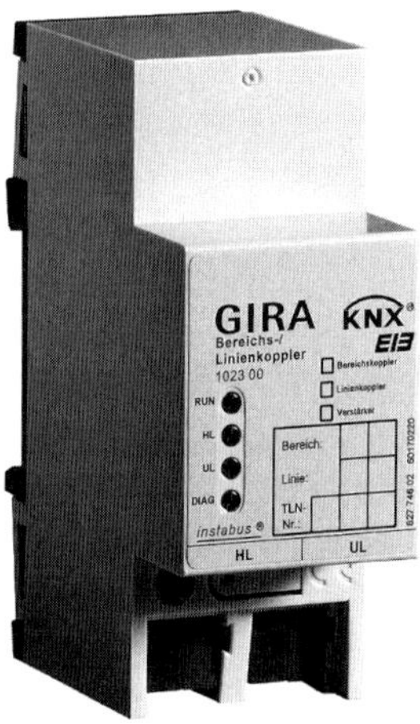

Bild 3.19: Linienkoppler (Fa. *Gira*)

Bereichskoppler, Linienkoppler und Linienverstärker sind baugleiche Geräte. Nur durch physikalische Adressierung und Applikation wird die spezifische Funktion realisiert.

Darüber hinaus besteht jedoch auch die Möglichkeit zur Realisierung sehr hoher Übertragungsraten, indem auf die Ethernet/LAN/Internet-Technologie zurückgegriffen wird (vgl. Abschnitt 2.8.1).

3.1.3.5 Weitervermittlung eines Telegramms

Der *Routing-Zähler RZ* ist neben der Filtertabelle in den Kopplern ein zusätzlicher Mechanismus zur *Weitervermittlung* von Telegrammen. Sein Zählerstand bestimmt, wie oft ein Telegramm über Koppler weitervermittelt werden darf (vgl. Abschnitt 2.4.3).

Jeder Koppler oder Linienverstärker vermindert den Routing-Zähler um 1, bevor er ein Telegramm weitervermittelt (Ausnahme: Zählerstand = 7 für unbegrenzte Weitervermittlung). Sobald der Routing-Zähler den Wert 0 erreicht hat, muss das Telegramm in demjenigen Liniensegment angekommen sein, an das der adressierte Teilnehmer angeschlossen ist.

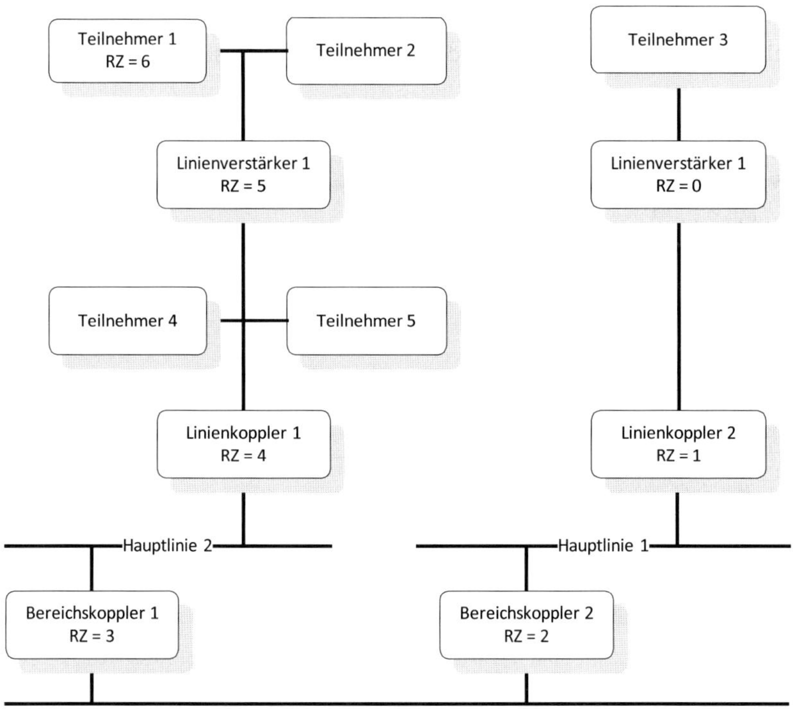

Bild 3.20: Weitervermittlung eines Telegramms (Routingzähler RZ)

Bild 3.20 zeigt die Arbeitsweise bei der Weitervermittlung von Telegrammen:

- Teilnehmer 1 sendet ein Telegramm an Teilnehmer 3. Der Routing-Zähler des Telegramms wird auf den Wert 6 gesetzt.
- Linienverstärker 1 empfängt das Telegramm und gibt es mit Zählerstand RZ = 5 an Linienkoppler 1 weiter.

- Linienkoppler 1 empfängt das Telegramm und gibt es mit Zählerstand RZ = 4 an Bereichskoppler 1 weiter.
- Bereichskoppler 1 empfängt das Telegramm und gibt es mit Zählerstand RZ = 3 an Bereichskoppler 2 weiter, den Bereichskoppler des Zielbereichs.
- Bereichskoppler 2 empfängt das Telegramm und gibt es mit Zählerstand RZ = 2 an Linienkoppler 2 weiter, den Linienkoppler der Ziellinie.
- Linienkoppler 2 empfängt das Telegramm und gibt es mit Zählerstand RZ = 1 an die folgende Linie mit Linienverstärker 2 weiter.
- Linienverstärker 2 empfängt das Telegramm und gibt es mit Zählerstand RZ = 0 an das nächste Segment weiter.
- Teilnehmer 3 empfängt das Telegramm und führt die gewünschte Aktion aus.

Ein weiterer Linienverstärker, der eventuell nach Teilnehmer 3 ein nächstes Segment an die Ziellinie koppelt, würde das Telegramm zwar auch empfangen, es aber aufgrund des Zählerstands RZ = 0 nicht mehr an das folgende Segment weitervermitteln.

Eine Vermittlung über mehr als 6 Stufen ist im KNX nicht vorgesehen. Telegramme mit dem Startwert RZ = 7 werden ohne Dekrementierung und Auswertung der Filtertabelle in den Kopplern unbegrenzt weitervermittelt. Dies sind üblicherweise Telegramme für Inbetriebnahme- und Servicezwecke (Download oder Broadcast).

3.1.3.6 Programmierschnittstellen

Schnittstellenmodule nach **Bild 3.21** dienen zur Ankopplung eines Programmiergeräts an den Bus. Diese Datenverbindung wird in der *Inbetriebnahme-/Parametrierungsphase* benötigt (s. Abschnitt 4.5.4). Sie kann jedoch auch während des normalen Betriebs zur *Kommunikation* mit dem Bussystem benutzt werden. Zu diesen Anwendungen zählen Steuerungs- und Regelungsaufgaben genauso wie die Visualisierung und Überwachung des Bussystems.

Schnittstellenmodule sind mit USB-, USB-RF- bzw. Ethernet-Schnittstellen verfügbar. Ein Vorteil der Ethernet-Schnittstelle ist, dass von jedem Punkt in einem evtl. vorhandenen LAN auf den KNX-Bus zugegriffen werden kann.

Das hiermit einsetzbare *Software-Werkzeug ETS* zur Projektierung, Inbetriebnahme und Fehleranalyse wird im Abschnitt 4.5 behandelt.

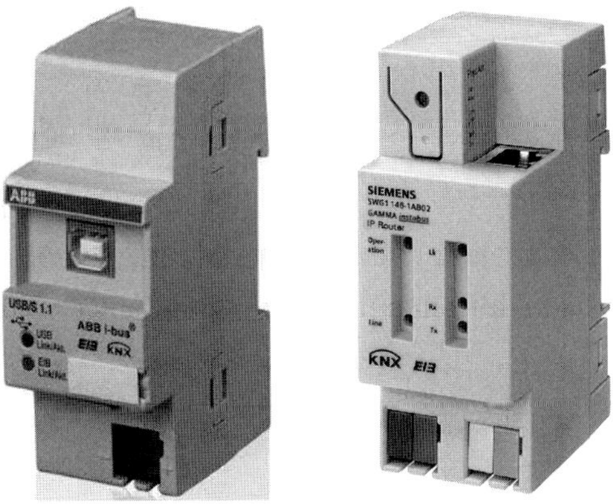

Bild 3.21: Schnittstellenmodule USB und Ethernet (Fa. *ABB* und Fa. *Siemens*)

3.1.4 Eingabegeräte (Sensoren TP bzw. RF)

3.1.4.1 Taster

Ein Taster für das Bussystem unterscheidet sich schon äußerlich von einem konventionellen Taster (**Bild 3.22**).

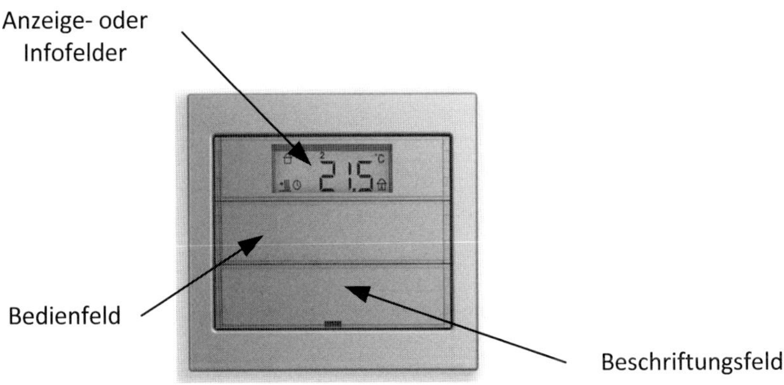

Bild 3.22: Grundaufbau eines Tasters

- Das Beschriftungsfeld informiert über die Funktion des Tasters, z. B. „Jalousie auf". Das Anzeigefenster kann Anzeigeelemente zur Darstellung von Schaltzuständen und Vorwahlen aufnehmen. Möglich sind hier Leuchtdioden, Ziffernanzeigen oder alphanumerische LCD-Anzeigen.

- Das Bedienfeld ist als Wippe mit neutraler Mittellage ausgeführt. Die Funktion ist von der Zuordnung des Tasters abhängig.

Taster 1-fach (Fa. *Busch-Jaeger*)
Schalten einfach

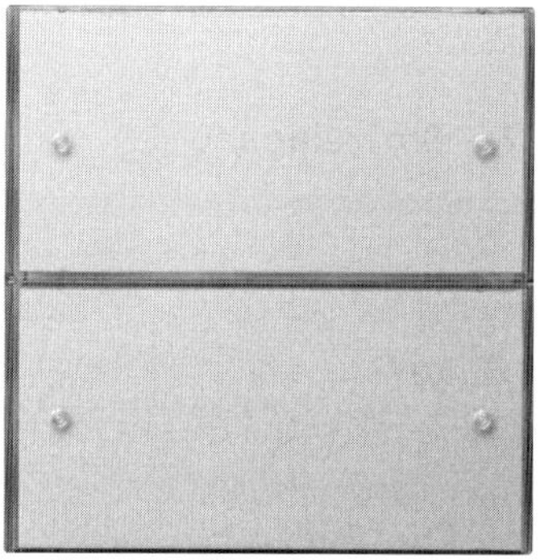

Taster 2-fach (Fa. *Gira*)
Jalousie

Taster 4-fach (Fa. *Jung*)
Freie Zuordnung der Wippen

Taster 4-fach (Fa. *Berker*)
Beleuchtung Schalten/Dimmen

Bild 3.23: Standardfunktionen von Tastern

Bild 3.23 zeigt eine Reihe von typischen Standardfunktionen. Der für alle Taster benötigte Unterputz-Busankoppler wurde im Bild 3.3 abgebildet.

Die Leuchtdioden in den Tastern sind nicht immer direkt mit den Tastenfunktionen verknüpft. Jeder Leuchtdiode kann somit bei der Parametrierung des Tasters eine frei wählbare Gruppenadresse zugeordnet werden, die nichts mit der Tastenfunktion zu tun haben muss. Dadurch ist es beispielsweise möglich, eine Rückmeldung darüber zu erhalten, ob eine ausgelöste Funktion auch tatsächlich durchgeführt wurde (z. B. Garagentor geschlossen). Hierzu muss der Leuchtdiodenfunktion die gleiche Gruppenadresse zugeordnet werden wie der Statusmeldung des Torantriebs.

3.1.4.2 Binäreingang

Binäreingänge gestatten es, konventionelle Installationsgeräte in das KNX-Bussystem einzubinden. Dazu gehören alle Geräte mit potentialfreiem Ausgangskontakt, z. B. Temperaturwächter, Strom- oder Spannungsmessrelais, Motorschutzrelais. Zur Verarbeitung dieser verschiedenen Signale sind entsprechende Varianten des Eingangskreises vorgesehen:

- Eingang für potentialfreien Kontakt,
- Eingang für Schaltspannung 24 V DC oder AC,
- Eingang für Schaltspannung 230 V AC,
- Eingang der eine Abfragespannung zur Verfügung stellt (u. U. gepulst).

Viele Geräte geben als Ausgangssignal eine geschaltete Spannung ab. Dazu gehören alle Geräte, die für den direkten Anschluss eines Verbrauchers gedacht sind, z. B. passive IR-Bewegungsmelder (PIR). Für den Anschluss solcher Geräte werden *Binärsensoren mit Spannungseingang* verwendet. **Bild 3.25** zeigt den Anschluss eines Bewegungsmelders mit geschalteter Phase L1, der über einen Binäreingang für 230 V AC mit dem Bus verbunden ist.

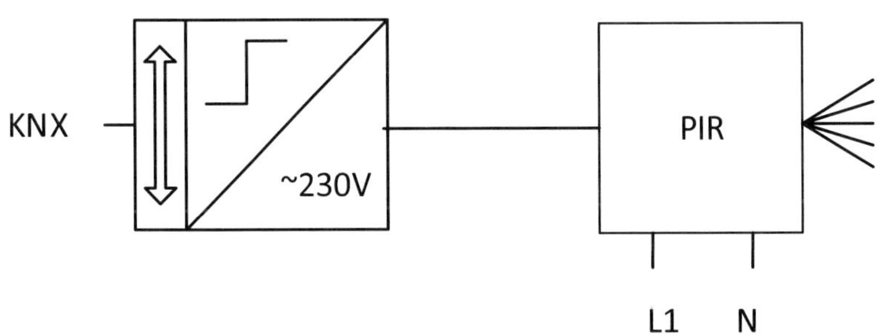

Bild 3.25: Bewegungssensor an einem Binäreingang mit Schaltspannung 230 V AC

Als Gehäusevarianten stehen Reiheneinbaugeräte für DIN-Hutprofilschiene 35 mm (**Bild 3.26**) und für eine Einbauvariante zur Verfügung. Die Einbauvariante kann innerhalb des anzukoppelnden Geräts untergebracht werden.

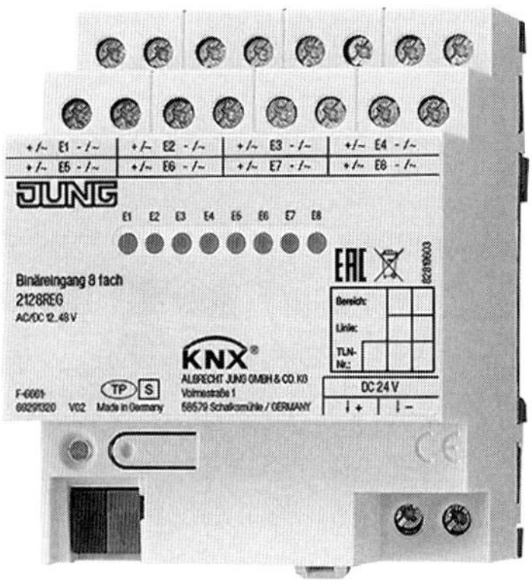

Bild 3.26: Binäreingang (8-fach) als Reiheneinbaugerät REG für Hutprofilschiene (Fa. *Jung*)

3.1.4.3 Analogeingang (z. B. Wetterstation)

Mit dem Analogeingang können analoge Messwerte, z. B. Spannung, Strom, Wetterdaten (Wind, Helligkeit, …) u. a. erfasst und über den Installationsbus übertragen werden. **Bild 3.27** zeigt einen 4-Kanal-Analogeingang / 2-Kanal-Analogausgang für den Schaltschrankeinbau. Die Module verarbeiten sowohl genormte Gleichstromsignale 0/4…20 mA, Gleichspannungssignale 0…10 V und Temperaturmessbereiche (Widerstandsthermometer PT 1000). Damit sind alle industriellen Sensoren, die nach einer dieser Normen arbeiten, an den Analogeingang anschließbar. Entsprechende Module existieren auch für nur analoge Eingangssignale bzw. nur analoge Ausgangssignale.

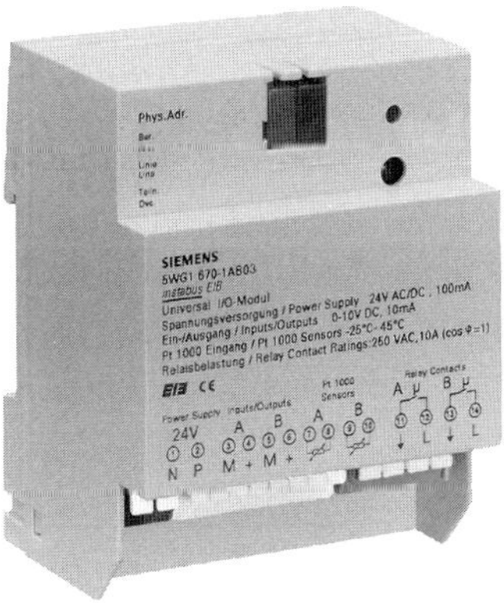

Bild 3.27: Analogmodul für Schaltschrankeinbau (Fa. *Siemens*)

3.1.4.4 Präsenzmelder

Ein Präsenzmelder arbeitet nach dem PIR-Prinzip (Passiv Infrared), d. h. er reagiert auf Wärmestrahlung. Er wird zur Anwesenheitsüberwachung und zur Bewegungserkennung in Innenräumen eingesetzt. Moderne Präsenzmelder besitzen mehrere aktivierbare Sensorfelder, dies hat den Vorteil, dass sie einzeln oder in Gruppen aktiviert werden können (z. B. Gehrichtungserkennung).

Einige Anbieter von Präsenzmeldern setzen zusätzlich integrierte Akustiksensoren für den optimalen Einsatz in unübersichtlichen und verwinkelten Räumen ein.

3.1.4.5 Alarmsensoren

In den meisten Fällen ist eine Kombination aus herkömmlichen Sensoren und Meldegruppenterminal im Einsatz. Zu den Alarmsensoren gehören z. B. Bewegungs-, Rauch-, Wassermelder sowie Glasbruchsensoren und Verschlussüberwachung von Fenstern.

Folgende Geräte besitzen eine KNX-Anbindung:

Rauchwarnmelder (**Bild 3.28**): Die Gefahren durch Brände in Wohnungen sind unbestreitbar und legen die Installation von Geräten nahe, die schon geringe Rauchmengen sicher feststellen und die Bewohner rechtzeitig warnen. In Deutschland ist die Verpflichtung zur Ausstattung von Wohnungen mit Rauchwarnmeldern in der jeweiligen Landesbauordnung der einzelnen Bundesländer geregelt. Derzeit (September 2016) haben 15 von 16 Deutschen Bundesländern die Ausstattung von Wohnungen mit Rauchwarnmeldern für „Neubauten und umfangreiche Umbauten“ gesetzlich festgelegt. In Brandenburg wurde die Rauchwarnmelderpflicht im Jahr 2016 und in Berlin soll sie voraussichtlich Anfang des Jahres 2017 in die Bauordnung übernommen werden (www.rauchmelder-lebensretter.de).

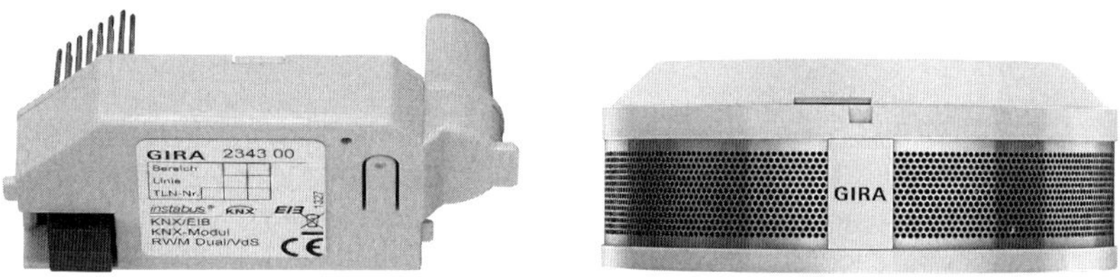

Bild 3.28 KNX-Modul für Rauchwarnmelder (Fa. *Gira*)

Luftgütesensoren: Diese Sensoren messen die CO_2-Konzentration in der Luft, können aber auch relative Luftfeuchte und Lufttemperatur erfassen. Die gemessenen Werte werden als Telegramm auf den Bus gesendet. Genutzt werden können diese z. B. zum Steuern von Lüftern oder Fensterantrieben.

Bild 3.29 KNX-Luftgütesensor (Fa. *Gira*)

3.1.5 Ausgabegeräte(Aktoren)

3.1.5.1 Schaltaktor

Der Schaltaktor ist ein über den Bus fernsteuerbarer Aktor. Mit ihm lassen sich herkömmliche Verbraucher in ein Bussystem einbinden (**Bild 3.30**). Da die elektrische Leistung direkt am Verbraucher geschaltet wird, entfallen lange Kupferleitungen mit großen Querschnitten. Die typischen Schaltleistungen von Schaltaktor liegen zwischen 1300 W (6 A) und 3600 W (16 A). Je nach Ausführung sind l bis 8 (16) voneinander unabhängige Kanäle vorhanden.

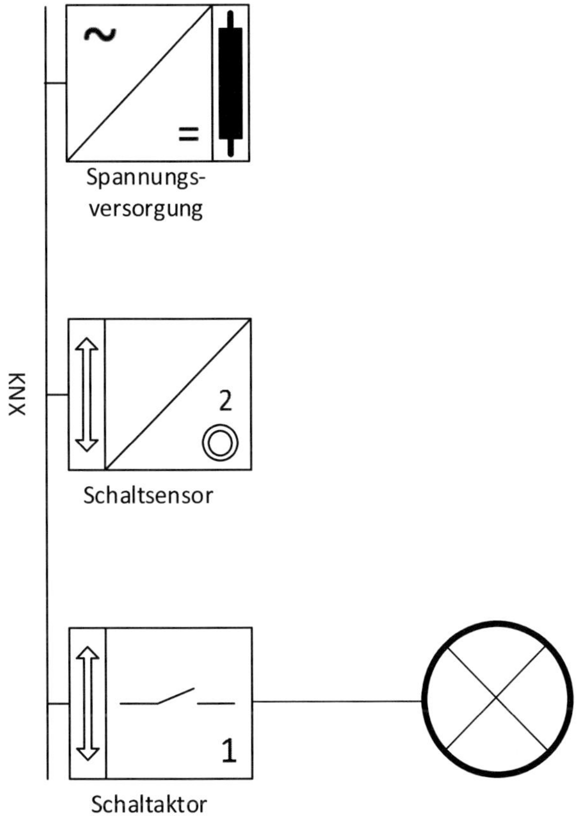

Bild 3.30: Binäraktor

Der Binäraktor hat teilweise zusätzliche Funktionen, die über das Schalten der Last hinausgehen:

- Einschaltverzögerung,
- Ausschaltverzögerung,
- Funktion Zeitschalter (Treppenlichtautomatik),
- logische UND/ODER-Verknüpfung,

Jede dieser Zusatzfunktionen kann bei der Parametrierung jedem Kanal des Binärausgangs zugeordnet werden.

Alle notwendigen Parameter werden bei der Parametrierung in den *Busankoppler* einprogrammiert. **Bild 3.31** zeigt hierzu ein Gerätebeispiel für einen Binärausgang mit 4 Kanälen.

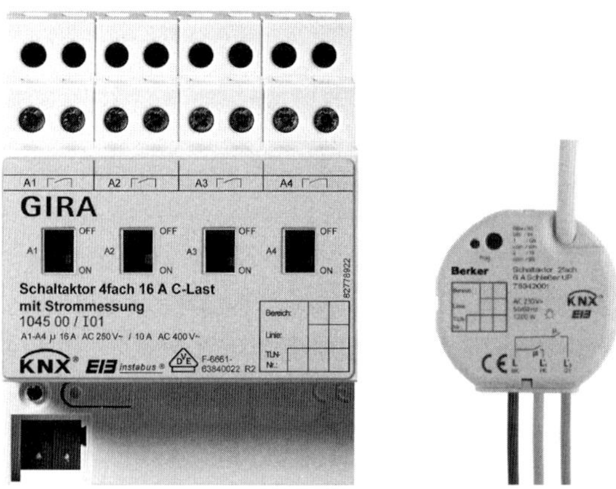

Bild 3.31: KNX-Binärausgang mit 4 Kanälen als Reiheneinbaugerät für Hutprofilschiene (links, Fa. *Gira*) und 2-kanalig für den UP-Einbau (rechts, Fa. *Berker*)

3.1.5.2 Dimmaktor

Der Schalt-Dimm-Aktor ist eine kompakte Einheit, die vor Ort in der Nähe des Verbrauchers oder in den Leuchtstoff-Leuchten selbst angebracht werden kann. Einige Leuchten für den KNX enthalten bereits einen Schalt-Dimm-Aktor. Der Name des Aktors steht für seine Funktionen: Er kann sowohl als

Schalter als auch als Dimmer eingesetzt werden. Die Auswahl der gewünschten Funktion geschieht bei der Parametrierung mittels Software.

Bild 3.32 zeigt hierzu eine Gerätelösung für einen Universal-Dimm-Aktor, der für den Einbau in eine Leuchte geeignet ist. Darüber hinaus bietet er bestimmte, über den Bus parametrierbare Einstellmöglichkeiten:

- *Verhalten bei Busausfall:* Wahlweise kann der Schalt-Dimm-Aktor seinen aktuellen Schaltzustand speichern oder in den ausgeschalteten Zustand versetzt werden. Dieser Parameter wirkt sich bei der Wiederkehr der Busspannung sofort aus. Wurde zuvor „ausschalten" programmiert, dann bleibt die angeschlossene Leuchte dunkel. Wurde dagegen „aktuellen Schaltzustand speichern" gewählt, so wird die angeschlossene Leuchte in denselben Schaltzustand versetzt, der zum Zeitpunkt des Busausfalls vorlag.
- *Einschaltwert:* Dieser Parameter bestimmt die Starthelligkeit beim Einschalten der Leuchte. Zur Wahl steht die zuletzt eingestellte Helligkeit oder ein frei wählbarer Helligkeitswert zwischen 0 % und 100 %. Dieser Parameter wird dann aktuell, wenn eine Leuchte aus- und wieder eingeschaltet wird. Wahlweise kann eine bestimmte Helligkeit vorgegeben oder der beim Ausschalten aktuelle Helligkeitswert benutzt werden.
- Starthelligkeit bei Dimmbeginn aus dem ausgeschalteten Zustand. Dieser Wert kann zwischen 0 % und 100 % eingestellt werden. Dieser Parameter wirkt dann, wenn bei einer ausgeschalteten Leuchte direkt die Funktion Dimmen benutzt wird, ohne die Leuchte zuvor getrennt einzuschalten.
- *Dimmzeit:* Dieser Parameter bestimmt die Zeit, um von 0 % auf 100 % zu dimmen.

Bild 3.32: Schalt-Dimm-Aktor für Geräteeinbau (EB) in eine Leuchte (Fa. *Berker*)

3.1.5.3 Jalousieaktor

Jalousieaktoren übernehmen direkt die Ansteuerung des Jalousiebetriebs (**Bild 3.33**). Ihr Anwendungsmodul enthält zusätzlich benötigte Sicherheitsfunktionen. So kann bei einem aufkommenden Sturm das Telegramm eines Windsensors zum Hochfahren und Blockieren von Außenjalousien benutzt werden. Bei Ende der aktivierten Sicherheitsfunktion (Windsperre) erfolgt die Freigabe der normalen Bedienung.

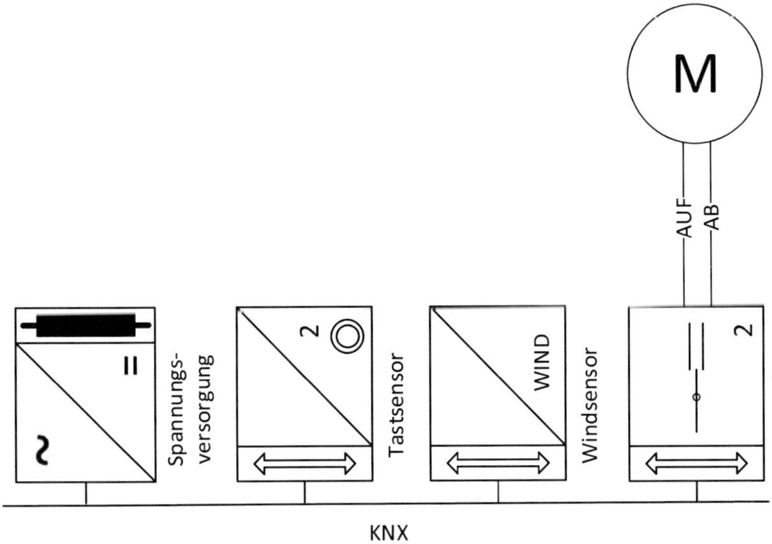

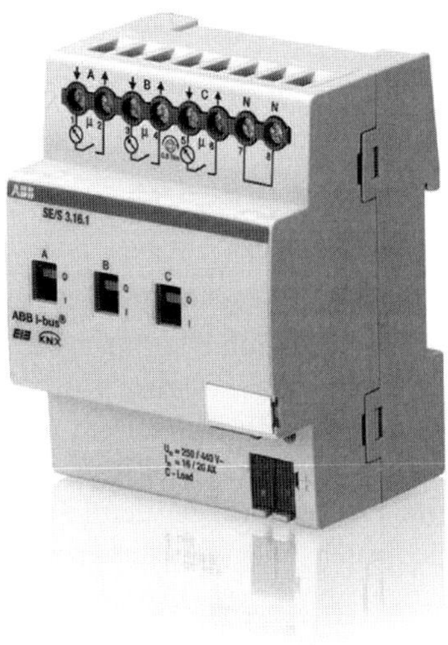

Bild 3.33: Jalousieantrieb mit Jalousietaster, Windsensor und Jalousieaktor (Motorschalter) KNX (Fa. *ABB*)

Jalousieaktoren können als Einbaumodul direkt in den Jalousiekasten oder als Reiheneinbaugerät in eine Verteilung eingebaut werden (**Bild 3.34**).

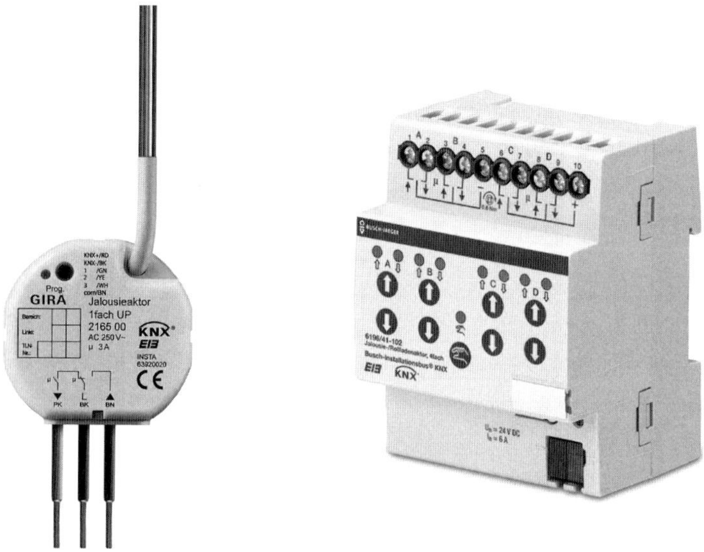

Bild 3.34: KNX-Jalousieaktor zum UP-Einbau (links, Fa. *Gira*) und zum Schaltschrankeinbau (rechts, Fa. *Busch-Jaeger Elektro*)

3.1.5.4 Energieaktoren

Mit den intelligenten Stromnetzen von morgen – den Smart Grids – werden auch an die elektrische Gebäudeinstallation ganz neue Anforderungen gestellt. Das Erfassen und die Weiterverarbeitung von Energiewerten und aktuellen Zählerständen gewinnt immer mehr an Bedeutung. Das liegt zum einen an steigenden Energiekosten und zum zweiten auch an den häufig geforderten Auswerte- und Abfragemöglichkeiten über eine dezentrale Auslesestelle. Die ausgelesenen Informationen und Daten können z. B. zur Kostenstellenabrechnung, Energieoptimierung, Visualisierung oder Installationsüberwachung genutzt werden.

Zur Verfügung stehen drei Gerätetypen.

Zum einen eine *Zählerschnittstelle*, die Verbrauchs- und Messwerte von elektrischen Energiezählern über die Zählerschnittstelle erfasst und über KNX weiterleitet.

Zum anderen *Energiemodule* (**Bild 3.35**), diese ermöglichen die Erfassung und Analyse des Wirkenergieverbrauchs auf Verbraucherebene. Für jeden Kanal können Wirkleistung, Strom und Spannung sowie weitere elektrische Größen (Scheinleistung, Scheitelfaktor, Leistungsfaktor und Frequenz) gemessen werden. Untergeordnet zu einem Energiezähler können damit in einem Stromkreis die Verbrauchswerte bis auf Geräteebene transparent ausgewertet werden.

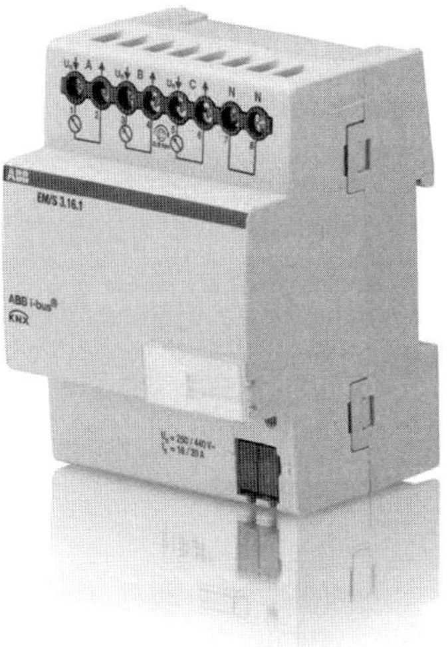

Bild 3.35: Energiemodul (Fa. *ABB*)

Des Weiteren gibt es noch den *Schaltaktor mit Energiemessung* (**Bild 3.36**); er ermittelt den Wirkenergieverbrauch pro Schaltausgang. Außerdem stellt er den Gesamtverbrauch aller Ausgänge zur Verfügung. Mit diesem Aktor können zusätzlich Schwellwerte überwacht werden. Bei Über- oder Unterschreiten dieser definierten Schwellwerte kann eine Warnung gesendet oder der Kanal (ab)geschaltet werden.

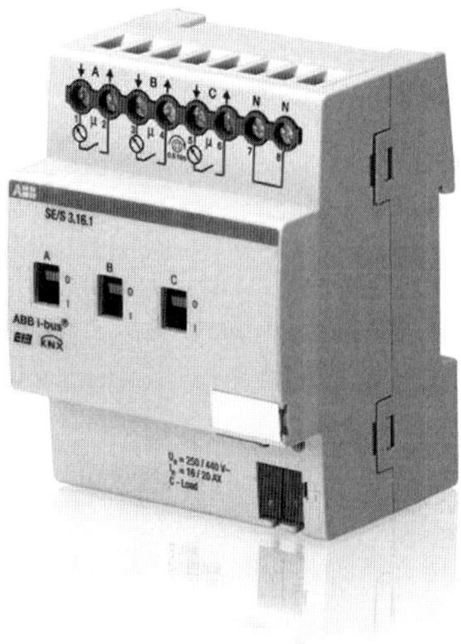

Bild 3.36: Schaltaktor mit Energiemessung (Fa. *ABB*)

Dieser Schaltaktor ermöglicht die Steuerung der angeschlossenen Verbraucher genauso wie ein normaler Schaltaktor, mit dem Unterschied, dass für jeden der Schaltkanäle der Einzelverbrauch gemessen werden kann.

3.1.5.5 Heizungsaktor

Heizungsaktoren dienen zur Ansteuerung thermoelektrischer und elektromotorischer Stellantriebe für Heiz- bzw. Kühlsysteme. Prinzipiell sind Heizungsaktoren identisch zu Schaltaktoren, als Unterschied zu Heizungsaktoren sind Zusatzfunktionen integriert, z. B. eine Ventilspülfunktion.

Dabei existieren drei verschiedene Möglichkeiten, den Stellantrieb anzusteuern:

- Heizungsaktoren mit 24 V Spannungsversorgung;
- Heizungsaktoren mit 230 V Spannungsversorgung;
- Stellantriebe mit KNX-Busanbindung.

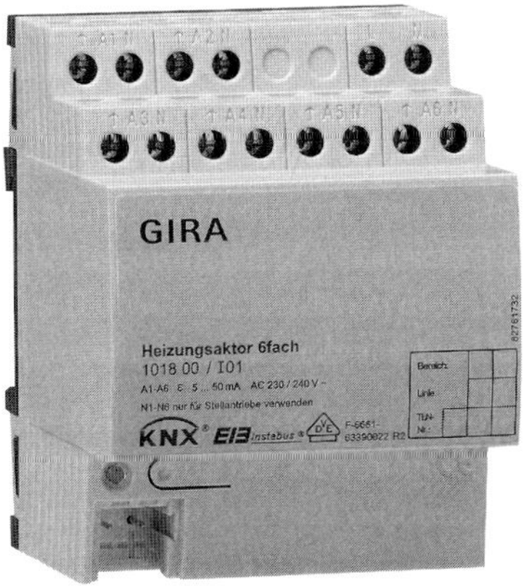

Bild 3.37: Heizungsaktor (Fa. *Gira*)

3.1.6 Multifunktionsgeräte

Multifunktionsgeräte werden auch Raumcontroller genannt; sie sind im Prinzip Alleskönner. Sie verbergen in ihrem Gehäuse die unterschiedlichsten Kombinationen von Ein- und Ausgängen (**Bild 3.38**). Das besondere an ihnen: Ein- und Ausgänge können mit der Engineering Tool Software ETS ganz einfach über interne Verknüpfungen ohne Gruppenadressen verbunden werden. Nach der Installation ist damit ein Raum, z. B. Büro oder Krankenzimmer, schon voll funktionsfähig. Die Integration in ein bestehendes KNX-Netz ist ebenfalls problemlos möglich.

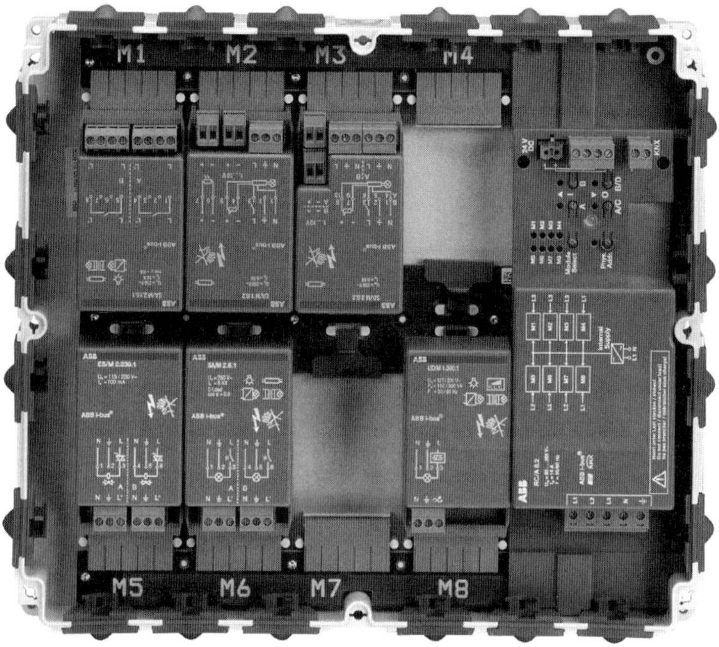

Bild 3.38: Raumcontroller mit 8 Steckplätzen (Fa. *ABB*)

Raumcontroller werden schon als vorkonfigurierte Geräte geliefert, können aber individuellen Gegebenheiten angepasst werden.

3.1.7 Schaltungsunterlagen

Aus den Schaltungsunterlagen müssen der Verlauf der Busleitungen und die Lage aller Teilnehmer einwandfrei zu erkennen sein. Besonders wichtig ist eine eindeutige *Leitungs- und Gerätekennzeichnung* unter Angabe der projektierten physikalischen *Geräteadressen* (**Bild 3.39**). Die genaue und systematische Dokumentation sämtlicher Starkstrom- und Businstallationen ist eine wesentliche Arbeitsgrundlage für den Bus (vgl. Abschnitt 4.9).

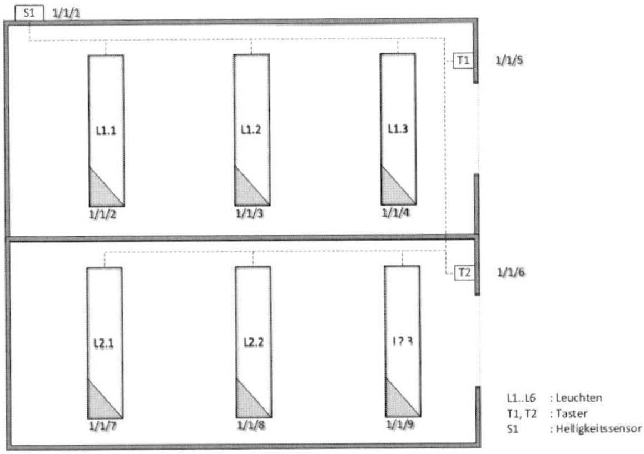

Bild 3.39: Gebäude-Grundriss mit physikalischen KNX-Geräteadressen

3.1.8 Betriebsmittel und Installationsmaterial

Zur elektrischen Installation eines KNX-Systems können die üblichen Installationswerkzeuge, Mess- und Prüfmittel benutzt werden, wie sie zum Errichten und Prüfen von elektrischen Anlagen und Betriebsmitteln Verwendung finden. Der Bus verlangt keine zusätzlichen Werkzeuge oder Messmittel.

Als Busleitung kommen die nach **Tabelle 3.2** angegebenen Kabel zum Einsatz. Die KNX Association zertifiziert verschiedene Herstellerkabel der in der Tabelle genannten Typen; diese sind mit dem KNX-Logo versehen (s. auch www.knx.org).

Für die Installation des KNX können die üblichen, genormten Komponenten benutzt werden, wie Stromkreisverteiler, Abzweig- und Installationsdosen. Diese müssen jedoch für Schraubmontage geeignet sein, da die KNX-UP-Busgeräte ausschließlich für diese Befestigungsart hergestellt werden.

Tabelle 3.2: Leitungsmaterial für den KNX

Typ	Aufbau	Verlegung
YCYM 2x2x0,8	KNXA-Richtlinie, beruht auf: VDE 0207 und VDE 0815 Adern: rot +Bus schwarz –Bus gelb frei weiß frei Schirmfolie mit Beilaufdraht	feste Verlegung in trockenen, feuchten und nassen Räumen; im Freien, wenn vor direkter Sonneneinstrahlung geschützt; Aufputz, Unterputz, in Rohren; Biegeradien beachten: >30 mm bei fester Verlegung; >7 mm für Eingänge in Dosen oder in Hohlräumen
J-Y(St)Y 2x2x0,8	VDE 0815 Adern: rot +Bus schwarz –Bus gelb frei weiß frei Schirmfolie mit Beilaufdraht	feste Verlegung in trockenen und feuchten Räumen; in und unter Putz im Freien; Aufputz, Unterputz, in Rohren; Biegeradien beachten: >30 mm bei fester Verlegung; >7 mm für Eingänge in Dosen oder in Hohlräumen

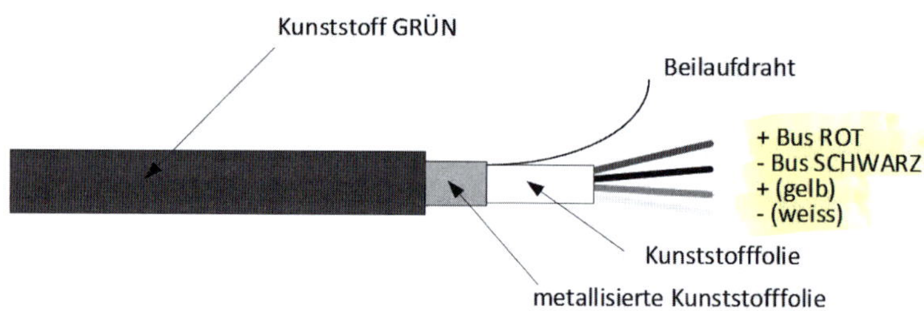

Bild 3.40: Kabelaufbau

Das freie Adernpaar (ws/ge) kann entweder für andere Kleinspannungsnetze SELV (bis 60 V DC) verwendet werden oder bleiben ungenutzt.

Zur Installation von KNX-TP-Reiheneinbau-Geräten kommen handelsübliche, genormte Stromkreisverteiler mit 35 mm DIN-Hutprofilschiene

EN 60715 35 × 7.5 mm zum Einsatz. Ältere KNX-TP-Reiheneinbaugeräte verwenden Federkontakte zu der in die DIN-Hutschiene eingeklebten Datenschiene, aktuelle verwenden die KNX-Busklemme (**Bild 3.41**) zur Kontaktierung mit dem Bus. *Busklemmen* sind spezielle Bauelemente für den Anschluss der Busleitung an das Busgerät. Sie sind unverwechselbar mit anderen Klemmen und Steckverbindern.

Bild 3.41: Busklemme

Die Busklemme ermöglicht das einfache *Durchschleifen* der Busleitung, so dass beim Auswechseln eines Geräts keine Unterbrechung auftritt. Die Busklemme besteht aus zwei unterschiedlich eingefärbten Teilen (rot für Plus und schwarz für Minus), die fest miteinander verbunden werden. Die Busklemme gestattet das Anschließen von bis zu vier Busadernpaaren, funktioniert also hiermit als Verteiler und sie dient auch als Endpunkt des KNX-Kabels.

3.1.9 Starkstrominstallation

Die Installationstechnik des Bussystems ist durch zwei voneinander streng getrennte Leitungssysteme gekennzeichnet: die Starkstrom- und die Businstallation.

Im *Verteiler* treffen die beiden Technologien zum ersten Mal aufeinander. Hier befinden sich die herkömmlichen Geräte einer Starkstrominstallation, wie Verteilerschienen, Leitungsschutzschalter, RCDs (Fehlerstrom-Schutzeinrichtungen), Überspannungs-Schutzgeräte, Hauptschalter, Sicherungen.

Zusätzlich muss der Verteiler die busspezifischen Geräte aufnehmen, die auf Datenschienen ihren Platz finden. Deshalb sollte jeder Verteiler so aufgeteilt sein, dass Starkstromgeräte und Busgeräte deutlich getrennt voneinander untergebracht sind. Damit wird ausgeschlossen, dass sich elektromagnetische

Felder und thermische Beeinflussungen auf die Busgeräte negativ auswirken können. Wenn nicht zu umgehen ist, dass Starkstromgeräte und Busgeräte in einem gemeinsamen Feld eines Verteilers untergebracht werden, so sind die Buskomponenten aus thermischen Gründen im unteren Teil des Verteilers anzuordnen.

Isolierte Adern von Starkstromleitungen dürfen isolierte Adern des Buskabels nicht berühren. Dies muss durch die Leitungsführung und die Befestigung oder durch eine zusätzliche Isolierung sichergestellt werden (s. auch Bild 3.14).

3.1.10 Businstallation

Zur Verlegung von Busleitungen und für die Art, Auswahl und Montage von Busgeräten gelten dieselben Richtlinien wie für Starkstromgeräte. So ist für Busgeräte die gleiche *Schutzart* einzuhalten, wie sie unter den gegebenen Bedingungen für Starkstromgeräte gilt.

Installationsdosen für Busgeräte müssen besonders sorgfältig eingebaut werden. Busgeräte für Unterputzmontage sind nur für Schraubbefestigung erhältlich. Die Möglichkeiten, eine schief eingebaute Dose nachträglich beim Einbau des Geräts zu korrigieren, sind sehr begrenzt. Installationsdosen für Busgeräte müssen auch putzbündig eingebaut werden.

Bus- und Starkstromleitungen dürfen gemeinsam nur in Dosen mit *Trennsteg* verlegt werden. Wenn die Dose keine sichere Trennung garantiert, sind zwei getrennte Dosen für Busleitung und Starkstromleitung zu setzen. Durch eine Installationsdose des Bussystems darf keine Starkstromleitung hindurchgeführt werden. Sämtliche Leitungen des KNX-Bussystems müssen eindeutig gekennzeichnet werden. Die für das verwendete Leitungsmaterial zulässigen Verlegungsarten können dem jeweiligen Datenblatt des Herstellers entnommen werden. Auf keinen Fall dürfen herkömmliche Starkstromleitungen als Busleitung verwendet werden (Verwechslungsgefahr)!

Busleitungen sollen nach VDE 0829/EN 50 090 möglichst ohne Abstand direkt neben Starkstromleitungen verlegt werden. Nur bei Stegleitungen ist ein Mindestabstand von 10 mm einzuhalten (VDE 0100-520).

Die sichere Trennung zwischen Starkstrom- und Busleitung wird ausschließlich durch die Verwendung von VDE-zugelassenem Leitungsmaterial gewährleistet. Isolierte Adern von Starkstrom- und Busleitungen dürfen sich nicht berühren, also sind ausreichende Befestigungen und/oder Isolierungen vorzusehen. Dies gilt auch für andere Stromkreise gegenüber der Busleitung, wenn diese keine SELV-Stromkreise sind.

Sämtliche Busleitungen und Busgeräte verfügen über eine *Abschirmung*, die nicht geerdet wird, wenn keine besonderen Blitzschutzmaßnahmen gefordert sind. Sie sind also nicht in die Maßnahmen zum *Potentialausgleich* einzubeziehen. Die Abschirmungen werden im Leitungszug nicht durchverbunden. Sie dürfen keine Berührung mit Erdpotential oder spannungsführenden Teilen haben.

Zur Vermeidung von Schleifen, die *EMV-Störungen* oder Überspannungen durch Blitzeinwirkung zur Folge haben können, sind Bus- und Starkstromleitungen immer möglichst nahe beieinander zu verlegen. Dadurch werden die für das Entstehen hoher Spannungen wirksamen Flächen gering gehalten. Große Flächen zwischen Bus- und Starkstromleitung führen zu hohen Potentialunterschieden bei Blitzeinwirkung.

3.2 Gerätetechnik für Powerline (KNX-PL)

3.2.1 Einführung

KNX PL ermöglicht die Übertragung von Telegrammen über das 230/400-V-Netz. Eine separate Busleitung ist nicht erforderlich. Die Telegrammübertragung erfolgt über Außenleiter und Neutralleiter, die an jedes Gerät angeschlossen werden müssen. Das KNX PL ist den KNX-TP-Komponenten und den entsprechenden Tools angepasst. So ist es z. B. möglich, das Anwendungsmodul „Tastsensor" auf einen Powerline Busankoppler (BA) aufzustecken und die Anwendungssoftware über die „Busleitung" (230/400-V-Netz) in den Powerline BA zu laden. Damit die Signale aber auch bei einem dreiphasigen Netz in allen Netzleitungen vorhanden sind und andererseits die Signale einen bestimmten Netzbereich nicht verlassen, gibt es einige spezielle Netzkomponenten wie Bandsperre, Phasenkoppler und Repeater. Hinsichtlich der Ausdehnung eines KNX-PL-Systems besteht prinzipiell keine Beschränkung. Allerdings nimmt bei großen Ausdehnungen die Signalqualität technisch bedingt ab.

3.2.2 Anwendungsgrenzen der PL-Technik

Es können bei Powerline maximal je 16 Linien in 8 Bereichen strukturiert werden (vgl. Abschnitt 2.6.1). Je Linie sind max. TP 256 Busgeräte möglich. Es müssen bei benachbarten KNX-PL-Projekten entsprechende *Bandsperren* gesetzt werden, damit es nicht zu Überreichweiten und Übersprecheffekten kommt. In ausgedehnten PL-Netzen müssen auch *Repeater* eingesetzt werden.

Der Einsatz von KNX-PL-Netzen ist für folgende Gegebenheiten nicht möglich (vgl. Abschnitt 2.6.1.1):

- Signalübertragung zwischen Häusern,
- Einsatz in Industrieanlagen mit nicht ausreichend entstörten Maschinen,
- Netze, die nicht mit 230 V ± 10 %/50 Hz ± 0,5 % arbeiten,
- Übertragung über Transformator hinaus,
- Krankenhäuser und andere lebenserhaltende Bereiche.

Die Einspeisung in das KNX-PL-Netz erfolgt nach dem Zähler und Fehlerstrom-Schalter. Zur Abgrenzung zu anderen Netzbereichen und eventuellen KNX-PL-Nachbaranlagen muss unbedingt in jeder Phase eine Bandsperre vorgesehen werden. Zur definierten Phasenkopplung wird ein Phasenkoppler angeordnet. Bei Bedarf wird auch ein Repeater vorgesehen. Es darf pro Anlage aber immer nur ein Repeater vorgesehen werden und er ist am Sternpunkt anzuordnen. Die zu verwendenden Leitungsquerschnitte dürfen maximal 2,5 mm^2 betragen. Leitungsschutzschalter mit Nennströmen kleiner 10 A weisen eine hohe Signaldämpfung auf, daher sind sie in KNX-PL-Signalkreisen nicht zulässig.

3.2.3 Aufbau von KNX-PL-Teilnehmern

Analog zum bereits bekannten KNX-System gibt es die KNX-PL-Geräte als Reiheneinbaugeräte für den Einbau auf einer DIN-Hutprofilschiene, als Unterputzgeräte (insbesondere die Netzankoppler mit der 10-poligen Anwenderschnittstelle) und als Aufputz- oder Einbaugeräte (s. Abschnitt 3.1.2).

Vom Aufbau her können die Busteilnehmer in einen Busankoppler (BA) und ein Anwendungsmodul (AM) unterteilt werden (**Bild 3.42**). Beide Komponenten sind über eine Anwenderschnittstelle (AST) miteinander verbunden. Das Anwendungsmodul stellt den anwendungsspezifischen Teil des Geräts dar (z. B. Taster, Regler, Anzeigeeinheit usw.). Dieser wird über die Anwenderschnittstelle mit dem Busankoppler verbunden. Die Verbindung zwischen Busankoppler und Anwendungsmodul wird durch die genormte Anwenderschnittstelle hergestellt. Die physikalischen Eigenschaften der Anwenderschnittstelle und des Anwendungsmoduls sind mit denen des bekannten KNX-TP-Systems identisch. Der Aufbau des Busankopplers unterscheidet sich dagegen von dem des Twisted-Pair-Busankopplers.

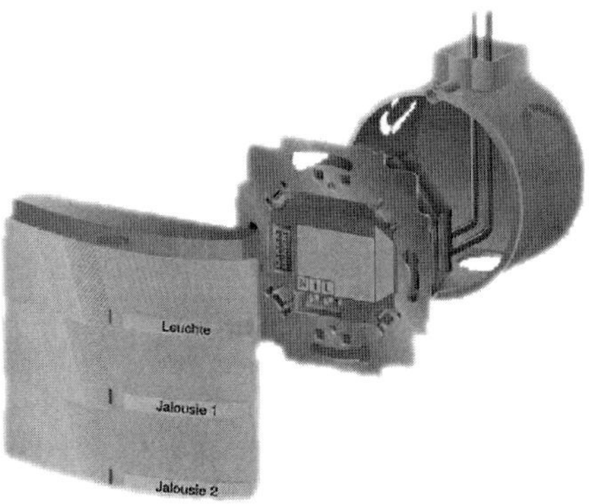

Bild 3.42: Beispiel eines KNX-PL-Unterputzgeräts (Anwendungsmodul, Busankoppler, Installationsdose) (Fa. *Busch-Jaeger Elektro*)

3.2.4 Busankoppler KNX-PL

Der KNX-PL-Busankoppler besteht aus verschiedenen Schaltkreisen. Das Herzstück – der Transceiver – ist ein anwendungsspezifischer Schaltkreis (ASIC). Das Empfangsteil ist als digitaler Filter-Empfänger ausgelegt; beim Sendeteil wird das Prinzip einer digitalen Signalsynthese genutzt. Ergänzt wird der Transceiver durch einen Mikrocontroller (vgl. Abschnitt 3.1.1.1), der auch die Schnittstelle zum Anwendungsmodul gewährleistet. Die komplette Busankopplung ist in **Bild 3.43** veranschaulicht.

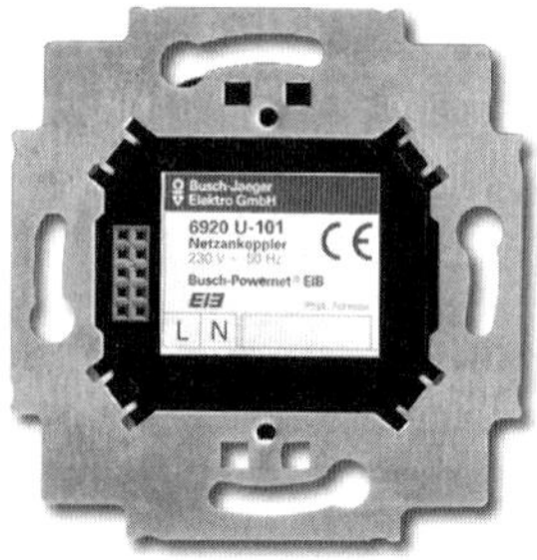

Bild 3.43: Busankoppler des KNX-PL (Fa. *Busch-Jaeger Elektro*)

3.2.5 Bauformen KNX-PL

Kompaktgeräte in UP-Bauform

Er kann in eine Gerätedose eingebaut werden; diese muss jedoch Schrauben zur Befestigung des Powerline BAs am Tragring haben. Er besitzt eine Standard-10-polige Anwendungsschnittstelle (AST), die nach SELV-Spezifikationen ausgeführt ist.

Der Netzanschluss erfolgt durch zwei Schraubklemmen, wobei je ein Leiterquerschnitt von 2,5 mm^2 angeschlossen werden kann. Die Netzanschlussklemmen sind mit „L“ und „N“ gekennzeichnet.

Oberflächenmonierbare Bauform

Er kann in Einbau- oder Aufputzgehäuse eingebaut werden. Er besitzt eine Standard-12-polige AST, die jedoch nicht vom 230/400-V-Netz getrennt ist. Falls erforderlich, muss der Geräteentwickler diese Trennung vornehmen. Der Netzanschluss für den Geräteentwickler erfolgt durch einen zweipoligen, auf der Platine befindlichen Pfostenstecker, der Netzanschluss für den Installateur ist herstellerspezifisch.

REG-Bauform

Er kann auf eine Standard-DIN-Hutschiene montiert werden und ist 1,5 TE breit. Er besitzt eine Standard-12-polige Anwendungsschnittstelle (AST), die nach SELV-Spezifikationen ausgeführt ist. Der Netzanschluss erfolgt durch vier Schraubklemmen (je zwei Klemmen für L und N), wobei je ein Leiterquerschnitt von 2,5 mm² angeschlossen werden kann.

Zwischenstecker

Wird in die Schuko-Steckdose gesteckt. Die Zwischenstecker sind als Schalt- und Universaldimmaktor verfügbar.

KNX-PL-Inbetriebnahme-Schnittstelle/-adapter

Die Inbetriebnahme-Schnittstelle wird zur Parametrierung und Projektierung verwendet. Sie wird überwiegend in kleineren und mittleren Projekten genutzt. Über ihn ist die manuelle Steuerung des Systems möglich. Die Benutzerführung erfolgt über eine mehrzellige LCD-Anzeige.

Mit Hilfe der Inbetriebnahme-Schnittstelle können KNX-PL-Geräte programmiert und bedient werden. Bis zu 7 Adapter können in einer Anlage parallel betrieben werden. Über eine integrierte USB-Schnittstelle ist der Anschluss an einen PC möglich, so dass erstellte Projekte geladen und gespeichert werden können. Im Controller selbst kann immer nur ein Projekt hinterlegt werden.

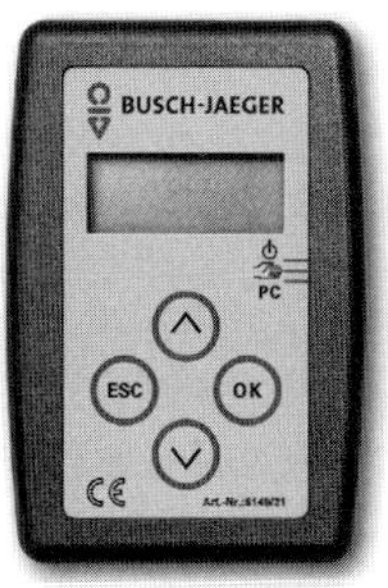

Bild 3.44: Inbetriebnahme-Schnittstelle/-adapter (Fa. *Busch-Jaeger Elektro*)

3.2.6 Installation und KNX-PL Systemgeräte

Für jede KNX-PL-Anlage müssen allgemeine Planungsregeln eingehalten werden, um eine definierte Basis für die einwandfreie Signalübertragung im Niederspannungsnetz zu gewährleisten (vgl. Abschnitt 2.6.1.1):

- Schaffung *abgeschlossener Signalbereiche (Bandsperren)*,
- Sicherung einer definierten *Phasenkopplung (Phasenkoppler)*,
- Planung für den Einsatz eines *Repeaters*.

Hierfür muss die entsprechende Gerätetechnik zur Verfügung stehen, wie diese nachfolgend behandelt wird.

Powerline BA

Der Busankoppler (UP) ist die Verbindung zwischen KNX-PL und den verschiedenen Anwendungsmodulen.

Mögliche Anwendungsmodule zum Aufstecken sind hierfür:

- Tastsensoren 1-fach, 2-fach oder 4-fach,
- Bewegungsmelder,
- Raumtemperaturregler,
- Schnittstellenmodule RS 232 oder USB,
- Tastsensoren mit und ohne Display.

Bandsperre

Die Bandsperre definiert die physikalische Abgrenzung einer KNX-PL-Anlage. Mit Einsatz der Bandsperre werden KNX-PL-Telegramme auf eine einzige Anlage beschränkt (Inselbildung).

Jede Bandsperre muss entsprechend der Nennlast (63 A) abgesichert werden. Eine allpolige Freischaltung (pro Phase) ist durch entsprechende Sicherungen zu gewährleisten. Der Einbau der Bandsperren erfolgt vor den zur Signalübertragung benötigten Kreisen bzw. direkt hinter den Hauptsicherungen oder dem Fehlerstrom (FI)-Schutzschalter (vgl. Bild 2.37).

Phasenkoppler

Zur definierten Phasenkopplung in einer Anlage wird einmalig für jede Anlage ein Phasenkoppler oder in ausgeweiteten Netzen ein Repeater eingesetzt. Phasenkoppler sowie Repeater erfordern einen dreiphasigen Anschluss (vgl. Bild 2.37).

Der Phasenkoppler darf innerhalb eines Verteilers nicht in Verbindung mit dem Repeater, dem Medienkoppler oder dem Bereichskoppler betrieben werden.

Medienkoppler

Der Systemkoppler für Powerline ist ein kombiniertes Gerät, welches die Funktionalität eines Medienkopplers, eines Bereichskopplers und eines Repeaters vereint.

Im Medienkopplerbetrieb stellt das Gerät die physikalische Verbindung zwischen einer KNX-PL-Anlage und einer KNX-TP-Anlage her. Die Anlagen bleiben dabei aber galvanisch getrennt. Pro Anlage ist nur ein Medienkoppler zulässig.

Der Medienkoppler kann auch als Medien- oder Bereichskoppler eingesetzt werden Beim Einsatz als Bereichskoppler dient er zur Kopplung von PL-Bereichen untereinander.

3.2.7 Starkstrominstallation

Alle Geräte für Powerline benötigen den Anschluss von Außen- und Neutralleiter. Der Anschluss von Last- und Signalleitungen ist bei KNX-PL-Geräten nach Möglichkeit getrennt auszuführen. Bei Einsatz von KNX-PL-Anlagen mit bekannten Störern (wie z. B. Wechselrichter, USV-Anlagen) kann ggf. eine Trennung von Last- und Signalkreis schon bei der Planung berücksichtigt werden.

Die Verwendung abgeschirmter Leitungen (mit geerdeter Abschirmung) ist als Übertragungsstrecke *nicht zulässig*. Bei zwei KNX-PL-Bereichen innerhalb einer Anlage ist eine parallele Leitungsführung zweier Linien aus unterschiedlichen Bereichen zu vermeiden, um Überkopplungen auszuschließen.

3.3 Gerätetechnik für Funk (KNX-RF)

Das Funk-(RF)-System der KNX Association erlaubt eine drahtlose Verbindung von Geräten und Anlagen (vgl. Abschnitt 2.7). Zu beachten sind dabei bei größeren Anlagen die Reichweite der Funksignale und ggf. das Funksignal störende Betriebsmittel. Besonders geeignet ist die Funkübertragung bei der Nachrüstung im Wohnbau. Schnittstellen zu KNX-TP ermöglichen auch die Erweiterung bestehender KNX-TP-Anlagen mit Funkkomponenten.

Ein KNX-RF-System besteht mindestens aus einem Funksender und einem Funkempfänger. Damit zum Beispiel das Licht in einem Gebäude über einen Bewegungsmelder eingeschaltet wird, müssen der Melder mit einem Sender und die Leuchte mit einem Empfänger ausgestattet sein. Der Sender des Bewegungsmelders schickt mittels elektromagnetischer Wellen den Einschaltbefehl an den Empfänger der Leuchte, so dass dort Licht angeschaltet wird. Die Signalübertragung zwischen den Komponenten des KNX-RF-Bussystems erfolgt ausschließlich per Funk; zusätzliche Steuerleitungen sind völlig überflüssig. Das System ist nachträglich schneller und sauberer montiert als jede leitungsgebundene Installation und kann bei einem späteren Umzug eventuell sogar mitgenommen werden.

3.3.1 Komponenten

Geräte für den KNX-RF werden ebenfalls in vier verschiedenen Bauformen angeboten: Unterputz (UP); Einbau (EB); Aufputz (AP); Reiheneinbaugehäuse (REG) (vgl. Abschnitt 3.1.2). Die verschiedenen Geräteausführungen innerhalb der einzelnen Bauformen gestatten einen individuell nach den jeweiligen Objektanforderungen ausgerichteten Aufbau der Anlagen.

3.3.1.1 Funk-Sender

Funk-Sender (Funk-Sensoren) senden Befehle an die Aktoren (Funk-Empfänger, vgl. Abschnitt 3.3.1.2). Die mit Funk-Sendern nach **Bild 3.45** aufgerufenen Befehle beziehen sich auf das Schalten und Bedienen von Leuchten, Jalousien und anderen Verbrauchern, können aber auch als Sammelbefehl komplette „Szenen“ aufrufen und für eine Gruppe von Verbrauchern gespeicherte Zustände einstellen.

Bild 3.45: KNX-RF-Sender für Unterputz (UP) mit Schaltelement

Sender-Übersicht:

Wandsender sind die – anstelle konventioneller Schalter – fest installierten Bedienelemente innerhalb eines Gebäudes. Wandsender „ersetzen" damit konventionelle Schalter und Dimmer und können sämtliche Verbraucher im Gebäude ansteuern – einzeln, zusammengefasst oder in Lichtszenen (**Bild 3.46**).

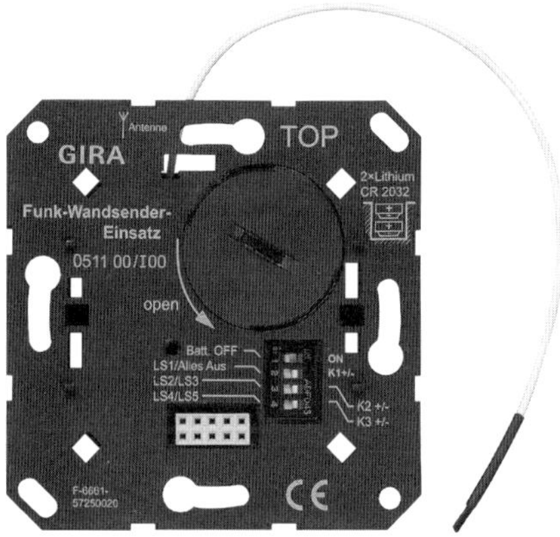

Bild 3.46: KNX-Funk-Wandsender (Fa. *Gira*)

Handsender sind als mobile „Fernbedienung“ die ideale Ergänzung für z. B. Vortragsräume oder Wohnbereiche. Sie reagieren auf die Bedienung einer Taste und senden daraufhin die entsprechenden Telegramme.

Universal- und Multifunktionssender können andere Schalterprogramme, Zeitschaltuhren oder sonstige Sensoren in das Funksystem einbinden. Je nach Gerät werden 230 V-Signale oder der Zustand potentialfreier Kontakte abgefragt und in Funktelegramme umgesetzt.

Funk-Wächter, Funk-Präsenzmelder und *Funk-Lichtsensor* sind die batteriebetriebenen Funk-Versionen der häufigsten Sensoren physikalischer Größen im Gebäudebereich. Durch den Batteriebetrieb sind sie unabhängig von der Verfügbarkeit des 230 V-Netzes und ermöglichen so flexible Anwendungen, z. B. Funk-Wächter im Gartenbereich.

3.3.1.2 Funk-Empfänger

Der Funk-Empfänger (auch „Universalempfänger“ oder „Schaltaktor“) verfügt über einen Relaisausgang, mit dem elektrische Lasten bis 10 A geschaltet werden können (**Bild 3.47**). Sein Gehäuse ist für den Einbau in Hohlräume wie Zwischendecken oder Leuchtenkörper ausgelegt und eröffnet viele Möglichkeiten, ihn unauffällig im Gebäude unterzubringen.

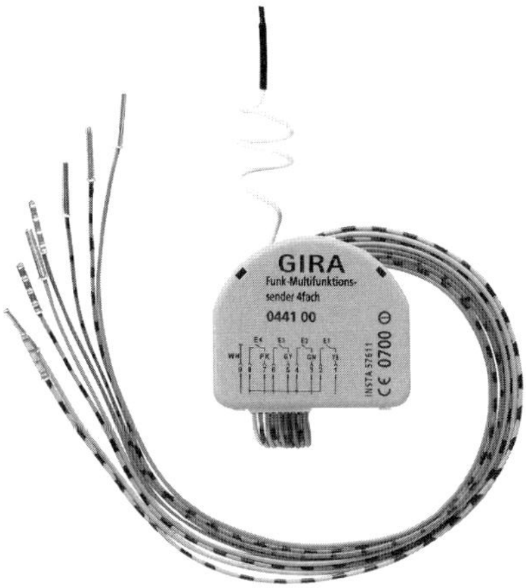

Bild 3.47: KNX-Funk-Empfänger/Schaltaktor (Fa. *Gira*)

Das *Funk-Leistungsteil (Repeater)* nach **Bild 3.48** dient in erster Linie der Auswertung der Signale von Funk-Wächtern oder Präsenzmeldern, aber auch Signale der übrigen Sender werden erkannt und verarbeitet. Der Aufgabe entsprechend, kann das Funk-Leistungsteil im Außenbereich eingesetzt werden (Schutzart IP55, Temperaturbereich –25…+55 °C) und auch große Lasten schalten (bis 2300 VA).

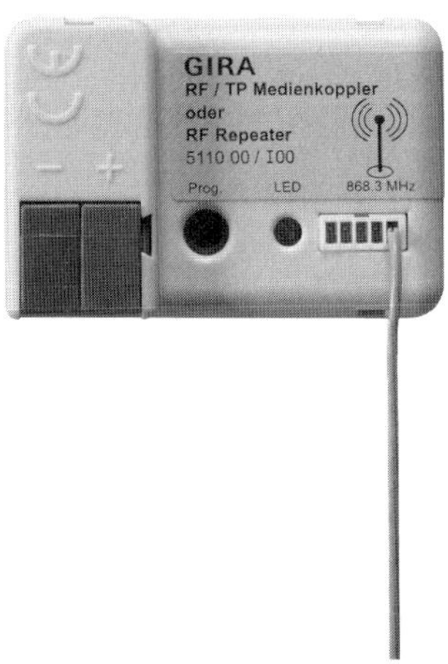

Bild 3.48: Funk-Leistungsteil (Repeater) für Unterputzmontage (Fa. *Gira*)

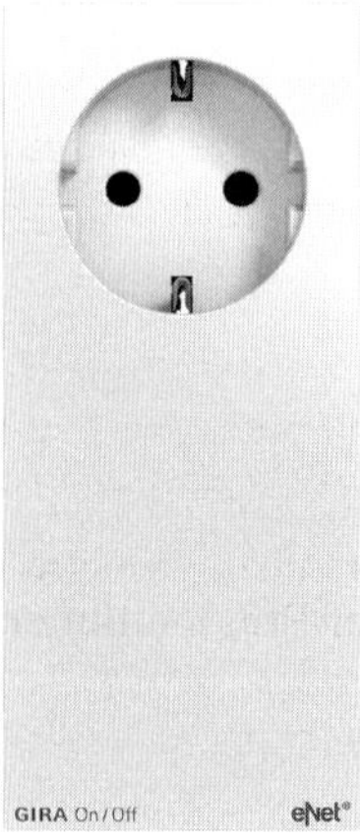

Bild 3.49: KNX-Funk-Steckdosenadapter (Fa. *Gira*)

Der *Steckdosenadapter* ist ein mobiler Funk-Empfänger, der in Schukosteckdosen eingesetzt wird und seinerseits den Netzstecker ortsveränderlicher Verbraucher, z. B. Stehleuchten, aufnimmt (**Bild 3.49**). Er empfängt Schaltbefehle von Hand- oder von Wandsendern und schaltet den eingesteckten Verbraucher in den gewünschten Zustand. Mit diesem Empfängertyp lassen sich ortsveränderliche Verbraucher flexibel in das Funksystem integrieren; es können damit auch Stehleuchten in Lichtszenen eingebunden werden.

Der *Funk-Universaldimmer* ermöglicht das funkgesteuerte Schalten und Dimmen einer Beleuchtung (**Bild 3.50**). Das Gehäuse ist für den Einbau in Hohlräume, Zwischendecken, Möbel oder Leuchten geeignet (Abschirmung durch Metallgehäuse vermeiden!).

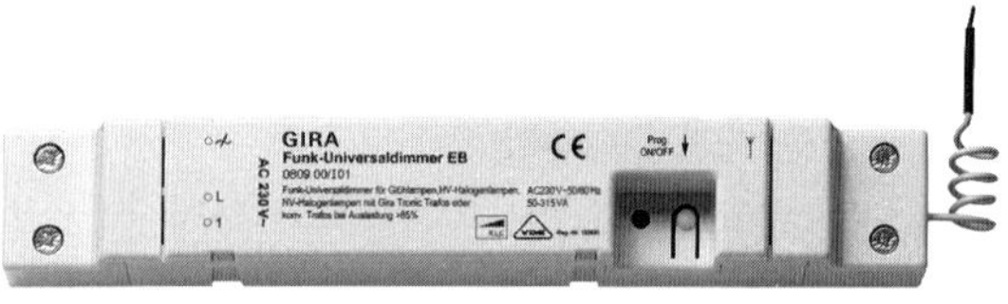

Bild 3.50: KNX-Funk-Universaldimmer für Kanal- bzw. Geräteeinbau (Fa. *Gira*)

Die zu dimmende Last kann zwischen 50 VA und 315 VA betragen. Hierbei ist unerheblich, um welche Art Last – ohmsche, induktive oder kapazitive

Last – es sich handelt. Der Universaldimmer misst nach Einschalten der Netzspannung die Charakteristik der Last und wählt das hierfür geeignete Dimmprinzip. Induktive und kapazitive Lasten dürfen nicht gemeinsam an einen Universaldimmer angeschlossen werden. Größere Lasten können mit Hilfe von Leistungszusätzen gedimmt werden.

Mit dem *Funk-Jalousieaktor* kann ein Jalousie- bzw. Rollladenmotor über Funk bedient werden. Je nach Länge einer Betätigung werden die Lamellen verstellt (kurze Bedienung) oder die Jalousie gefahren (lange Bedienung). Die Endlage der Jalousie (d. h. oben oder unten) kann in Lichtszenen mit eingebunden werden – sinnvoll z. B. für Overheadvorträge oder Präsentationen mit Beamern, wenn gleichzeitig die Beleuchtung gedimmt und der Raum verdunkelt werden soll. Geräte gibt es hier ebenfalls in Standard- und Minivarianten.

Der *Funk-KNX-TP-Umsetzer* koppelt das Funksystem an die Welt des KNX-TP an. Er nimmt Funktelegramme auf, setzt diese in KNX-Telegramme um und speist sie in die TP-Busleitung ein. Mit dieser durchgängigen Verbindung zwischen Funksystem und dem KNX-TP kann z. B.

- das Funksystem als drahtlose Fernbedienung innerhalb von KNX-TP-Installationen genutzt werden und so deutlich den Komfort im Gebäude steigern,
- die Reichweite des Funksystems auch auf die entferntesten Verbraucher ausgedehnt werden, sofern diese mit dem KNX-TP verbunden sind.

3.3.1.3 Sender-Empfänger-Paarungen

Transceiver sind Geräte, die Telegramme sowohl senden als auch empfangen können. Der Begriff setzt sich zusammen aus den englischen Bezeichnungen für Sender und Empfänger (Transmitter und Receiver). Sie besitzen eine etwas andere Blockstruktur als reine Funksender und -empfänger. Die Antenne wird sowohl zum Senden als auch zum Empfangen genutzt und steht mit einem Sender- und einem Empfängerbaustein in Verbindung, um Funksignale zu senden oder empfangene Signale zur Verstärkung und Demodulation weiterzuleiten.

Ein Vertreter dieses bidirektional arbeitenden Gerätetyps ist der *Repeater*. Er kann Telegramme aufnehmen, auswerten und sie mit hohem Signalpegel erneut aussenden. Damit können Übertragungsstrecken erfolgreich aufgebaut werden, die eine eigentlich zu große Dämpfung aufweisen. Um zu verhindern, dass Telegramme beliebig oft wiederholt werden, wird vor der erneuten Aussendung des Telegramms ein Repeater-Bit gesetzt. Wird ein Telegramm mit gesetztem Repeater-Bit nochmals von einem Repeater eingelesen, erkennt dieser, dass das Telegramm bereits einmal aufgefrischt wurde, und eine überflüssige Wiederholung wird vermieden.

3.3.2 Anwendungsbeispiel für Funktechnik

Wohnhäuser, die über längere Zeit einen unbewohnten Eindruck machen, ziehen nicht selten auch Einbrecher an. Um diesen unbewohnten Eindruck zu vermeiden, kann ein Simulationslichtschalter beispielsweise zum Schalten der Flurbeleuchtung eingesetzt werden. Ein Simulations-Lichtschalter arbeitet wie ein normaler Lichtschalter, enthält aber einen kleinen Mikrocontroller, der sich alle Betätigungszeiten der letzten sieben Tage merkt, indem er sie in seinem Speicher ablegt. Verlässt der Bewohner für einige Tage sein Haus, kann er den Simulationslichtschalter auf Automatikbetrieb umschalten und der Lichtschalter wiederholt dann alle Schaltzyklen, die er in der vergangenen Woche abgespeichert hat (**Bild 3.51**). Wird dieser Simulationsschalter mit einem Universalsender kombiniert, können nicht nur die Leuchten „vor Ort“ (z. B. im Flur), sondern im ganzen Haus automatisch und wie zufällig – entsprechend den normalen Gewohnheiten – ein und ausgeschaltet werden.

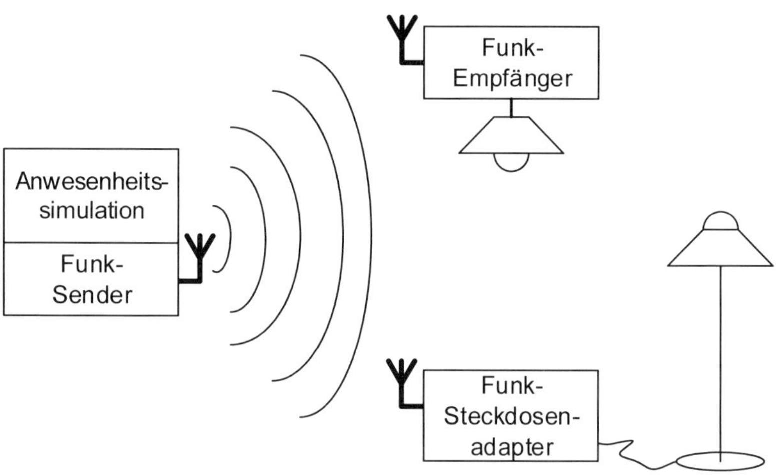

Bild 3.51: Funksystem zur Anwesenheitssimulation

3.3.3 Reichweite und Störquellen

Sind die Bedingungen ideal und wirken keine Störungen aus der Umgebung auf eine Funkstrecke ein, kann mit einer Sendeleistung von 10 mW sogar eine Distanz bis zu 30 km überbrückt werden. In bebauter Umgebung, vor allem dann, wenn einige Wände vom Funksignal durchdrungen werden müssen, kann diese Distanz allerdings sehr schnell auf etwa 30 m zusammenschrumpfen (**Bild 3.52**).

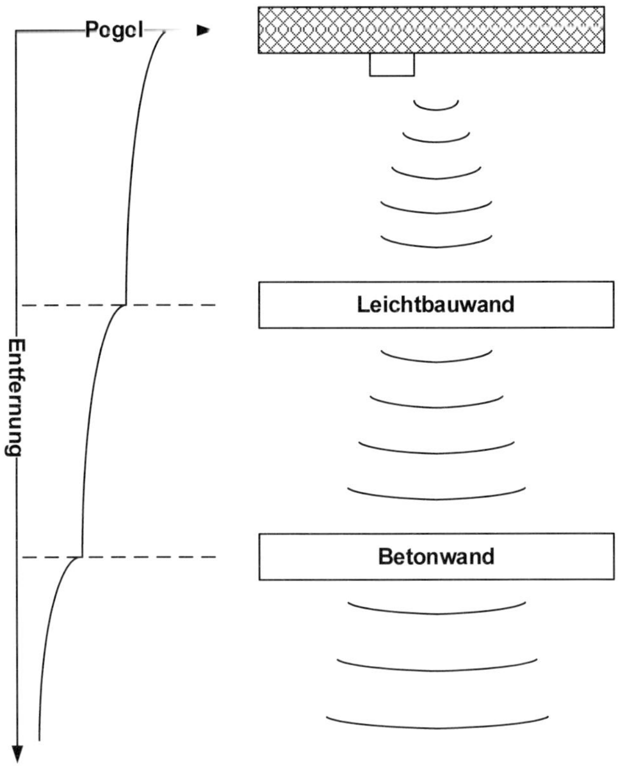

Bild 3.52: Dämpfung von elektromagnetischen Wellen durch Wände

Grundsätzlich gilt, dass die Intensität einer elektromagnetischen Welle quadratisch mit der Entfernung abnimmt. Durchdringt die Welle eine Wand, wird sie gestreut. Ihre Dämpfung erfolgt hinter der Wand bereits mit der vierten Potenz. Je nach Materialbeschaffenheit kann die Wand diese

Welle auch total abschatten, so dass hinter ihr nur noch ein Empfang über die indirekten Wege von Reflexionen oder eine Weiterleitung der Welle an Gegenständen in der Umgebung möglich ist. Durch eine weitere Wand, die die Welle passiert, nimmt die Stärke der Amplitude bereits mit der sechsten Potenz ab.

Aufgrund der Vielzahl von Einflüssen ist die Beurteilung von Funkstrecken in Gebäuden schwierig. Letztendlich kann ein Hersteller von Funkprodukten keine verbindliche Aussage zur Reichweite der Funkübertragung in Gebäuden treffen. Es wird darum stets die Reichweite im Freifeld angegeben, die sich auf eine ungestörte Ausbreitung der Funkwellen und optimal ausgerichtete Antennen bezieht. In der Regel liegt diese Reichweite in einer Größenordnung von ca. 100 m. Sofern keine besonderen baulichen Maßnahmen zur Abschirmung in Gebäuden vorliegen, sollte damit eine Funkübertragung durch drei Wände und zwei Decken hindurch möglich sein. Um eine gute Übertragungsqualität zu erreichen, ist bei der Auswahl der Montageorte für Funkprodukte darauf zu achten, dass möglichst wenige bauliche Barrieren die Kommunikation der Funkprodukte erschweren (vgl. **Tabelle 3.3**).

Tabelle 3.3: Durchdringung verschiedener Baumaterialien durch Funksignale

Material (trocken)	Materialstärke	Transmission
Holz, Gips, Gipskartonplatten, Glas (ohne Metallisierung oder Drahteinlage, kein Bleiglas)	< 30 cm	90…100 %
Backstein, Pressspanplatten	< 30 cm	65…95 %
armierter Beton	< 30 cm	10…70 %
Metallgitter	< 1 mm	0…10 %
Metall, Aluminiumkaschierung	< 1 mm	0 %
Grundsätzlich zu beachten: Feuchte im Material reduziert die Transmission!		

Vergrößerung der Reichweite mit Repeater

Falls eine Übertragungsstrecke eine so starke Dämpfung aufweist, dass keine Kommunikation aufgebaut werden kann, ermöglicht der Repeater durch die Wiederholung des Telegramms mit aufgefrischtem Pegel eine Lösung des Problems (**Bild 3.53**). Er wird auf ungefähr halber Wegstrecke eingesetzt.

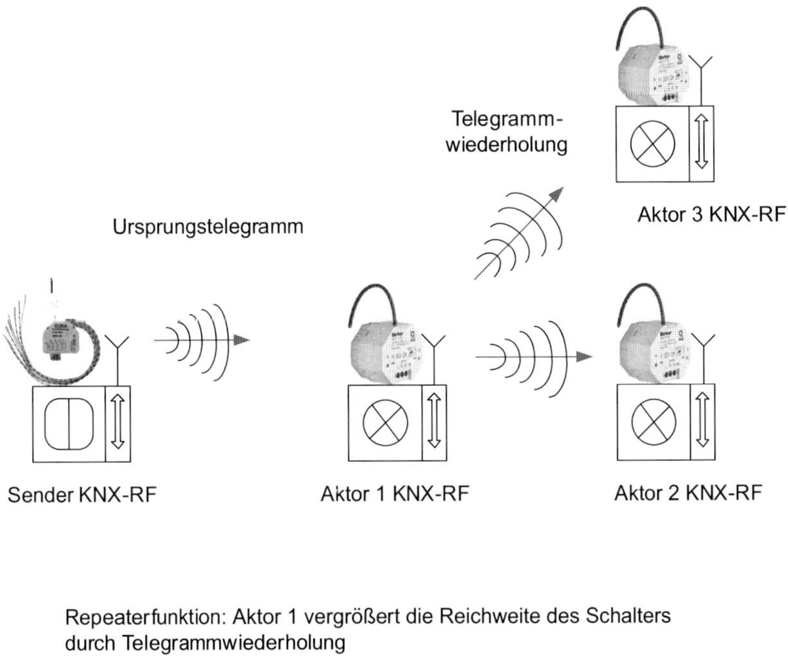

Bild 3.53: Verstärkung des Funksignals durch Repeater

Montagehinweise für Funk-Geräte

In jedem Gebäude, das mit dem Funk-System ausgerüstet werden soll, gibt es günstige und ungünstige Orte, um die Geräte zu montieren. In Grenzfällen kann es so weit gehen, dass die Wahl des Montageorts über die einwandfreie

Funktion einer Funkverbindung entscheidet. Daher sollten die folgenden Hinweise bei der Planung einer Funkinstallation Berücksichtigung finden.

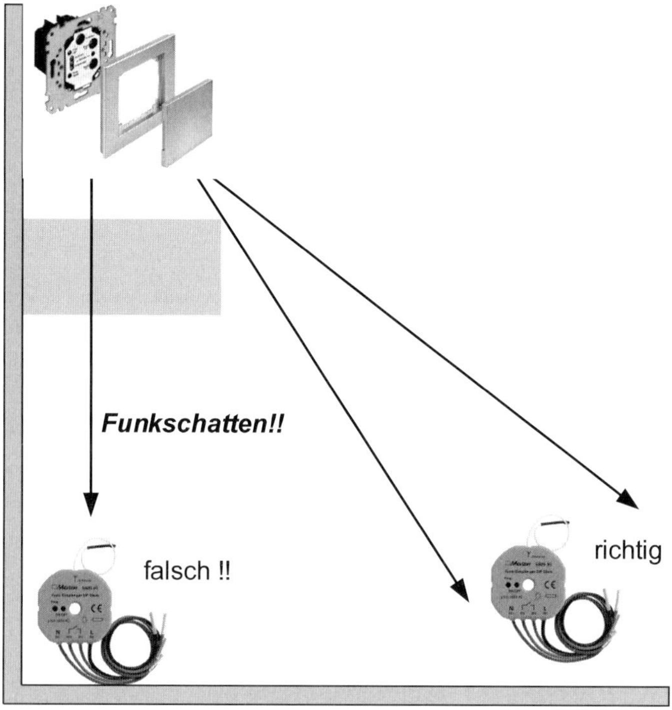

Bild 3.54: Funkschattenbildung

- Bei der Platzierung von Empfängern ist zu berücksichtigen, dass auf der Rückseite von metallischen Gebäudeteilen Funkschatten herrscht (**Bild 3.54**). Dort angebrachte Empfänger können auf direktem Wege keine Informationen empfangen, sondern sind auf reflektierte Funksignale angewiesen.
- Fenster mit metallbedampfter Wärmeschutzverglasung sorgen für eine sehr starke Dämpfung oder Reflexion des Funksignals. Gleiches gilt für Sicherheitsglas mit Drahteinlagen. In diesen Fällen ist es sicher günstiger, die Durchdringung der umgebenden Wand zu betrachten.
- Gebäude werden üblicherweise thermisch isoliert (Dämmwolle mit Metallfolie). Ist diese Isolation nur im Dach eingebracht, ist sie für die Funkübertragung relativ unproblematisch. Ist jedoch eine derartige Isolation auch in Leichtbauwände eingebracht, würde die Metallfolie die Transmission des Funksignals durch die Wand verhindern.

- Bei Montage von Funkprodukten in abgehängten Zwischendecken sollte darauf geachtet werden, dass nicht Paneele aus Metall oder mit eingearbeiteter Kohlefaser eingesetzt werden, da solche Paneele das Senden aus dem Deckenhohlraum oder in ihn hinein verhindern.
- Von metallischen Wänden oder Türen sollte ein Mindestabstand von 10 cm eingehalten werden.
- Geräte des Funk-Systems sollten in einem Mindestabstand von 0,5 m von hochfrequenten Störern installiert werden, damit deren parasitäre Funkstrahlung die Kommunikation des Funk-Systems nicht stören kann. Hierzu zählen Computer (auch Bildschirme), Audio und Videoanlagen, Mikrowellengeräte, elektronische Transformatoren und Vorschaltgeräte. Zu Sendeantennen anderer Funkdienste wie schnurlose Telefone (DECT) oder Funkkopfhörer sollte sicherheitshalber ein Abstand von 1 bis 3 m eingehalten werden.
- Der Abstand zwischen Sender und Empfänger sollte mindestens 1 m betragen, um ein Übersteuern des Empfängers zu verhindern.
- Die Positionen von zwei Funkprodukten, die Informationen untereinander austauschen müssen, sollten so gewählt werden, dass ihre direkte Verbindungslinie nur auf möglichst kurzen Strecken durch Mauerwerk oder andere dämpfende Materialien verläuft. Die „wirksame Wandstärke“ ist oft größer als die eigentliche Wanddicke. Besonders ungünstig ist in der Regel die Platzierung eines Funk-Senders in einer Mauernische (**Bild 3.55**).

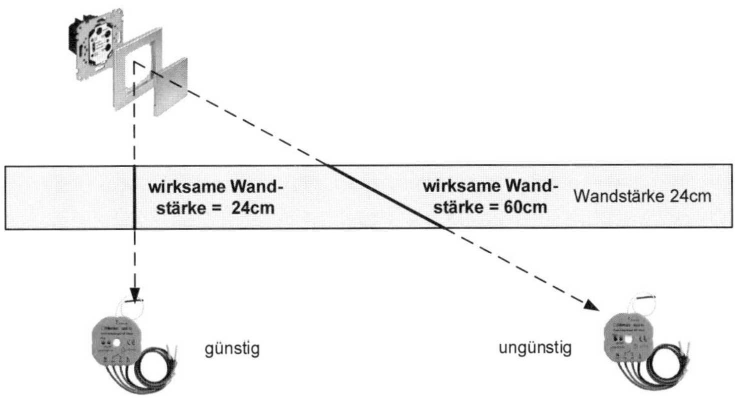

Bild 3.55: Wirksame Wandstärke bei Funksignalen

3.4 Schaltzeichen des KNX

3.4.1 Grundaufbau

Um die verschiedenen Busgeräte und -teilnehmer darstellen zu können, werden spezielle Schaltzeichen benötigt. Diese sind folgendermaßen aufgebaut:

- Das *Grundsymbol* ist ein Quadrat der Kantenlänge **a**. In dieses Grundsymbol werden alle weiteren Informationen und Symbole eingetragen.
- Der *Busankoppler* wird durch ein seitlich angefügtes Rechteck der Breite **a/4** dargestellt. In dieses Rechteck ist ein Doppelpfeil einzuzeichnen. Je nach Funktion des darzustellenden Geräts ist der Busankoppler einmal oder zweimal vorhanden.

Sensoren und Aktoren mit Busankoppler werden gemäß **Bild 3.56** dargestellt.

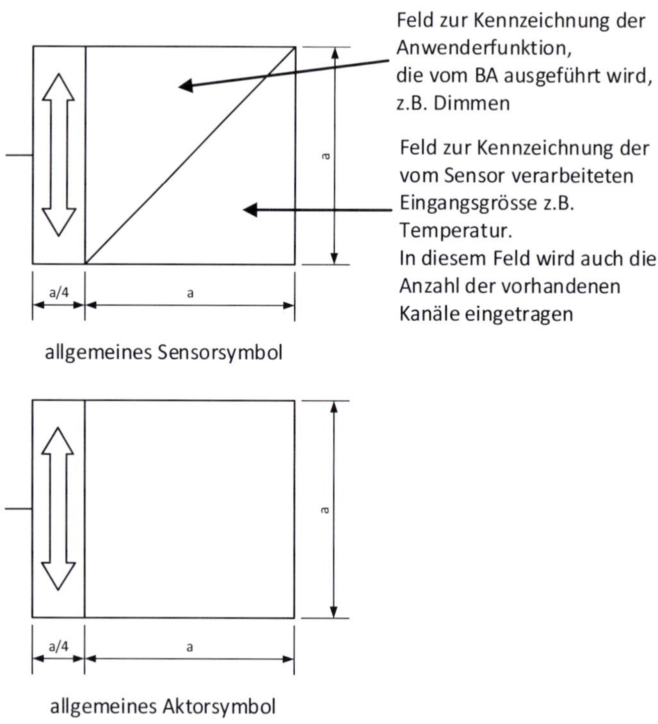

Bild 3.56: Allgemeine Schaltzeichen des KNX mit Busankoppler für Sensoren und Aktoren

3.4.2 Beispiele für Schaltzeichen

Busgerät/Teilnehmerfunktion	Schaltzeichen
Spannungsversorgung (Netzgerät)	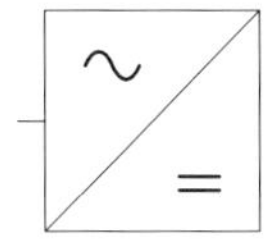
Busankoppler BA, allgemein	
Netzkoppler KNX/Ethernet	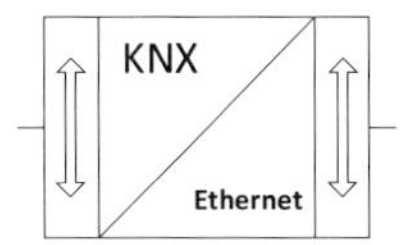

3.4.3 Schaltzeichen für Sensoren

Busgerät/Teilnehmerfunktion	Schaltzeichen
Binärsensor, *n* Eingänge DC	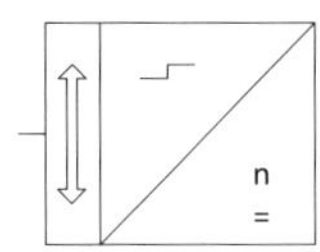
Tastsensor, *n* Taster	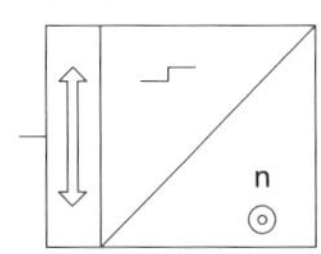
Dimmsensor, *n* Kanäle	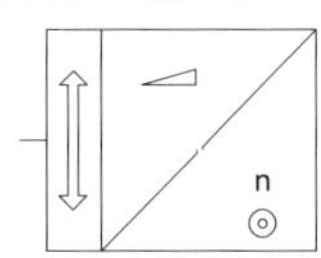

3.4.4 Schaltzeichen für Aktoren

Busgerät/Teilnehmerfunktion	Schaltzeichen
Schaltausgang, potentialfrei, 2 Ausgänge	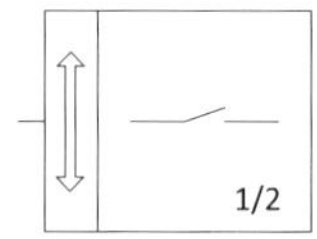
Jalousieschalter, Dreipunkt (auf/halt/ab), *n*-fach	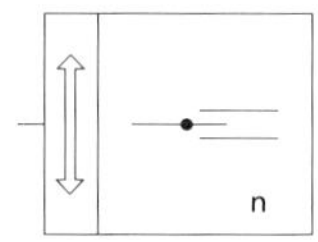
Schalt-/Dimmaktor, *n* Kanäle	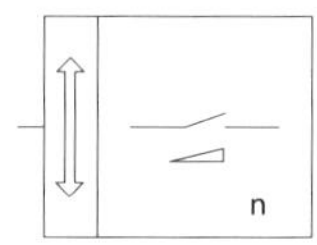

4 Planung, Projektierung, Inbetriebnahme und Service (Engineering)

Eine KNX-Anlage ist keine Installation der Gebäudesystemtechnik von der Stange. Sie erfordert im Vorfeld eine detaillierte Planung, die auf den Wünschen des zukünftigen Nutzers bzw. Betreibers der Immobilie beruht. Aus diesen Anforderungen, die in der Regel als *Lastenheft* vorliegen (z. B. für Ausschreibungen nach VOB), wird dann das eigentliche Anlagenkonzept erstellt. Dies ist auch als *Pflichtenheft* („Was wird wie und womit realisiert") eine Basis für die sich anschließende Projektierung und die Inbetriebnahme der KNX-Anlage. Der Starkstromteil ist nach den Technischen Anschlussbedingungen (TAB) der regionalen Netzbetreiber (NB) unter Einhaltung der Errichtungsbestimmungen der DIN VDE 0100 auszuführen. Bei der Realisierung zusätzlicher Technik, wie Audio/Video, Sicherheitsbeleuchtung u. a. sind die dafür geltenden Vorschriften und Normen einzuhalten.

Neben der Inbetriebnahme sind die Diagnose und der Service von bestehenden KNX-Anlagen sehr wichtige Seiten, die infolge der komplexeren Funktionen immer stärkere Beachtung erfahren.

4.1 Anwenderbedürfnisse und Planung

Die Anwenderbedürfnisse, der Umfang und die Funktionalität der zukünftigen KNX-Anlage werden in einem Lastenheft erfasst. Dabei darf aber der gewerkeübergreifende Ansatz des KNX für die Erfassung der Anforderungen nicht vergessen werden. Schließlich sollen ja so viele Funktionen und Abläufe wie möglich in die KNX-Anlage integriert werden. Dabei sind natürlich Unterschiede zwischen einer Wohnimmobilie und einem Zweckbau zu beachten. Neben den Grundfunktionen sind Wohnobjekte insbesondere auf die Lebensqualität und den Komfort der Bewohner ausgerichtet. In diesem Bereich ist immer wieder der Begriff „Smart Home“ zu vernehmen. Darunter werden üblicherweise intelligente (smarte) Komponenten der Bereiche Beleuchtung, Beschattung, HKL, Audio/Video, Sicherheit u. a. verstanden, die untereinander kommunizieren können. Dies schließt natürlich auch die Interaktion mit den Nutzern der Wohnung bzw. des Hauses ein. Hier ist zukünftig ein zunehmender Einsatz von KNX zu erwarten. Daneben verzeichnen Sicherheitsanforderungen verschiedenster Art ein zunehmendes Kundeninteresse.

In Zweckbauten (typisch Bürogebäude) steht dagegen stärker die Wirtschaftlichkeit, das technische Facility Management des Gebäudes im Mittelpunkt. Erweiterte Sicherheitsanforderungen und automatisierte nutzerbezogene Einstellungen von Raumfunktionen sind aber auch in diesem Bereich erkennbar. Daraus ist der Begriff „Smart Office“ entstanden. Die Erfassung des Bedarfs erfordert vom Aufnehmenden ein entsprechendes Maß an System-, Geräte- und Funktionskenntnissen zum KNX. Generell ist es auch hilfreich, mittels einer Checkliste bzw. eines Fragenkataloges alle Möglichkeiten, Wünsche und Bedürfnisse zu erfassen. Damit ist sichergestellt, dass keine wichtigen und zusätzlich möglichen Funktionen übersehen oder gar vergessen werden. Denn mit dem KNX sind Funktionen und Abläufe in Gebäuden möglich, die in bisheriger Technik fast nicht oder nur mit unvertretbar hohem Aufwand realisierbar wären.

Die *Checkliste* sollte dabei grundlegend folgende Punkte umfassen, wobei erfahrene KNX-Fachleute mit langjähriger Anlagenpraxis ihren individuellen Fragenkatalog verwenden:

Art der Raum- und Gebäudenutzung:

- Ist das Objekt ein Zweckbau oder eine Wohnimmobilie?
- Soll der Einsatz des KNX überall oder nur teilweise erfolgen?
- Ist eine Vorverkabelung für spätere Nachrüstungen wünschenswert?
- Welche Flexibilität existiert in der Raumaufteilung?
- Sind Änderungen in der Nutzung der Räume für die Zukunft voraussehbar?

Funktionen mit KNX in den einzelnen Räumen:

- Beleuchtungssteuerung,
- Jalousiesteuerung,
- Heizungs-, Lüftungs- und Klimasteuerung (HLK),
- Überwachen, Anzeigen und Bedienen,
- Lastmanagement, Energieeffizienz,
- Sonderfunktionen (z. B. Infotainment, Webzugriff, ...).

Die KNX Deutschland hat als Hilfsmittel eine Checkliste „Projektstart" als Download zur Verfügung gestellt, in der die oben genannten Fragestellungen modifiziert enthalten sind (s. www.knx.de).

Mit den ermittelten Anwenderbedürfnissen besteht Klarheit darüber, was mit dem KNX wie und womit gesteuert werden soll. Die Struktur der Anlage lässt sich entsprechend daraus ableiten. Ein Überblick über die einzusetzenden Geräte und Komponenten, die anzuwendenden Übertragungsmedien, die Unterteilung in Liniensegmente und auch Bereiche, ist für den versierten Fachmann hiermit schon möglich.

Häufig ist jedoch auch noch während der Realisierungsphase von Anlagen mit Änderungen bzw. Erweiterungen zu rechnen, die sich aber mit KNX recht einfach und unproblematisch lösen lassen. Aus dieser Vorplanung kann bereits eine grobe Kostenschätzung abgeleitet werden. Diese sollte neben den Kosten für Planung und Projektierung, für Geräte und Installation auch die Aufwendungen für die Inbetriebnahme der KNX-Anlage mit enthalten.

Beim *Projektierungsablauf* sollte in folgenden typischen Schritten vorgegangen werden:

- Festlegen der Topologie dieser Anlage und der einzusetzenden Übertragungsmedien (Aufteilung in Bereiche und Linien anhand der realen Gebäudestruktur),
- Definieren der Gruppenadressen aus den ermittelten Funktionen und Abläufen,
- Auswahl der Busgeräte herstellerspezifisch mit dem entsprechenden Applikationsprogramm in Abhängigkeit von der gewünschten Funktion,
- Zuordnung der Geräte und Komponenten in die einzelnen Räume und Stromkreisverteiler sowie auch zu den Bereichen und Linien/Liniensegmenten (physikalische Adresse),

- Parameter der Busteilnehmer auswählen und einstellen,
- Verknüpfung der Gruppenadressen mit den Kommunikationsobjekten der Sensoren und Aktoren.

Eine generelle Variante für die Vor-Projektierung/Planung gibt es nicht. Erfahrene KNX-Fachfirmen haben sich eigene Hilfsmittel geschaffen, um Geräte-Stücklisten, Mengengerüst, Funktionen bzw. Gruppenadressen effizient zu erstellen, die Buslast zu berechnen usw.

Die KNX Association hat auch dazu ein Dokument veröffentlicht, „KNX Projektrichtlinien", das als Anleitung für eine strukturierte Umsetzung von KNX-Projekten dienen kann. Es basiert auf der langjährigen Erfahrung verschiedener KNX-Systemintegratoren und kann als roter Faden für die Durchführung von Projekten angesehen werden.

Die *Geräteliste* soll hier als eine Hilfsmittel-Variante für die Vor-Projektierung von KNX-Anlagen vorgestellt werden. Sie stellt den Zusammenhang zwischen Gerät mit physikalischer Adresse, Applikation, Parametern, Ort seines Einbaues und den projektierten Gruppenadressen dar. In der Geräteliste nach **Tabelle 4.1** sind im Kopfbereich Angaben zum Objekt, zum Projektanten sowie zu Bearbeitungsdatum und Blattanzahl enthalten.

In den nachfolgenden Spalten sind weitere Angaben einzutragen:

- physikalische Adresse der Busgeräte,
- Bezeichnung des Busgerätetyps (z. B. Binärausgang 2-fach),
- Hersteller/Anbieter des Busgeräts,
- Einbauort (räumliche Zuordnung, z. B. EG SR 1 Tür links),
- Nummer der Kommunikationsobjekte der Applikationsprogramme,
- sendende (erste verknüpfte) Gruppenadresse für das entsprechende Kommunikationsobjekt,
- weitere empfangene Gruppenadressen, auf welche das Kommunikationsobjekt reagieren soll,
- Bemerkungen, wie Applikationsname, Parametereinstellungen und weitere Hinweise.

4.2 Topologie und Übertragungsmedium

Die einzelnen Übertragungsmedien bedingen unterschiedliche Rahmenbedingungen, die bei der Errichtung der Anlage einzuhalten sind. Dies betrifft die Topologie/Struktur der Anlage, die Verwendung des Übertragungsmediums und die maximalen Leitungslängen sowie die Anzahl und Anordnung der Busteilnehmer bzw. weiterer zusätzlicher Komponenten.

Die weiteren Ausführungen in den folgenden Abschnitten beziehen sich insbesondere auf **KNX-TP**, das derzeit am häufigsten eingesetzte Übertragungsmedium. KNX-TP ist vom Installations-Bus EIB durch KNX übernommen worden.

Die Zweidrahtleitung für **TP** ist in verschiedenen Ausführungen verfügbar und die Installation ist durch die Kontaktierung mit der Busklemme sehr montagefreundlich. Die Projektierung und die Inbetriebnahme werden ausschließlich mit dem Software-Werkzeug ETS5 realisiert..

Die Inbetriebnahme von Kleinanlagen ist aber auch im E-Mode möglich. Verschiedene Hersteller bieten dazu Gerätevarianten an, die mit einem speziellen Controller o. ä. in Betrieb genommen werden können (z. B. Fa. *Hager*). Diese KNX-Geräte können aber ebenfalls im S-Mode mit der ETS programmiert werden (vgl. hierzu Abschnitt 1.3.1).

Ab Ende 2016 steht mit der zusätzlichen „ETS Inside“ ein KNX-Software-Tool zur Verfügung, um kleinere Projekte des boomenden Smart-Home-Markts einfach realisieren zu können. In einer speziellen Hardware, dem „ETS Inside Gerät“ der KNX-Anlage, ist das Projekt enthalten und ein Webserver integriert. Es können damit mit unterschiedlichen Betriebssystemen (z. B. Android, iOS) Projekte bearbeitet werden und freigegebene Parameter kann dann sogar der Endkunde verändern. Eine Übernahme in oder aus der ETS Professional ist auch möglich.

KNX-TP ist hierarchisch aufgebaut. Die kleinste Topologieeinheit ist das Liniensegment, bis zu 4 Segmente können über Linienverstärker zu einer Linie verbunden werden, bis zu 15 Linien werden über Linienkoppler zu einem Bereich. Der Vollausbau einer KNX-TP ist mit bis zu 15 Bereichen möglich, damit sind theoretisch bis zu rd. 60.000 Busteilnehmer installierbar.

Die wichtigsten Grenzwerte für ein Liniensegment KNX-TP sind in Abschnitt 2.1.1, insbesondere Tabelle 2.1 zusammengestellt.

Für die *Strukturierung* von KNX-Anlagen hat sich die Orientierung an der Gebäudestruktur als optimal erwiesen. Ein Bereich ist ein Gebäude oder auch nur eine Gebäudeflügel bzw. ein Bauabschnitt. Innerhalb des Gebäudes ist die Hauptlinie oder Bereichslinie geschossübergreifend vorgesehen. In jeder Etage ist ein Koppler (Linien- oder Bereichskoppler), auf dessen Sekundärseite diejenigen Liniensegmente angeschlossen sind, die in die jeweilige Etage führen. Für jede Etage wird mindestens eine Linie definiert. Die einzelnen Liniensegmente beinhalten die Geräte für die einzelnen Räume innerhalb der Etage. Eine gewerkebezogene Strukturierung von Anlagen, d. h. jeweils Linien beispielsweise für die Beleuchtung, für die Jalousiesteuerung, ist unzweckmäßig und daher auch nicht üblich.

In Bild 2.7 (s. Abschnitt 2.1.2) wurde hierzu bereits ein typisches Anwendungsbeispiel für die KNX-Vernetzung in einem Bürohaus mit Hauptlinie und mehreren Linien je Etage sowie der Bereichslinie für die geschossübergreifende Kommunikation dargestellt.

Bei **KNX-Powerline** (PL 110) wird als Übertragungsmedium die Starkstromleitung genutzt. Der Einsatz ist an das europäische Starkstromnetz mit 230/400V (50 Hz) gebunden. Eine Realisierung in Netzen mit abweichenden Parametern (z. B. 110 V oder 60 Hz) ist nicht möglich. Der Einsatz von Powerline wird auch durch weitere Restriktionen eingeschränkt. Der Einsatz in Netzen, die nicht ausreichend entstört sind und in denen bereits Systeme mit einer Trägerfrequenz im 95 bis 125 kHz-Band existieren, ist ebenfalls nicht möglich. Außerdem müssen die PL 110-Anlagen „abgeschlossene Signalbereiche“ sein (beispielsweise Anlagen hinter Stromzählern). Deshalb wird KNX-PL 110 speziell für die Nachrüstung eingesetzt (z. B. für Insellösungen Jalousiesteuerung) oder in Objekten, wo bei einer existierenden Starkstrominstallation eine Nachinstallation mit KNX-TP 1 nicht möglich bzw. nicht gewünscht ist (z. B. Objekte der Denkmalpflege).

Die Realisierung von PL 110 im privaten Wohnungsbau ist fast uneingeschränkt möglich. Die Gerätevielfalt für PL 110 ist nicht sehr hoch, aber für Standardanwendungen ausreichend. Der Anteil an PL 110-Installationen wird in Zukunft abnehmen, da mit der Funktechnik KNX-RF eine leitungslose Variante für die Nachinstallation existiert. Für Projekte mit dem Medium PL ist eine zusätzliche Adresse, die System-ID (auch als Domänenadresse bezeichnet) notwendig. Sie ist ein 1-Byte-Objekt in dezimaler Darstellung, welches automatisch durch die ETS beim Anlegen von PL-Linie/Projekten generiert wird, aber manuell geändert werden kann. Die

Tabelle 4.1: Geräteliste beispielhaft ausgefüllt

KNX	**Geräteliste**		Objekt **Seminarraum 1**		erstellt am: **24.3.2016**	letzte Änderung: **10.5.2016**	Blatt: 1
					Bearbeiter: **Helm**	geändert durch: **Helm**	von: 1
physikalische Adresse	**Geräte-Typ**	**Hersteller**	**Einbauort**	**Objekt**	**sendende Adresse**	**empfangende Adresse**	**Bemerkung**
1.1.1	Taster 4fach	xxx	EG SR1 Tür links	0	1/1	1/10	LB1 Applikation: Schalten
				1	1/2	1/20	LB2 Parameter je Wippe: oben: EIN / unten: AUS
				2	1/3	1/30	LB3
				3	1/4	–	LBges (LB1-LB3)
1.1.2	Lichtfühler	xyz	Außenwand Ost	0	1/0	–	LF Parameter Überschreiten: AUS/ Unterschreiten: ---
1.1.3	Binär-Ausgang	abc	Verteiler 1 EG	0	1/10	1/1, 1/0, 1/4	LB1 Applikation: Schaltaktor mit Rückmeldung
	4-fach			1	1/20	1/2, 1/4	LB2
				2	1/30	1/3, 1/4	LB2
				3	–	–	Ausgang frei (Reserve)

System-ID ist in jedem gesendeten PL-Telegramm enthalten, um die Daten von anderen PL-Anlagen eindeutig abzugrenzen.

Als Funkbus ist **KNX-RF** eine relativ neue Entwicklung der KNX Association (vgl. Abschnitte 1.3.2.3; 2.7 und 3.3). KNX-RF ist für die Erweiterung, Modernisierung und auch für die Erstinstallation geeignet. Über jeweilige Gateways ist eine Kommunikation mit anderen KNX-Medien möglich. Funk ist vor allem dann ein Argument, wenn keine Leitungen verlegt werden können. Er bietet sich auch als Variante für eine nicht raumgebundene Fernbedienung mit Übergang zu KNX-TP an. Die Reichweite ist aber auf ca. 30 m innerhalb von Gebäuden und ca. 100 m im Freien begrenzt. Bauliche Gegebenheiten (Betonwände, Möblierungen usw.) können die Reichweiten erheblich kürzen.

Die Gerätevielfalt nimmt zu. Neben Aktoren sind insbesondere verschiedene Sensoren verfügbar (Taster o. ä.). Diese müssen aber als Geräte, die unabhängig vom Stromnetz funktionieren, mit einer Batterie versorgt werden. Die EnOcean-Technologie (batterielose Funksensorik) hat nicht Eingang in die KNX-RF-Geräte gefunden. Bidirektionale Gateways zwischen EnOcean und KNX-TP sind aber am Markt erhältlich.

Die verfügbaren KNX-RF-Geräte werden häufig im E-Mode über Inbetriebnahmegeräte (z. B. Fa. Hager TX 100) in Betrieb genommen. Eine Programmierung im S-Mode ist jetzt mit der ETS5 möglich geworden. KNX-RF wird speziell für kleinere Installationen (Wohnbereiche) oder als Teil einer komplexen KNX-TP -Anlage seine Verbreitung finden. Als eine weitere Anwendung ist die kabellose Verbrauchsdatenerfassung (Metering) bei Warmwasser-Heizungen und Elektroenergie avisiert. In RF-Anlagen ist ebenfalls eine Domänenadresse notwendig. Hierbei ist es eine 6-Byte-Hexadezimal-Darstellung in der ETS notwendig. Sind mehre Linien mit Medium RF an eine übergeordnete Hauptlinie mit TP oder IP angebunden, so ist jeder der RF Linien eine eigene Domänenadresse zuzuordnen. Ist die Hauptlinie ebenfalls das Medium Funk, so muss die Domänenadresse überall einheitlich sein.

Die Ethernetvariante **KNX-IP** ist als Medium für komplette Anlagen nicht denkbar. KNX-IP ist üblicherweise nur für die Bereichslinie bzw. Hauptlinie vorgesehen. Ein Liniensegment mit KNX-IP als Medium, wo jeder Taster und Aktor eine MAC-Adresse besitzen müsste, erscheint derzeit nicht sehr sinnvoll. Am Markt verfügbare KNX-IP-Geräte sind spezielle Komponenten (z. B. KNX-IP-Router). Ebenso sind Endgeräte mit einer hohen Komplexität an Funktionen verfügbar sowie Geräte, welche die IT-Welt mit dem KNX verbinden. IP-Router (Bereich bzw. Linie) sind immer an die Backbone-Linie mit dem Medium IP angeschlossen. Wenn es in einem Bereich einen IP-Bereichsrouter gibt, können die unterlagerten Linienkoppler keine IP-Koppler sein.

KNX bietet mit seinen verschiedenen Medien (TP, PL, RF, IP) mindestens eine Lösung für die Realisierung der Datenübertragung in einer Anlage. Mit der Wahl eines Mediums oder einer optimalen Mischung an Medien ist die weitere Planung und Projektierung vorgegeben. Speziell zu KNX-TP sollen hierzu noch einige weitere Seiten betrachtet werden.

Für eine mögliche Erweiterung von KNX-Anlagen, die schon während der Bauphase absehbar ist, werden von den Herstellern und erfahrenen KNX-Errichtern entsprechende Reserven vorgeschlagen bzw. eingeplant. Die maximale Anzahl der Busteilnehmer innerhalb eines Liniensegments sollte dabei 50...55 Geräte betragen, wobei die Reserve in Zweckbauten größer sein sollte als in Wohngebäuden. Ebenso sollte als Reserve in Verteilern mindestens 25 % eingeplant werden. Der Wert ist größer als bei konventionellen Elektroinstallationen, wird aber schnell verständlich, wenn man bedenkt, dass jedes zusätzliche KNX-Reiheneinbaugerät im Gegensatz zu einem Leitungsschutzschalter mehr als nur eine Teilungseinheit auf der Hutprofilschiene belegt.

4.3 Auswahl und Anordnung der Busgeräte

In größeren Gebäuden mit einer umfangreichen KNX-Installation sollten die räumlich-funktional zusammenhängenden Geräte nach Möglichkeit innerhalb eines Liniensegments platziert sein. Natürlich können auch Busteilnehmer untereinander kommunizieren, die in verschiedenen Linien und Bereichen angeschlossen sind. Durch die weite Ausdehnung mit möglichen Kopplern erhöht sich aber der Datenverkehr, die sogenannte Buslast, in dazwischen existierenden Linien. Mit den vermehrt auftretenden Kollisionen steigt damit die jeweilige Laufzeit der einzelnen Datentelegramme zwischen Sender und Empfänger. Das führt unter Umständen zu zeitlichen Verzögerungen bei den projektierten Funktionen, die im Betrieb der Anlage als störend empfunden werden könnten. Abhilfe kann unter Umständen auch durch die Verwendung von IP-Backbone-Lösungen möglich werden.

Busgeräte sind in verschiedenen Bauformen bei gleicher Funktionalität erhältlich: *Aufputzgeräte (AP)*, *Unterputzgeräte (UP)*, *Einbaugeräte (EB)* bzw. *Reiheneinbaugeräte (REG)* für *Verteilerschränke* (s. Abschnitt 3.1.2). Je nach Art und Anzahl der Funktionen und örtlichen Rahmenbedingungen am Einbauort werden die entsprechenden Geräte ausgewählt und im Grundriss an den entsprechenden Stellen bzw. im Verteiler auf den Hutprofilschienen platziert. Bei der Anordnung der Geräte muss die geplante Leitungsführung des Busses bedacht werden. Ebenso kann es sein, dass bestimmte Geräte eine zusätzliche Hilfsspannungsversorgung (24 V DC oder 230 V AC) benötigen. Dies alles muss bei der Installation mit beachtet werden.

Für Tast-Sensoren und hochwertige sichtbare KNX-Komponenten (z. B. Bedienanzeigen) wird schon im Planungsgespräch bzw. bei der Bemusterung die *Auswahl* zu Design und Hersteller der Komponenten getroffen. Dies widerspricht aber nicht der Herstellerunabhängigkeit, da durchaus Komponenten verschiedener Anbieter ausgewählt werden können. Taster sind in der Regel als Aufsätze auf die universellen Unterputz-Busankoppler (UP-BA) konstruiert. Diese werden in Installationsdosen nach DIN 49073:2007-09 bzw. DIN EN 60670:2014-01 mit Schraubbefestigung installiert. Die Fixierung auf einen bestimmten Hersteller für den jeweiligen Tast-Sensor ist notwendig, da UP-BA und Aufsatz vom gleichen Anbieter sein müssen. Verschiedene Hersteller bieten auch komplexe Bedien-Anzeigesensoren mit integriertem Busankoppler an.

Bei *KNX-Aktoren* ist der Trend zu verzeichnen, dass man vorwiegend *Reiheneinbaugeräte (REG)* einsetzt. Dazu werden oft kleinere dezentrale Verteilungen in Anlagen vorgesehen. Dies bietet mehrere Vorteile. Die Reiheneinbaugeräte sind schnell und einfach für Inbetriebnahme bzw. Serviceaufgaben zugänglich. In Verteilungen kann man bei ausreichend geplanter Reserve relativ unkompliziert gerätetechnische Erweiterungen realisieren und das 230-V-Netz ist für Schalt- und andere leistungsintensive Funktionen schon verfügbar. Der Anschluss der KNX-Busleitungen erfolgt nur noch über die Busanschlussklemme wie bei den Unterputz-Busankopplern.

Bei der Auswahl von **Powerline** als Übertragungsmedium ist keine zusätzliche Verlegung der Zweidrahtleitung (KNX-TP) notwendig. Die Busankoppler für die Unterputzmontage sollten aber in 60 mm tiefe Geräteverbindungsdosen mit Schraubbefestigung untergebracht sein.

Funk (KNX-RF) als relativ neues Übertragungsmedium zeigt eine größer werdende Vielfalt an Gerätetechnik. Viele Hersteller, die KNX-TP-Geräte anbieten, hatten ursprünglich eigene, nicht KNX-konforme Funk-Lösungen entwickelt. Diese werden von ihnen auch weiterhin noch vertrieben. Da die ETS5 aber in der Lage ist, KNX-Funk (KNX RF) als Übertragungsmedium zu unterstützen, werden KNX-Hersteller zukünftig dafür neue Geräte, Komponenten und Lösungen anbieten. Dazu gehören auch Funk-Schnittstellen, um KNX-RF-Geräte ohne TP/RF-Gateway programmieren zu können.

Jedes Gerät (mit Busankoppler) innerhalb einer KNX-Installation erhält eine physikalische Adresse., die sich an der Topologie, Bereich und Linie innerhalb der KNX-Anlage orientiert. Dabei ist zu beachten, dass jede Adresse nur einmal vergeben werden darf und bestimmte Adressen nur für explizite KNX-Geräte verwendet werden dürfen (z. B. erhalten Linienkoppler stets die Teilnehmer-Adresse 0 in der Linie). Die Programmier-Schnittstelle (USB) sollte eine hohe bzw. die höchste Teilnehmeradresse der Linie (*x.y.*255) erhalten.

4.4 Funktionen und Gruppenadressierung

Eine wichtige Aufgabe bei der Planung von KNX-Anlagen ist die Festlegung der einzelnen *Funktionen* innerhalb der Anlage. Eine KNX-Anlage beinhaltet dabei mehr oder weniger viele einzelne Aufgaben und Abläufe. Aus jeder einzelnen Funktion ist eine entsprechende Gruppenadresse für die Projektierung zu generieren. Der Begriff *Gruppenadresse (GA)* soll verdeutlichen, dass verschiedene Geräte (Sensoren und Aktoren) als Gruppe für eine konkrete Funktion verantwortlich sind. Jede Gruppenadresse muss mindestens von einem Gerät (in der Regel ein Sensor) mit einem Funktionswert gesendet werden und mindestens ein Gerät (Aktor) ist Empfänger und führt eine Schalt- oder andere Handlung aus. Die Gruppenadressen sind unabhängig von der Topologie der KNX-Anlage. Gleiche Gruppenadressen können Geräten zugeordnet sein, die in verschiedenen Bereichen und Linien installiert sind.

Die Gruppenadressen in KNX sind hierarchisch strukturiert aufgebaut. Es gibt Hauptgruppen (0-31) und je Hauptgruppen können Mittelgruppen und auch nur Untergruppen definiert werden. Waren bis zur ETS3 nur Hauptgruppen 0-15 möglich, sind ab der ETS4 Hauptgruppen bis zum Wert 31 realisierbar. Dabei muss unter Umständen beachtet werden, dass nicht alle

KNX-Geräte mit den Hauptgruppen ab Wert 14 aufwärts programmierbar sind (z. B. Filtertabellen älterer Koppler).

Durch die Verwendung von Mittelgruppen stehen je Hauptgruppe 7 Mittelgruppen und darin bis zu 256 Untergruppen zur Verfügung. Bei einer zweistufigen Struktur (Entfall der Mittelgruppen) sind 0-2047 Untergruppen möglich. Die Untergruppe definiert dann die konkrete Funktion (z. B. L1 ein/aus), während Mittelgruppen sowie Hauptgruppen die Gewerke (Beleuchtung, Jalousie, …) und/oder die Gebäudestruktur (Erdgeschoss, Obergeschoss 1, ...) bezeichnen.

Die Gruppenadresse 0/0 bzw. 0/0/0 ist die Broadcast-Adresse (z. B. für die Suche von Busgeräten, bei denen die Programmier-LED angeschaltet ist), welche nicht für Funktionen in einer KNX-Anlage verwendet werden kann.

Mit der ETS4 gab es schon die Möglichkeit, Gruppenadressen frei, also in einem selbstgestalteten Format zu verwenden. Das hat beispielsweise Vorteile, wenn in Projekten mehr als 7 Mittelgruppen benötigt werden oder bei Untergruppen mehr als 256 Funktionen für eine Mittelgruppe gebraucht werden. Im Gegensatz zu den zwei und dreistufigen Darstellungen der Gruppenadressen, zwischen denen man einfach wechseln kann, ist ein Wechsel in die zwei-/dreistufige Darstellung bei der freien Struktur nicht mehr möglich.

Bei der Planung sind ebenfalls bestimmte Regeln zu beachten. Die Gruppenadressen besitzen einen bestimmten Datenpunkttyp. Nur Kommunikationsobjekte der Geräte mit gleichen Datenpunkttypen können miteinander kommunizieren (Interworking, vgl. Abschnitte 1.3 und 5.4). Ein Gerät mit dem Kommunikationsobjekt 1-Bit-Schalten (DPT 1.001) kann keine Daten mit einem Kommunikationsobjekt austauschen, welches den Datenpunkttyp 4-Bit-Dimmen (DPT 3.007) hat. Zusätzlich ist zu beachten, dass ein sendendes Gerät beim Auslösen der Funktion nur ein Telegramm mit dem Funktionswert sendet (mögliche Wiederholtelegramme werden hierbei nicht betrachtet). Dies hat zur Folge, dass ein Sensor für jede mögliche Funktion nur eine sendende Gruppenadresse haben kann. Bei bestimmten Applikationen (Dimmtaster) werden zwar der Wippe zwei Funktionen (Schalten und Dimmen) zugeordnet, aber über die Dauer des Drückens der Wippe erfolgt nur die Auswahl einer Funktion. Das Loslassen der Wippen kann ebenfalls eine neue Funktion auslösen.

Mehrere Sensoren können eine gleiche Funktion haben und damit Telegramme mit der gleichen Gruppenadresse senden. Auch kann eine

Funktion und damit eine Gruppenadresse auf verschiedene Aktoren wirken. Kommunikationsobjekte von Aktoren können auf mehrere, verschiedene Gruppenadressen reagieren. Bei Gruppensteuerungen und Zentralfunktionen ist deshalb dafür jeweils eine eigene Funktion zu definieren, die von einem Sensor gesendet wird. Die Aktoren, die Einzelfunktionen verarbeiten, sind in der Lage, die zusätzlichen Gruppensteuerfunktionen ebenfalls auszuführen.

Bild 4.1 stellt das Gruppenadressenprinzip für Sensoren und Aktoren schematisch dar. Die Gruppenadressen, dargestellt als 2-Ebenen-GA, sind für die jeweiligen KNX-Geräte rechts daneben angeordnet. Sensor 3 soll beide Aktoren gemeinsam schalten. Da ein Sensor nur ein Telegramm je ausgelöste Funktion sendet, kann er nicht ein Telegramm mit der Gruppenadresse 1/1 und ein weiteres mit der Gruppenadresse 1/2 senden. Es muss eine neue Gruppenadresse (1/3) definiert werden und diese sendet der Sensor. In den Aktoren ist diese Gruppenadresse neben denen für die Einzelsteuerung (1/1 bzw. 1/2) mit zugeordnet. Zu beachten ist dabei auch immer, dass diese Gruppenadressen für die Zentralfunktionen nicht als sendende Gruppenadressen in den Aktoren projektiert sind. Bei der Diagnose (Lesen von GA) und in Systemen mit Visualisierungen können unerwünschte Schalthandlungen provoziert werden.

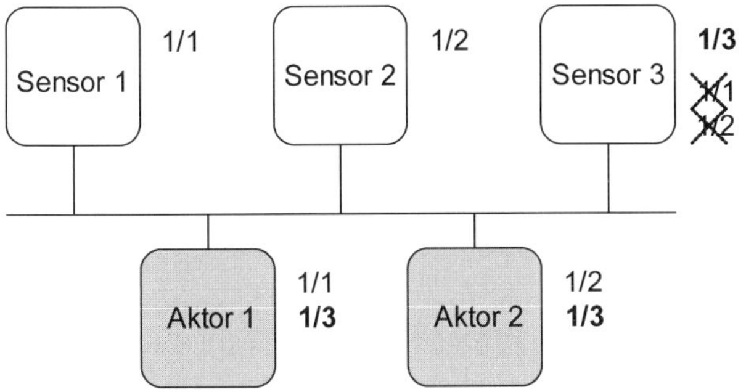

Bild 4.1: Verteilung der Gruppenadressen in Sensoren und Aktoren

Die maximale Anzahl der Assoziationen (Zuordnung von verschiedenen Gruppenadressen eines Kommunikationsobjekts) und die Anzahl der verschiedenen Gruppenadressen innerhalb der gesamten Applikation eines Geräts sind begrenzt. Wenn in einem 2fach-Aktor jedem Kanal neben der eigentlichen Einzelfunktionsgruppenadresse die Gruppenadresse für

Zentral-AUS zugeordnet ist, so ist die Anzahl der Gruppenadressen 3 (2 + 1 = 3). Die Anzahl der Assoziationen ist aber 4 (2 x 2 = 4). Die jeweiligen Beschreibungen der Applikation durch die Hersteller gibt Auskunft über die diesbezüglichen Obergrenzen. Im Software-Tool ETS ist es aber auch nicht möglich, diese Werte zu überschreiten, es erfolgt eine entsprechende Fehlermeldung.

Im Folgenden sollen beispielhaft einige der häufigsten KNX-Funktionen kurz dargestellt werden.

4.4.1 Schalten

Die häufigste Funktion ist das Schalten (EIN/AUS-Funktion) von Leuchten und anderen elektrischen Verbrauchern. Diese können beispielsweise Steckdosen oder auch die Heizungsanlage sein. Unter Schalten kann aber ebenfalls die Aktivierung/Deaktivierung eines Zustands verstanden werden (z. B. Dämmerung). Die Funktion Schalten basiert auf einem Datenpunkttyp im 1-Bit-Format (vgl. Abschnitt 5.4).

Bei zeitabhängigen Schaltfunktionen, beispielsweise Treppenlichtfunktion oder Ein- bzw. Ausschaltverzögerungen, werden die Zeiten in der Regel als Parametereinstellung im Aktor realisiert. Die Zeitdauer ergibt sich üblicherweise aus einer Basiszeit, die mit einem Faktor multipliziert wird. Die Zeiten können dabei zwischen wenigen Millisekunden und mehreren Stunden definiert werden. Generell soll für die Zeiteinstellung die Basiszeit klein und der Faktor groß gewählt werden. Für Treppenlichtfunktionen ist häufig als Parameter „retriggerbar“ möglich. Mit einem erneuten Telegramm, das den gleichen Wert der Gruppenadresse beinhaltet, wird die Zeitfunktion wieder neu gestartet, auch wenn die Zeit noch nicht abgelaufen war.

Die Gruppensteuerung von Aktoren bzw. Zentralfunktionen lassen sich mit KNX sehr einfach realisieren. Zusätzliche Verkabelungen sind nicht notwendig. Es sind neben den Gruppenadressen, die Aktoren einzeln schalten, weitere Gruppenadressen als Funktion für das gemeinsame Schalten mehrerer Aktoren notwendig. In **Bild 4.2** ist eine Variante mit gemeinsamem Zentral-AUS dargestellt. Die Wippen des 2fach-Tasters schalten jeweils einzeln einen Ausgang des Schaltaktors. Dies wird durch die Gruppenadressen 1/1 für Ausgang 1 und die Gruppenadresse 1/2 für den zweiten Ausgang realisiert. Der 1fach-Taster mit parametriertem AUS wirkt mit der Gruppenadresse 1/0 auf beide Ausgänge des Aktors und gleichzeitig auf die Kommunikationsobjekte der Wippen des 2fach-Tasters. Die Kommunikationsobjekte besitzen dadurch auch den Zustand der Aktorausgänge, wenn über den Zentral-AUS-Taster geschaltet wurde. In der Regel sind die Zustände der Kommunikationsobjekte mit LED-Wippen verknüpft, und auf diese Art zeigen sie gleichzeitig den korrekten Zustand der Ausgänge an.

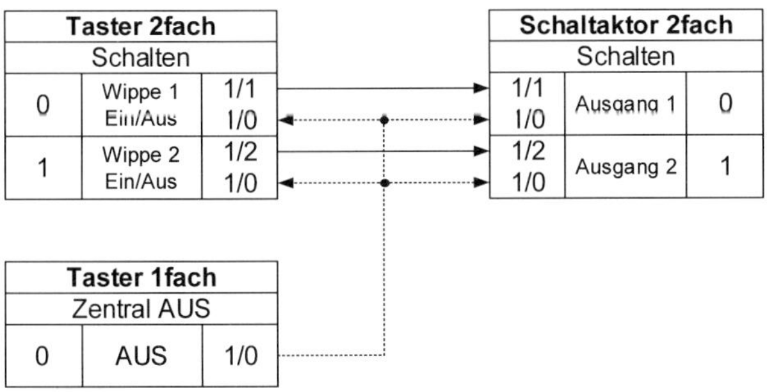

Bild 4.2: Schalten von zwei Ausgängen mit Zentralfunktion

Sollen die LED in den Wippen der Taster stets den aktuellen Zustand der Aktoren anzeigen, so sind für Schaltungen mit mehreren Gruppen- und Zentralfunktionen zumeist Rückmeldeobjekte in den Aktoren notwendig. Dies bedingt für jeden Aktor eine zusätzliche Gruppenadresse, die meist nur zur Signalisierung des Zustands benötigt wird. Diese Rückmeldeobjekte in der Applikation der Aktoren melden aber auch den aktuellen Zustand der Zeitfunktion. Wenn die Treppenlichtzeit abgelaufen ist, kann dies über das Rückmeldeobjekt gesendet werden. In **Bild 4.3** ist ein Beispiel für eine Treppenlichtfunktion dargestellt, wobei in diesem Beispiel die Kommunikationsobjekte für Wippe und LED voneinander getrennt sind. Kommunikationsobjekt 0 ist in den Tastern jeweils die Wippenfunktion und Kommunikationsobjekt Nr. 1 für die LED zuständig. Über die zusätzliche Gruppenadresse 2/2 wird vom Aktor der eigene Zustand über sein Kommunikationsobjekt 0 (Status) gesendet. Nach dem Ablaufen der Treppenlichtzeit wird ebenfalls ein entsprechendes Telegramm vom Aktor generiert. Dies schaltet die LED in den zugehörigen Wippen der Taster aus bzw. um.

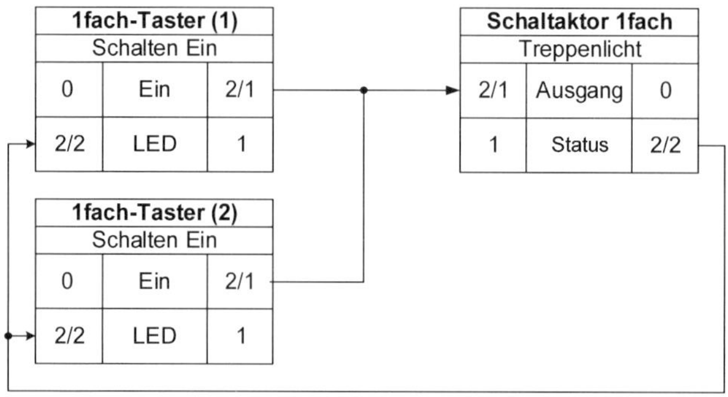

Bild 4.3: Treppenlicht-Schalten mit Statusmeldung des Ausgangs

4.4.2 Dimmen als Beleuchtungssteuerung

Immer häufiger wird neben dem Schalten der Beleuchtung die Funktion des Dimmens, also einer Änderung der Helligkeit von eingeschalteten Leuchten, im KNX eingesetzt. Dazu sind spezielle Dimmaktoren notwendig, deren Auswahl vom gewünschten Leuchtmittel abhängig sind (z. B. Niedervolt-Halogenlampen, Leuchtstofflampen, LED). Die Beleuchtungssteuerung mit Dimmaktoren im KNX beinhaltet mindestens drei Funktionen (vgl. Abschnitt 5.4):

- Schalten (DPT 1 bit),
- relatives Dimmen/Stopp (DPT 4 bit),
- absolutes Dimmen/Helligkeitswerte prozentual (DPT 8 bit/1 Byte).

In Verbindung mit Sensoren, als Taster mit der Applikation Dimmtaster bzw. entsprechender Parametereinstellung, müssen mindestens die Funktionen „Schalten“ und „Dimmen relativ“ projektiert werden. Das Dimmen als Beleuchtungssteuerung beinhaltet damit 2 Gruppenadressen. In den Tastsensoren wird durch kurze Betätigung der Wippe die Schaltfunktion aktiviert und das zu sendende Telegramm beinhaltet die Gruppenadresse zum Ein-/Aus-Schalten der Leuchte. Beim längeren Drücken der Wippen wird die Funktion relatives Dimmen ausgeführt (heller bzw. dunkler dimmen). Mit dem Loslassen der Wippe wird ein Telegramm gesendet, das das Stoppen der Dimmfunktion bewirkt. Beim relativen Dimmen wird stets das Steuern (heller bzw. dunkler) vom aktuellen Helligkeitswert ausgeführt.

Alternativ kann die dritte Funktion in Dimmaktoren für die Steuerung der Beleuchtung ohne Verwendung der beiden andern Funktionen benutzt werden. Dazu wird ein Sensor oder ein sendendes Gerät in der KNX-Anlage benötigt, das Telegramme mit Gruppenadressen für absolute Helligkeitswerte (8 bit-Werte für 0 bis 100 % Helligkeit) senden kann. Der 8 bit/1 Byte-Wert wird ausgewertet und von der Applikation des Dimmaktors in eine entsprechende Helligkeit umgesetzt. Die Variante der Helligkeitsteuerung nutzt man für die Realisierung von Lichtszenen und zur Konstantlicht-Regelung für spezielle Räume oder Arbeitsplätze. In **Bild 4.4** ist als Beispiel die Ansteuerung eines Dimmaktorkanals mit Dimmtaster (Gruppenadresssen 3/1 für Ein/Aus und 3/2 für relatives Dimmen) sowie zusätzlich über einen 8 bit-Lichtwertgeber (Gruppenadresse 3/3) dargestellt. Für jede Wippe des Lichtwertgebers ist ein 8 bit-Helligkeitswert parametriert, der dann den Wert der Gruppenadresse bestimmt, wenn das entsprechende Telegramm generiert wird. Die Helligkeitswerte können auch als Prozentwert der eingestellten Dimmersituation von Visualisierungen abgefragt werden bzw. der Dimmaktor sendet diesen Wert automatisch nach Beendigung einer Dimmfunktion (Schalten und/oder relatives Dimmen).

Die Ansteuerung von Leuchtmitteln über die digitale Schnittstelle DALI (Digital Addressable Lighting Interface) ist mit Gateways (KNX-DALI) möglich. KNX-Hersteller haben dazu unterschiedliche Geräte im Angebot.

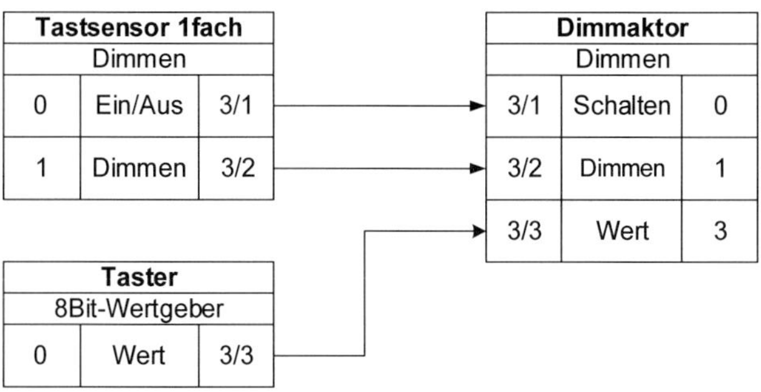

Bild 4.4: Beleuchtungssteuerung für relatives und absolutes Dimmen

4.4.3 Jalousie- und Antriebssteuerung

Die Jalousiesteuerung für motorbetriebene Jalousien bzw. Markisen/Rollladen ist eine weitere Standard-Funktion in KNX-Anlagen. Die Basisfunktionalität ist das Auf/Ab-Fahren der Beschattung und das Stoppen der Fahrt an einer beliebigen Stelle. Für Jalousien gehört zusätzlich noch die Drehung der Lamellen zur Basisfunktion. Markisen und Rollladen benötigen die Drehfunktion nicht. Damit sind für eine Jalousie zwei Gruppenadressen und für die Steuerung von Markisen/Rollladen nur eine Funktion notwendig.

Bei den einzusetzenden Tastsensoren werden für die Jalousiesteuerung je Wippe zwei Kommunikationsobjekte verwendet. Über die Unterscheidung, wie lange die Wippe gedrückt wurde, ergibt sich die zu sendende Gruppenadresse. Die meisten Applikationen sind so parametriert, dass bei einem kurzen Drücken die Lamelle entsprechend um einen bestimmten Winkel gedreht wird. Wenn sich der Antrieb in Bewegung befindet (Auf/Ab-Fahrt), dann wird die Fahrt gestoppt. Beim längeren Drücken (zumeist >300 ms) wird die Funktion Fahren (Auf/Ab) aktiviert.

Die Ansteuerung der Motoren erfolgt durch spezielle Rollladen-/Jalousieaktoren. Diese haben die gleichen Kommunikationsobjekte wie die Jalousietaster und zusätzlich ein Wind-/Sperrobjekt. Dies ist nur für Außenjalousien wichtig. Über diese Funktion wird bei Aktivierung über eine Wetterstation, die Sturm meldet, die Jalousie in eine Sicherheitsposition gefahren und die anderen beiden Funktionen gesperrt. Für die Dauer der Sperre kann die Jalousie nicht über die Jalousietaster gesteuert werden.

Viele Jalousieaktoren benötigen zyklisch einen Wert (auch den Wert „kein Wind“) auf das Sperrobjekt. Damit überwacht der Aktor den Windsensor, und falls das zyklische Telegramm über eine parametrierbare Überwachungszeit ausbleibt, wird automatisch die Sperrfunktion ausgeführt. In **Bild 4.5** ist das Beispiel einer einfachen Jalousiesteuerung mit Sperre bei Sturm dargestellt.

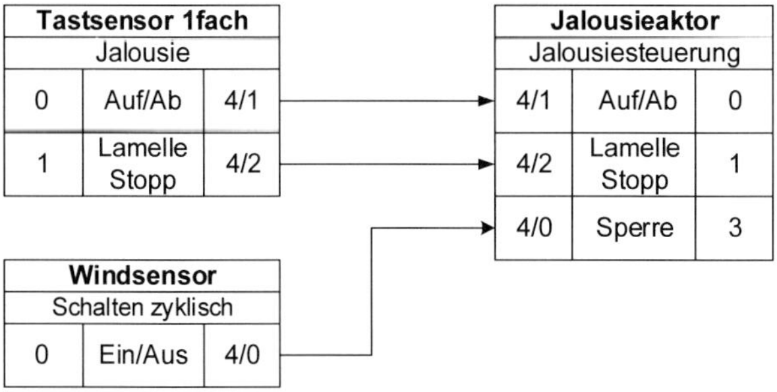

Bild 4.5: Jalousiesteuerung mit Sperrfunktion bei Sturm

Komfortable Jalousieaktoren/-applikationen gestatten das Anfahren von definierten Positionen. Dies sind die Höhe des Jalousiebehangs sowie eine entsprechende Winkelstellung der Lamellen. In Verbindung mit einer Wetterstation, die Helligkeit, Tageszeit, Windverhältnisse usw. erfasst, kann damit eine Sonnenschutzautomatik durch KNX realisiert werden.

Die Ansteuerung von Sonnenschutzanlagen, die mit SMI (Standard Motor Interface) -Antrieben ausgerüstet sind, ist über Gateways aus dem KNX-Bus möglich.

4.4.4 Visualisierung

Der KNX ist ein zentralenloses Kommunikationssystem, ein übergeordnetes Steuergerät ist daher nicht notwendig. Die jeweiligen Funktionen und Abläufe werden als verteilte Applikationen dezentral in den einzelnen Sensoren und Aktoren realisiert. Trotzdem ist es häufig gewünscht, von einer oder auch mehren Stellen innerhalb der KNX-Anlage oder von entfernten Orten aus die gebäudetechnischen Funktionen beobachten und auch beeinflussen zu können. Dazu werden zunehmend Visualisierungen bzw. mobile Endgeräte (Smart Devices) wie Smartphones oder Tablets eingesetzt.

Visualisierungen sind zentrale Melde-, Steuer- und Kontrolleinheiten, mit denen man Zustände einer KNX-Anlage darstellt bzw. beeinflusst. Sie sind einerseits als Hardwarekomponenten (Tableau oder Display) bzw. zunehmend als Software für einen PC bzw. mobile Endgeräte verfügbar. Es werden für KNX verschiedene Hard- und Softwarelösungen zur Visualisierung angeboten. Die Funktionalitäten und die Kosten der jeweiligen Produkte sind dabei breit gefächert.

Design und Programmierung von Visualisierungen unterscheiden sich insbesondere im Detail. Die grundlegende Vorgehensweise für jede Visualisierung soll aber nachfolgend im Überblick dargestellt werden.

Für die Realisierung der einzelnen Bilder oder Ansichten einer Visualisierung, zwischen denen mit Sprungfunktionen gewechselt werden kann, werden statische und dynamische Bildelemente eingesetzt. Statische Bilder sind beispielsweise Grundrisse oder Hintergrundbilder. Diese können keine aktuellen Zustände oder Abläufe der Anlage darstellen. Dazu sind dynamische Bildelemente, Schalter, Balkenanzeigen usw. notwendig. Diese stehen zumeist als Bibliothek in der Visualisierung zur Verfügung. Den dynamischen Bildelementen werden Prozessvariablen, die Gruppenadressen mit definierten Werten, zugeordnet. Eine Leuchte z. B. hat für den eingeschalteten Zustand (Wert der zugeordneten Gruppenadresse = 1) den Farbwert „Gelb“ und im ausgeschalteten Zustand wechselt die Farbe der Leuchte zu „Grau“. Verschiedene Visualisierungen bieten die automatisierte Übernahme der zu beobachtenden bzw. zu verändernden Gruppenadressen aus der ETS. Ansonsten sind die Gruppenadressen in der Software neu zu erstellen.

Die Erfassung der Zustände innerhalb einer KNX-Anlage für die Visualisierung wird durch das Aufzeichnen und Auswerten des Telegrammverkehrs, das sog. „Mithören“ realisiert. Die Visualisierung muss an exponierter Stelle einen Zugriff auf die KNX-Anlage besitzen. An diesem Busanschluss (KNX-Schnittstelle, IP-Router oder Visualisierungs-Server) müssen aber alle Gruppenadress-Telegramme quasi echtzeitfähig verfügbar sein.

Bei hierarchisch strukturierten KNX-Anlagen mit Linien- oder auch Bereichskopplern müssen deshalb alle für die Visualisierung benötigten Gruppenadress-Telegramme in das Segment weitergeleitet werden, wo sich der Busanschluss für die Visualisierung befindet (zumeist Haupt- oder Bereichslinie). Die Filtertabellen der Koppler sind dementsprechend zu erweitern. Das Weiterleiten der Telegramme in zusätzliche Segmente verursacht partiell einen nicht unerheblichen zusätzlichen Telegrammverkehr in der KNX-Anlage, die Buslast steigt also an.

Verschiedene Zustände (z. B. absolute Helligkeitswerte von diversen Dimmaktoren) können nur mittels Abfragen (Lesen/Read) der entsprechenden Kommunikationsobjekte durch die Visualisierung erfasst werden. Mit der Leseanforderung werden die zugeordneten Gruppenadressen abgefragt, daraus resultiert ein Antwort-Telegramm (Response) mit dem aktuellen Wert im Kommunikationsobjekt. Ebenso ist bei einem Neuanlauf der Anlage bzw. der Visualisierung ein schnelles Aktualisieren aller Werte auf diese Art möglich. Das bedingt ein entsprechendes Einstellen des Leseflags (L-Flag) für die Kommunikationsobjekte.

Auf eine Leseanforderung (Read) antworten (Response) alle diejenigen Geräte, bei deren Kommunikationsobjekten die angefragte Gruppenadresse zugeordnet ist und neben dem K-Flag auch das Lese-Flag (L/R) gesetzt wurde. Ist das Leseflag nicht gesetzt, erfolgt keine Antwort von diesem Teilnehmer auf die Leseanforderung. Ist die abgefragte Gruppenadresse im Kommunikationsobjekt nicht an sendender (erster) Stelle eingetragen, so erfolgt die Rückantwort mit der als sendend zugeordneten Gruppenadresse (GA).

Nummer	Name	Objektfunktion	Gruppenadresse	Länge	K	L	S	Ü	A	Priorität	Datentyp
0	Ausgang 1	Schalten	5/1, 5/0, 5/24	1 bit	K	L	S	Ü	-	Niedrig	Schalten
1	Ausgang 1	Dimmen	5/2	4 bit	K	-	S	-	-	Niedrig	Dimmer Schritt
2	Ausgang 1	Helligkeitswert		1 byte	K	-	S	Ü	-	Niedrig	Prozent (0..100%)
4	Ausgang 1	Statusrückmeldung	5/23	1 bit	K	L	-	Ü	-	Niedrig	Schalten

Bild 4.6: Sendende Gruppenadresse und L-Flag in der ETS

Im **Bild 4.6** ist das Beispiel für die Anwendung des L-Flag und die Zuordnung der sendenden Gruppenadressen dargestellt. Bei Anfrage auf Gruppenadresse 5/0 bzw. 5/24 antwortet das Gerät mit der GA 5/1, da diese an sendender (erster) Stelle im Kommunikationsobjekt Nr. 0 steht. Bei Anfrage auf GA 5/2 antwortet das Gerät nicht, da das Leseflag (Spalte L) nicht aktiviert ist. Bei Anfrage auf Gruppenadresse 5/23 antwortet das Gerät mit der GA 5/23, da diese an sendender Stelle im Kommunikationsobjekt Nr. 4 steht.

Ist die abzufragende Gruppenadresse in mehreren Kommunikationsobjekten zugeordnet, dann darf nur eines der Kommunikationsobjekte ein gesetztes Lese-Flag haben. Ansonsten würden mehrere Kommunikationsobjekte ihre Antworttelegramme initiieren. Es sollte in den Kommunikationsobjekten keine Zentral-Gruppenadresse oder eine Gruppenadresse, die in mehreren Kommunikationsobjekten zugeordnet ist, als sendende Gruppenadresse verwendet werden.

Antwort-Telegramme werden von älteren Busankoppler-Typen (z. B. mit Motorola-Mikrocontroller: Maskenversion V1.x, vgl. hierzu Abschnitt 3.1.1.1) als normales Schreib-Telegramm angesehen. Eine antwortende Zentral-Funktion könnte damit durchaus ungewollte Schalthandlungen auslösen. Für die Leseanfragen von Visualisierungen werden deshalb häufig eigenständige Gruppenadressen verwendet, die nur die Abfrage bedienen und keine weiteren Funktionen in der KNX-Anlage realisieren. Zunehmend existieren Geräte mit Kommunikationsobjekten für Status bzw. Rückmeldeobjekten, die speziell für die Meldung von Zuständen genutzt werden können (vgl. in Bild 4.6 Kommunikationsobjekt Nr. 3 mit Gruppenadresse 5/23).

Neben diesen sehr häufig angewandten Applikationen sind noch bedeutend mehr Möglichkeiten der Steuerung von gebäudetechnischen Funktionen und Abläufen präsent. Die Gerätevielfalt in KNX-TP und die Kreativität von KNX-Errichtern lassen stets neue interessante Lösungen entstehen.

Verschiedene KNX-Hersteller bieten zum Beispiel Smart-Home-Lösungen (Hard- und Software) an, welche über mobile Endgeräte ermöglichen, verschiedenste Funktionen und Abläufe/Sequenzen in Wohnimmobilien zu steuern und zu visualisieren (z. B. HomeServer/Fa. *Gira*, Domovea/Fa. *Hager*, ...). Dieses Marktsegment wird zukünftig weiter steigen, da hier einerseits auch andere Systeme (z. B. Infotainment) eingebunden werden können und andererseits die Nutzung von Smartphones/Tablets zur heutigen Lebensqualität gehört.

Mit „KNX-Web-Service (KNX-WS)“ gibt es seit Oktober 2016 eine Lösung für die Kommunikation zwischen KNX und Web-Clients (IT-Welt).

4.5 Projektierung und Inbetriebnahme mit dem Werkzeug ETS

Die eigentliche Projektierung sowie die Inbetriebnahme der KNX-Anlage im S-Mode erfolgt PC-gestützt durch ein einheitliches Software-Tool. Diese herstellerunabhängige Engineering-Tool-Software ETS (früher: EIBA Tool Software) ist eine Windows-Applikation und derzeitig in der Version 5 (ETS5) in verschiedenen Funktionalitäten lizenzierbar. Mit der ETS5 wurde auf eine neuartige Hardware-Dongle-Lösung für die Lizenzierung umgestellt. Die Lizenz, die im Dongle enthalten ist, bestimmt den nutzbaren Geräteumfang.

Die ETS5-Demo ist eine kostenlose Version zum Testen. Sie besitzt den vollen Funktionsumfang der kostenpflichtigen Varianten, es lassen sich aber nur bis zu fünf Geräte je Projekt realisieren. Die ETS5-Demo ist dafür ohne Hardware-Dongle nutzbar. Wenn der Dongle für eine Lite- bzw.

Professional-Lizenz nicht am Computer steckt, läuft die installierte ETS5 im Demo-Modus.

Die ETS5 Lite ist vorgesehen zur Realisierung von kleinen Projekten, die auf maximal 20 Geräte pro Projekt beschränkt sind. Projekte, die mit der ETS5 Lite realisiert wurden, können mit der ETS5 Professional-Lizenz erweitert werden.

Die *ETS5 Professional* wird verwendet, wenn große und komplexe KNX-Anlagen zu realisieren sind. Diese Lizenz besitzt keine Beschränkung, was die Anzahl der Geräte und Projekte betrifft. Zu einer Professional-Lizenz kann eine verbilligte Supplementary erworben werden, die als Zusatzlizenz für einen Inbetriebnahme-Computer genutzt werden kann.

Die ETS5 ist in der Lage, alle KNX-Medien zu unterstützen. Neben den schon vorher programmierbaren TP-, PL- und IP-Geräten lassen sich jetzt auch direkt KNX-RF-Geräte mit der ETS5 in Betrieb nehmen. Verschiedene Hersteller bieten dazu eine KNX-RF-USB-Datenschnittstelle an.

Laut KNX Association arbeitet die ETS5 mit einer datenbankfreien Technologie, die u. a. schnellere Im- und Exportfunktionen erlaubt.

Eine Sonderstellung nimmt die seit Ende 2016 verfügbare ETS Inside ein. Die KNX-Grundsoftware befindet sich in einem sogenanntem ETS-Inside-Gerät, das Bestandteil der KNX-Anlage ist. Hier ist für jede Anlage, also jedes KNX-Inside-Gerät eine Lizenz zu erwerben (s. www.knx.org).

4.5.1 Arbeitsfenster des Projektierungswerkzeugs

Nach dem Start der installierten ETS öffnet sich das Startfenster mit verschiedenen Reitern. In der Karteiansicht Übersicht werden die einzelnen Projekte verwaltet, Das beinhaltet das Anlegen von neuen Projekten und die Einstellungen für das spezielle Projekt, wie Projektdaten, Gruppenadressstruktur, Passwörter, Logdaten etc.

Mit der Ansicht *Bus* werden die Einstellungen für die Schnittstellen vorgenommen. Zusätzlich sind hier auch verschiedene Diagnosefunktion und Bus-/Gruppenadressenmonitor verfügbar.

Im Reiter *Kataloge* werden die Applikationen der KNX-Geräte (Produktdaten) verwaltet (s. Abschnitt 4.5.2).

Im Reiter *Einstellungen* lassen sich über diverse Unterpunkte (Ansicht, Sprache, Datenablage etc.) Festlegungen auswählen. Über den Unterpunkt Online-Katalog kann beispielsweise die zeitlich automatisierte Aktualisierung von Produktdaten ausgewählter Hersteller eingestellt werden.

Mit dem Öffnen eines Projekts wechselt die ETS in die Projektansicht. Bei der Projektierung werden die einzelnen Projekte durch verschiedene optional auswählbare Arbeitsbereiche (auch als Fenster oder Ansichten bezeichnet) dargestellt:

- Ansicht Gebäude,
- Ansicht Topologie,
- Ansicht Gruppenadressen,
- Ansicht Geräte,
- Ansicht Ganzes Projekt und
- Ansicht Reports.

Folgende Elemente sind neben dem Arbeitsfenster(n) stets vorhanden:

- Menüleiste (oben),
- Werkzeugleiste (unter Menü): Schaltflächen gestatten die direkte Ausführung von Programmfunktionen,
- Statusleiste (unten): stellt Informationen zum aktuellen Zustand der ETS dar,
- Navigationsleiste (Sidebar rechts): Funktionen und Informationen für Projektierung/Inbetriebnahme.

In **Bild 4.7** ist die Standard-Ansicht mit den typischen Arbeitsfenstern dargestellt. Die Arbeitsfenster können entsprechend der Projektbearbeitung wahlweise ausgewählt, aber auch mehrere gleichzeitig benutzt werden. Vorgenommene Änderungen in einer aktiven Ansicht führen gleichzeitig zu einer Aktualisierung in den anderen Arbeitsfenstern, soweit diese mit betroffen sind.

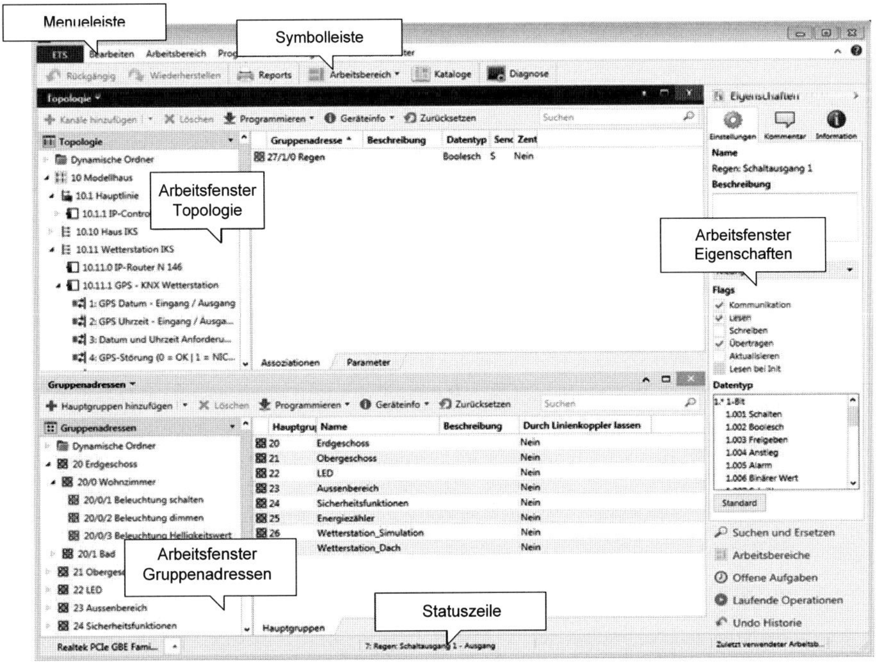

Bild 4.7: Standard-Ansicht der ETS

4.5.2 Produktdaten

Die ETS5 wird wie ihre Vorgängerversionen als herstellerneutrales Softwaretool ohne integrierte Produktdaten vertrieben, so dass die notwendigen Applikationen der zu verwendenden KNX-Geräte importiert werden müssen. Diese Produktdaten werden von den Herstellern im Internet kostenlos zur Verfügung gestellt. In dem Reiter Kataloge (s. Abschnitt 4.5.1) kann die spezielle Applikation bei Internetzugriff sofort vom Hersteller heruntergeladen werden. Der Import und auch der Export von bzw. auf andere Speichermedien (USB-Stick, CD, …) ist aber ebenso noch möglich.

Die ETS5 basiert auf einer datenbankfreien Technologie. Die früheren Versionen der ETS nutzten noch diverse Datenbank-Varianten, die spezielle Import- und Export-Sequenzen für Produkte und Projekte erforderten. Dies wurde durch einen direkten Zugriff auf Ordner mit den Produkt-/Projektdaten vereinfacht und damit auch vom Zeitaufwand her reduziert.

4.5.3 Projektierungsablauf mit ETS

Für den Projektierungsablauf hat sich folgende Reihenfolge als optimal erwiesen:

- Anlegen des Projekts (mit Fixierung von projektspezifischen Eigenschaften),
- Erstellen der Struktur (in der Regel Gebäude mit Räumen oder Topologie mit Linien usw.),
- Auswahl der herstellerspezifischen KNX-Geräte und Komponenten sowie Einordnen in die Struktur (auch mit Vergabe der konkreten physikalischen Adresse),
- Einstellen von notwendigen Parametern in den einzelnen KNX-Geräten,
- Anlegen der Gruppenadressen (Haupt-, Mittel- und Untergruppen),
- Verknüpfen der Kommunikationsobjekte der KNX-Geräte mit den Gruppenadressen entsprechend der Funktionalität,
- formale Prüfung des Projekts,
- Sicherung/Abspeichern und Dokumentation des Projekts.

Bei umfangreicheren KNX-Anlagen sind während der Projektierung weitere Schritte möglich (beispielsweise Zuordnung der Geräte zu einzelnen Gewerken). Ebenso benötigen spezielle Geräte, beispielsweise Controller, eine Zusatzsoftware (Plug-in-Tool) zur Konfigurierung und Parametrierung. Diese Plug-in´s werden von der ETS aus aufgerufen.

Für KNX-Projekte besteht zurzeit keine Möglichkeit, die Projektierung und Parametrierung der Geräte in einer Softwaresimulation zu prüfen. Erst mit der Inbetriebnahme und dem sich daran anschließenden Test der einzelnen Funktionen in der realen KNX-Anlage kann die korrekte Projektierung überprüft werden. Der zeitliche Rahmen für die Inbetriebnahmephase sollte deshalb nicht unterschätzt werden. In der ETS existiert eine formale Prüfung, die aber nur bestimmte Fehler auflistet:

- fehlende Spannungsversorgungen,
- Geräte ohne physikalische Adressen,
- Geräte ohne Gruppenadressen,
- Gruppenadressen ohne bzw. nur mit einer Verknüpfung.

Das Wissen zur Anwendung der KNX-Technologie und der konkreten Nutzung der ETS kann durch Schulungen in zertifizierten KNX-Schulungszentren in Grund- und Aufbaukursen erworben werden. Zusätzlich bietet die KNX Association einen E-Learning-Kurs, ETS eCampus an (s. www.knx.org).

4.5.4 Inbetriebnahme mit ETS

Die ETS ist zugleich auch das Software-Tool für die Inbetriebnahme von KNX-Anlagen im S-Mode. Es werden verschiedene Vorgehensweisen für die Inbetriebnahme angewendet:

- Programmierung der Geräte in Büro/Werkstatt und späterer Einbau in die KNX-Anlage,
- Teil-Inbetriebnahme (Vor-Ort-Programmierung) der eingebauten Geräte (üblich für größere Objekte, wobei noch nicht die gesamte KNX-Anlage installiert sein muss),
- Inbetriebnahme der gesamten Anlage (speziell bei kleineren Projekten).

Die Installation der Busleitung nach den vorgeschriebenen Normen und Richtlinien und die erforderlichen Prüfungen müssen erfolgt sein. Die Linien/-segmente sind mit der Busspannung versorgt (KNX-Spannungsversorgungen sind angeschlossen).

Die ETS unterschützt folgende Schnittstellentypen für die Inbetriebnahme einer Anlage:

- USB-Schnittstelle,
- RF-Interface (USB-RF-Datenschnittstelle),
- IP (KNXnet/IP).

Die in den früheren Versionen der ETS verwendete serielle Schnittstelle RS232 wird nicht mehr unterstützt.

Für die Inbetriebnahme sollte folgende Reihenfolge eingehalten werden:

- Einstellen der Kommunikation am Laptop/PC (USB, IP, ...),
- Einstellen der lokalen Schnittstelle/Interface (phys. Adresse des Busankopplers, der die Schnittstelle zum KNX bildet),
- Programmieren der physikalischen Adresse der Koppler (falls vorhanden, u. U. auch Applikation mit Parameter „Weiterleiten“),

- Programmieren der anderen KNX-Geräte über Zugriff „Bus“ (oder auch „lokal“),
- Test der Funktion, Fehlersuche und deren Beseitigung,
- in Koppler korrekte Applikation laden (Parameter „Filtern“) – dabei wird auch die Filtertabelle geladen.

Zur Programmierung der physikalischen Adressen muss die Programmier-/Lerntaste jedes Geräts betätigt werden. Die vorhandene LED zeigt die Bereitschaft zur Übernahme der Adresse an und erlischt, wenn die physikalische Adresse korrekt übernommen wurde. Das bedeutet, zur Programmierung muss jedes Gerät zugänglich sein. Die Programmierung der Applikation erfolgt in das Gerät mit der programmierten physikalischen Adresse. Dazu muss die Programmiertaste nicht noch einmal gedrückt werden.

Änderungen in der Applikation, veränderte Parameter und Zuordnungen der Gruppenadressen, können ohne Zugang zum Gerät als Download realisiert werden. Zu beachten ist auch, dass in ein Gerät nicht die Applikation eines anderen Herstellers geladen werden kann. Busankoppler, Anwendungsmodul und Applikation müssen herstellergleich sein. Die ETS lässt auch den Download bei Verletzung dieser Regel nicht zu. Eine Applikation kann aber in ein falsches Gerät des gleichen Anbieters geladen werden, nur arbeitet das Gerät dann nicht. Über spezielle Diagnosefunktionen sind derartige Fehler durchaus schnell erkennbar.

Der Abschluss des Projekts sollte die Sicherung der aktuellen Projektdaten sein. Diese sind Bestandteil in der Dokumentation der KNX-Anlage (vgl. Abschnitt 4.9).

4.5.5 Besonderheiten der Projektierung von Powerline

Für die Projektierung von KNX-Anlagen mit Powerline PL 110 bestehen zusätzlich zu beachtende Forderungen. Die Projektierung und Inbetriebnahme kann mit der ETS5 erfolgen.

Zu Beginn einer Projektierung ist festzulegen, ob sich in der Anlage ein *Repeater* befindet. Ergibt sich im Laufe der Bearbeitung oder auch bei der Inbetriebnahme, dass ein Repeater notwendig ist und eingebaut wird, so ist das Projekt zu verändern. Das Vorhandensein des Repeaters muss den anderen Geräten bekannt sein. Alle Geräte sind, falls diese schon programmiert waren, also nochmals zu programmieren. Der Repeater wiederholt bei nicht quittierten Telegrammen diese (vgl. Abschnitt 2.6).

Zusätzlich wird für jedes Projekt durch die Software-Tools eine eigene *System-ID* vergeben, die aber manuell noch verändert werden kann. Die System-ID grenzt nahe beieinander liegende PL 110-Installationen voneinander ab. Vor der Inbetriebnahme ist es manchmal notwendig, die Übertragungsleitung (230/400 V AC) auf weitere PL 110-Anlagen abzuchecken. Wenn eine solche gefunden wird, darf die neue Anlage auf keinen Fall die gleiche System-ID erhalten.

Im Projekt ist je Gruppenadresse ein sog. *Gruppensprecher* festzulegen. Der Gruppensprecher ist derjenige Teilnehmer, der beim Empfang eines Telegramms mit der entsprechenden Gruppenadresse die Quittung (ACK/NACK) sendet. Wenn mehrere Geräte (z. B. Aktoren) auf die gleiche Funktion reagieren, so ist nur der Gruppensprecher der alleinige Quittungsgeber. Der Gruppensprecher sollte deshalb der am weitesten vom Sender entfernte Aktor sein, so dass man sicher sein kann, alle näher liegenden Empfänger haben das Telegramm in besserer Qualität erhalten (s. Abschnitt 2.6).

4.6 Projektierung und Inbetriebnahme im E-Mode

Im E-Mode ist für die Programmierung und Inbetriebnahme keine ETS notwendig. Diese Aufgabe wird durch sog. *Controller* oder Verknüpfungsgeräte übernommen. Die einsetzbaren E-Mode-Geräte besitzen im Unterschied zu den universell programmierbaren S-Mode-Geräten eine vorinstallierte Applikation. Insbesondere das Medium Funk (RF) bietet sich für den E-Mode an.

Nach dem Einbau aller Geräte in die zukünftige KNX-Anlage wird über den Controller die Existenz der vorhandenen Geräte ermittelt. Dies geschieht durch selbstständiges Abfragen durch den Controller bzw. durch Betätigen von definierten Tasten oder Wippen der einzelnen Geräte. Der Controller vergibt dabei automatisch eine physikalische Adresse an die Geräte.

Die Funktionalität der E-Mode-Installation, die Verknüpfung zwischen Sensoren und Aktoren, erfolgt einzeln. Dafür existieren verschiedene Inbetriebnahmeszenarien. Beim Festlegen der Funktion am Controller, Auswahl und Nummer, wird der zugehörige Aktor bzw. Kanal des Aktors durch Drücken einer entsprechende Taste am Aktor ausgewählt. Dabei muss die gewünschte Funktion auch mit dem angewählten Aktor realisierbar sein. Eine Dimmfunktion lässt sich nur mit einem Dimmaktor verwirklichen. Bei falscher Auswahl erfolgt üblicherweise akustisch und/oder visuell eine Fehlermeldung am Controller.

Nach der Auswahl des Aktors muss die Bestimmung und Zuordnung der Sensoren innerhalb der Funktion erfolgen. Durch die Betätigung der Wippe des zugehörigen Sensors/Tasters, der die Funktion auslösen soll, wird die Verknüpfung vervollständigt. Auf diese Art und Weise werden alle in der Anlage benötigten Funktionen erstellt. Andere E-Mode-Konfigurationen verfahren umgekehrt. Es werden erst die Eingänge ausgewählt, die Funktion (z. B. Dimmen) ausgewählt und dann die zugehörigen Ausgänge dazu verbunden. Es können somit generell, wie auch mit der ETS, die Einzel-, Gruppen- und Zentralfunktionen realisiert werden. In manchen Varianten der E-Mode-Installation ist die weitere Anwesenheit des Controllers bzw. des Verknüpfungsgeräts im laufenden Betrieb der Anlage nicht mehr notwendig.

4.7 Diagnose und Service

Neben der Projektierung und den reinen Inbetriebnahme-Funktionen bietet die ETS für den Service auch noch folgende Diagnosefunktionen zur Fehlersuche in einem KNX-System an:

- Diagnose/Test von physikalischen Adressen

  Es lässt sich damit prüfen, ob eine bestimmte physikalische Adresse in der Anlage vorhanden ist. Die Funktion dient weiterhin zur Lokalisation von Geräten durch Aktivierung der Programmier-LED bzw. zum Feststellen, welche physikalische Adresse ein Busankoppler hat, der sich im Programmiermodus befindet. Zusätzlich kann ein Abgleich von projektierten und in der KNX-Anlage existierenden Teilnehmern vorgenommen werden.

- Geräteinformationen/Teilnehmer auslesen

  Diese Diagnosefunktion dient zum Überprüfen, ob in einen bestimmten Busteilnehmer das richtige Applikationsprogramm geladen wurde bzw. das zugehörige Anwendungsmodul angeschlossen ist (AST-Typ vgl. Abschnitt 3.1.1). Zusätzlich bietet diese Funktion Informationen über den Gerätehersteller des Busteilnehmers, den Ausführungszustand der Software und auch die Auflistung der den Kommunikationsobjekten zugeordneten Gruppenadressen.

- Busmonitoring/Gruppentelegramme (analysierte Aufzeichnung, **s. Tabelle 4.2**)

  Für die Aufzeichnung, die Analyse und das Abspielen von Telegrammen sind in der ETS einerseits der Busmonitor (zeichnet *alle* Telegramme der KNX-Leitung auf und analysiert diese) und andererseits die Funktion Gruppentelegramme nutzbar (dient der Aufzeichnung und Analyse von Gruppentelegrammen sowie zum Lesen und Senden von Gruppenadress-Werten).

  Zusätzlich können in einer Telegrammstatistik (Eigenschaften in Sidebar rechts) die entsprechenden relativen (%)-Werte von Telegrammen, sowie Telegramme mit negativer Quittung (NACK/BUSY) ausgewertet werden. Ebenso werden die maximale, die aktuelle und die durchschnittliche prozentuale Buslast angezeigt. Bei Werten von über 50 % Buslast ist verstärkt mit einzelnen Fehlfunktionen zu rechnen. Über „Erzeuge Statistik" in der Sidebar lassen sich noch weitere Daten der Aufzeichnung auflisten, die für eine Beurteilung der Buslast oder bei Problemen hilfreich sein können.

Es sollte nicht unerwähnt bleiben, dass das Zurücksetzen (RESET) und das Entladen von Busteilnehmern (Applikation und physikalische Adresse) mit der ETS möglich sind. Mit dem Entladen der physikalischen Adresse steht die freigewordene Adresse für die Programmierung eines anderen Geräts wieder zur Verfügung. Das entladene Gerät hat die physikalische Adresse 15.15.255 (Standard-Adresse von neuen unprogrammierten Busteilnehmern).

Für die Fehlersuche ist ein systematisches Vorgehen sehr wichtig. Auch sollte zuerst geprüft werden, ob die Fehlfunktionen z. B. nicht durch defekte Leuchtmittel oder ähnliche Mängel bedingt sind. Nach dem Bestimmen der nicht ausgeführten Funktion bzw. des Funktionsablaufes ist vom sendenden Teilnehmer (Sensor) aus beginnend, Punkt für Punkt bis zum empfangenden Teilnehmer (Aktor) der Fehler zu lokalisieren und schließlich zu beheben. Dabei kann beispielhaft nach dem Ablauf in **Bild 4.8** vorgegangen werden.

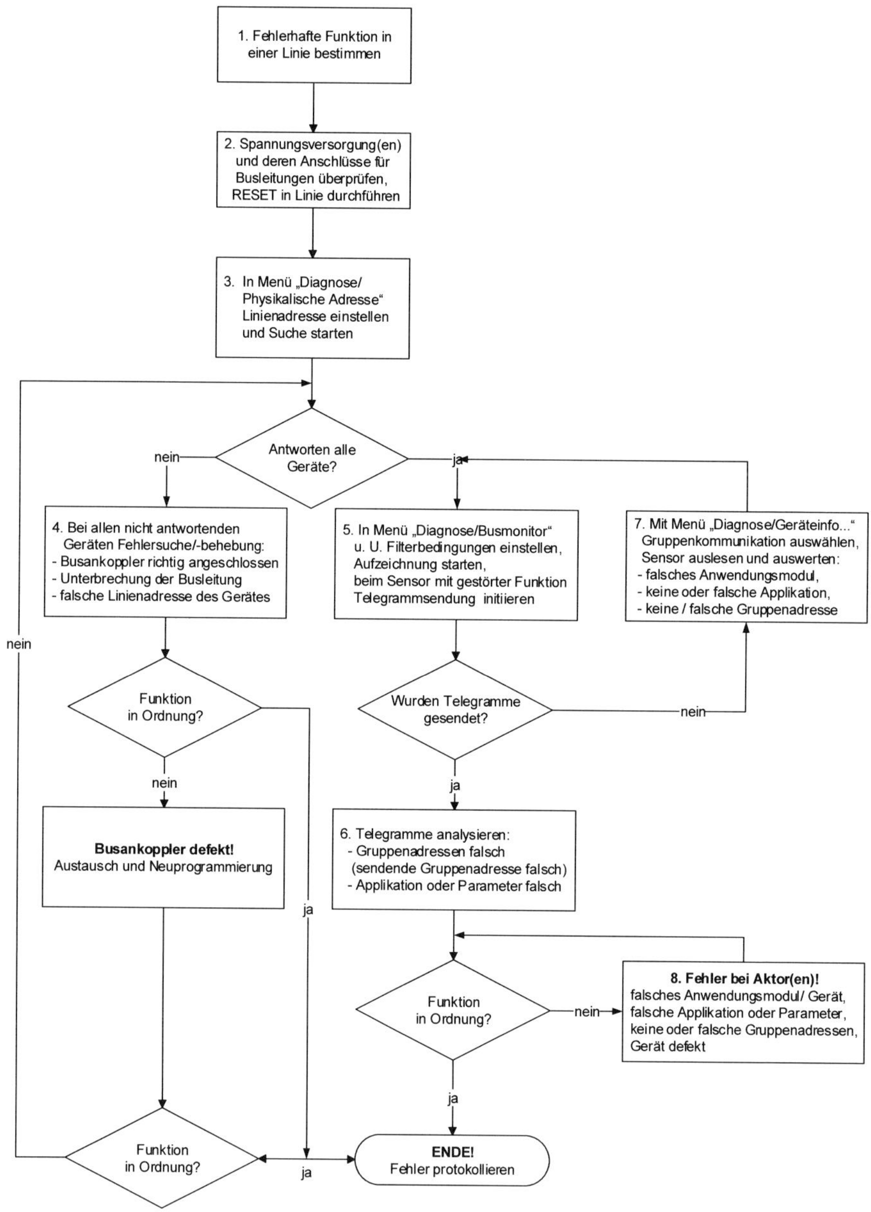

Bild 4.8: Systematische Fehlersuche

Zu den einzelnen Blöcken in Bild 4.8 werden nachfolgend noch einige Hinweise gegeben:

1. Störung durch Sichtprüfung lokalisieren; Identifizieren der für die Funktion verwendeten Buslinie(n); Teilnehmer charakterisieren (Sensor/Aktor); Anzahl der gestörten Teilnehmer bestimmen.
2. Überprüfung der Busspannung(en) der betroffenen Linien/-segmente (fehlerhafte Spannungsversorgung oder Kabelbruch).
3. Mit der ETS („Diagnose") oder einer zusätzlichen Diagnosesoftware prüfen, ob alle Teilnehmer der betroffenen Linie(n) antworten.
4. Nicht antwortende Teilnehmer überprüfen:
   - Ist die physikalische Adresse korrekt? (Suchfunktion „physikalische Adresse" der ETS dafür nutzen),
   - Leuchtet die rote LED beim Betätigen der Lerntaste? (bzw. über Diagnosefunktion der ETS die LED blinken lassen),
   - Anschluss des Busankopplers und der Busspannung überprüfen,
   - Gerätefunktionen überprüfen.
5. Über den Busmonitor der ETS bzw. mit einer zusätzlichen Diagnosesoftware die Datentelegramme aufzeichnen (Beispiel einer Aufzeichnung s. **Tabelle 4.2**):
   - Anwendungsmodul passt nicht zur Applikation des Busankopplers (falsches Modul bzw. Modul eines anderen Herstellers aufgesteckt),
   - Busankoppler enthält keine bzw. falsche Applikationssoftware (keine Gruppenadressen oder falsch eingestellte Parameter in der Applikation),
   - Gerät defekt.
6. Werden von der ETS bzw. der Diagnosesoftware Telegramme aufgezeichnet, so sind diese zu analysieren und ggf. die Programmierung des betroffenen Geräts zu ändern.
7. Mögliche Ursachen sind:
   - falsche Applikation,
   - falsche Parametereinstellungen (z. B. falsche Wippenfunktion),
   - Gruppenadresse ist falsch oder sendende Gruppenadresse ist nicht an erster Stelle gesetzt.
8. Werden keine Telegramme aufgezeichnet, so muss die Ursache analysiert werden:

Tabelle 4.2: Aufzeichnung von Datentelegrammen für die Diagnose

#	Zeit	Prio	Quell-Adresse	Ziel-Adresse	Ziel-Name	Rout	Typ	DPT	Info
1	23.04.201621:38:02,169	Low	1.1.116	1/0/0	Flur EG Zeitlicht	6	Schreiben	1.001 Schalten	$01 | Ein
2	23.04.2016 21:38:07,456	Low	1.1.1	3/1/15	PIR Nord	6	Schreiben	1.001 Schalten	$01 | Ein
3	23.04.2016 21:38:22,287	Low	1.1.114	4/1/20	Jalo Wohnzimmer Süd Lamelle	6	Schreiben	1.007 Schritt	$01 | Erhöhen
4	23.04.2016 21:38:22,663	Low	1.1.114	4/1/19	Jalo Wohnzimmer Süd auf/ab	6	Schreiben	1.008 Auf/Ab	$01 | Ab
5	23.04.2016 21:38:26,662	Low	1.1.114	4/1/20	Jalo Wohnzimmer Süd Lamelle	6	Schreiben	1.007 Schritt	$00 | Verringern
6	23.04.2016 21:38:27,030	Low	1.1.114	4/1/19	Jalo Wohnzimmer Süd auf/ab	6	Schreiben	1.008 Auf/Ab	$00 | Auf
7	23.04.2016 21:38:33,104	Low	1.1.114	1/1/16	Wohnzimmer L3 dimmen	6	Schreiben	3.007 Dimmer Schritt	$01 | Verringern, 100 %
8	23.04.2016 21:38:34,388	Low	1.1.114	1/1/16	Wohnzimmer L3 dimmen	6	Schreiben	3.007 Dimmer Schritt	$00 | Verringern, Stopp
9	23.04.2016 21:38:50,485	Low	1.1.113	6/3/36	Küche Ist-Temperatur	6	Schreiben	9.001 Temperatur (°C)	18 F7 | 19,76 °C
10	23.04.2016 21:39:26,310	Low	1.1.113	6/3/33	Küche Heizen e/a	6	Schreiben	1.001 Schalten	$01 | Ein
11	23.04.2016 21:39:50,941	Low	1.1.25	7/4/43	Kinderzimmer Heizen e/a	6	Schreiben	1.001 Schalten	$00 | Aus
12	23.04.2016 21:39:58,450	Low	1.1.11	2/0/2	Treppe L e/a	6	Schreiben	1.001 Schalten	$01 | Ein

#	Zeit	Prio	Quell-Adresse	Ziel-Adresse	Ziel-Name	Rout	Typ	DPT	Info
13	23.04.2016 21:40:05,338	Low	1.1.21	4/4/41	Jalo Arbeitszimmer auf/ab	6	Schreiben	1.008 Auf/Ab	$01 | Ab
14	23.04.2016 21:40:15,386	Low	1.1.21	4/4/42	Jalo Arbeitszimmer Lamelle	6	Schreiben	1.007 Schritt	$00 | Verringern
15	23.04.2016 21:40:16,906	Low	1.1.21	4/4/42	Jalo Arbeitszimmer Lamelle	6	Schreiben	1.007 Schritt	$00 | Verringern
16	23.04.2016 21:40:18,064	Low	1.1.21	4/4/42	Jalo Arbeitszimmer Lamelle	6	Schreiben	1.007 Schritt	$00 | Verringern
17	23.04.2016 21:40:20,718	Low	1.1.1	3/1/15	PIR Nord	6	Schreiben	1.001 Schalten	$00 | Aus
18	23.04.2016 21:40:39,082	Urgent	1.0.1	0/0/2	Windsperre	5	Schreiben	1.005 Alarm	$01 | Alarm
19	23.04.2016 21:40:40,514	Low	1.1.116	1/0/0	Flur EG Zeitlicht	6	Schreiben	1.001 Schalten	$00 | Aus
20	23.04.2016 21:41:23,400	Low	1.1.111	1/3/31	Küche L1 e/a	6	Schreiben	1.001 Schalten	$01 | Ein
21	23.04.2016 21:41:23,524	Low	1.1.112	1/3/33	Status L1 e/a	6	Schreiben	1.001 Schalten	$01 | Ein
22	23.04.2016 21:41:28,284	Low	1.1.30	6/1/16	Wohnzimmer Ist-Temperatur	6	Schreiben	9.001 Temperatur (°C)	19 07 | 21,04 °C

- Anwendungsmodul passt nicht zur Applikation des Busankopplers (falsches Modul bzw. Modul eines anderen Herstellers aufgesteckt),
- Busankoppler enthält keine bzw. falsche Applikation,
- keine Gruppenadressen zugeordnet,
- falsch eingestellte Parameter in der Applikation,
- Gerät defekt.

9. Konnten bei den Sensoren keine Fehler festgestellt werden bzw. wurden die Fehler behoben und ist die Funktion immer noch fehlerhaft, so sind die betroffenen Aktoren zu überprüfen. Mögliche Fehlerursachen können dabei sein:
   - falsches Anwendungsmodul, falls dies möglich sein kann,
   - keine Applikation in den Aktor geladen,
   - keine oder falsche Gruppenadressen im Gerät zugeordnet,
   - falsche Parameter für die gewünschte Funktion eingestellt,
   - Aktor defekt oder keine Betriebsspannung.

4.8 Prüfung der Installation

Für die Inbetriebnahme des KNX-Bussystems ist die vollständige Bus- und Starkstrominstallation notwendige Voraussetzung. Alle Teilnehmer und Linien müssen verkabelt und mit der Bus-Spannung versorgt sein, daher muss die gesamte *Installation* überprüft werden.

Die zulässigen *Leitungslängen* sind nach DIN EN 50090-1:2011-12 begrenzt. Durch den ohmschen Widerstand, die Induktivität und die Kapazität der KNX-Leitung treten Telegrammverzögerungen durch Laufzeiten und Dämpfungen der Signalpegel auf. Damit die geforderten Übertragungsbedingungen eingehalten werden, sind die Leitungslängen begrenzt. Die zulässigen Leitungslängen sind aus Tabelle 2.1 ersichtlich. Daher müssen die Längen in jeder einzelnen Linie nachgemessen werden. Diese Nachprüfung erfolgt zweckmäßigerweise durch Messung des elektrischen Schleifenwiderstands, aus dem die Leitungslänge bestimmt wird. Die gemessenen Längen sind zu protokollieren. Sie gehen als wichtiger Bestandteil in die Dokumentation der Anlage ein (s. Abschnitt 4.9).

Die *Prüfung der Polarität* der installierten Busleitungen und die gleichzeitige Überprüfung der Höhe der Busspannung an den Busgeräten werden in jeder Linie einzeln vorgenommen. Dazu wird die Spannungsversorgung in der entsprechenden Linie/Segment angeschlossen. Beim Drücken der Programmiertaste muss bei dem jeweiligen Gerät die Programmier-LED leuchten, wenn die Busleitung richtig angeschlossen wurde. Ebenso ist ersichtlich, dass die Spannung den Mindestwert von 21 V DC besitzt. Die LED wird durch erneutes Drücken der Taste wieder ausgeschaltet. Zusätzlich ist die Höhe der Busspannung an sämtlichen Busleitungsenden der Linie mittels eines Voltmeters zu überprüfen. Wenn in einer Anlage mehr als eine Linie vorhanden ist, wird diese Überprüfung an allen Linien nacheinander vorgenommen.

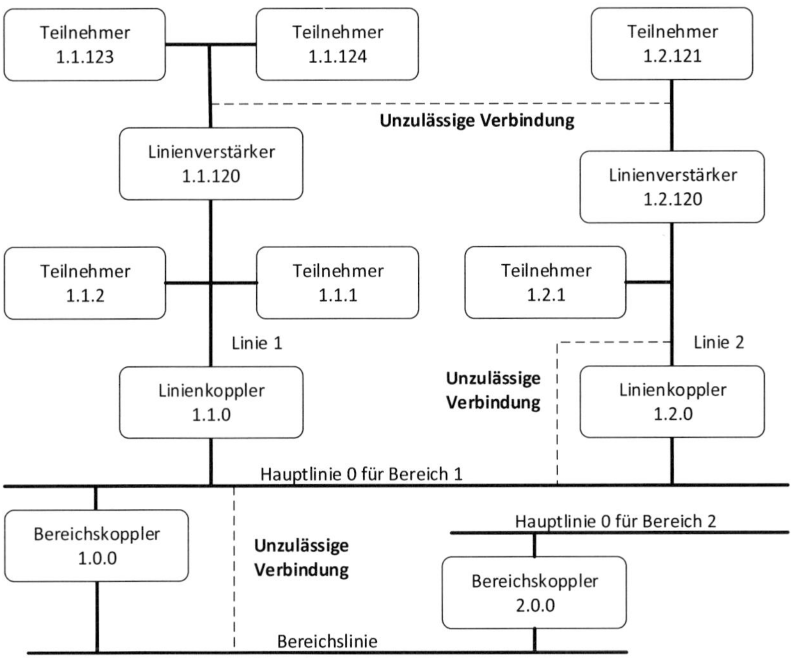

Bild 4.9: Unzulässige Verbindungen

Dabei wird gleichzeitig eine Kontrolle auf unzulässige Verbindungen durchgeführt. *Unzulässige Verbindungen* sind Überbrückungen von Linienverstärkern oder Kopplern, Verbindungen zwischen verschiedenen Linien und Verbindungen zwischen verschiedenen Bereichen (s. **Bild 4.9**). Die Überprüfung in einer Linie wird durch Abschalten der Spannungsversorgung vorgenommen. Leuchten trotzdem noch an den Busgeräten die Betriebs-LED, so wird diese Linie von einer anderen Linie/Segment über eine unzulässige Verbindung versorgt.

Weitere Prüfungen sind *Sichtprüfung* und *Kennzeichnung* der Busgeräte sowie der Bus-Leitungen. Die Anordnung der Geräte im Verteiler ist zu prüfen. Unter Umständen sind Vorgaben über die Reihung der Geräte in Verteilungen vorgeschrieben, um definierte Wärmebedingungen einzuhalten. Zusätzlich ist auf die korrekte und richtige Kennzeichnung der Geräte mit ihrer physikalischen Adresse zu achten. Die Kennzeichnung der Leitung ist ebenfalls zu prüfen. Die einzusetzende KNX-TP -Leitung wird heute üblicherweise schon mit grüner Ummantelung und Kennzeichnung „KNX“ angeboten. Zusätzlich ist es hilfreich, in Abständen und bei Vorhandensein von verschiedenen Leitungssträngen, speziell in Verteilern, die Angabe des Bereichs und der Linie auf den jeweiligen Leitungen zu machen.

Für die Abnahme bzw. zur Dokumentation der Anlage ist die Messung des Isolationswiderstands der Busleitung mit 250 V DC durchzuführen (DIN VDE 0100-600:2008-06). Der Widerstand Leiter gegen PE muss dabei mindestens 250 kΩ betragen.

4.9 Dokumentation

Bei der Projektierung mit einem Bussystem ist die sorgfältige Dokumentation besonders wichtig. Aus den Schalt- und Verdrahtungsplänen sind beim KNX-System im Gegensatz zur konventionellen Installationstechnik keine funktionellen Zusammenhänge mehr ersichtlich, da alle Geräte ausschließlich über den Bus miteinander verbunden sind. Man kann aus diesen Plänen nicht mehr erkennen, welcher Schalter welche Leuchte schaltet. Trotzdem ist die Anlage entsprechend zu dokumentieren.

Üblich ist die Festlegung über die zu übergebende Dokumentation im Lasten-/Pflichtenheft. Neben den Dokumenten nach DIN EN 61082-1:2015-10 bzw. Unterlagen nach VOB Teil C – DIN 18382:2012-09 sind dies von der ETS erstellbare Reports/Listen, dabei speziell Funktions- und Gerätelisten.

Die ETS bietet zur Dokumentation der KNX-Anlage sog. Reports, die Funktionszusammenhänge und Geräteeinstellungen reflektieren. Sie enthalten alle wichtigen Parameter, betreffend die Busgeräte und die Gruppenadressen:

- physikalische Adressen der Busgeräte und Einbauort,
- Hersteller und Gerätetyp,
- Applikation und Parametereinstellungen,
- Gruppenadressen (sendend und empfangend),
- zusätzliche Bemerkungen.

Die auf Datenträger gespeicherten Projektdateien der ETS sind ebenfalls Bestandteil der ordnungsgemäßen Dokumentation einer KNX-Anlage. Sie enthält die Geräte, deren Applikation mit Parametern und physikalischen Adressen, die Gruppenadressen mit ihren Assoziationen sowie die erstellte Struktur der KNX-Anlage (Gebäude und Gewerke). Der Nachweis der Funktion der KNX-Anlage sollte ebenfalls mit dokumentiert werden. Zusätzlich wird auch das Prüfprotokoll der Installation zur Dokumentation gezählt. Es beinhaltet insbesondere die Ergebnisse der Installationsprüfung.

5 Zusammenwirken von Geräten verschiedener Hersteller – Interworking

Die KNX Association beschreibt Interworking als „Situation, in der Produkte Daten senden und empfangen, die sie ohne zusätzliche Ausrüstung genau verstehen und verarbeiten". Damit wird gesichert, dass Produkte (Geräte) verschiedener Hersteller in einer Installation verwendet werden können, ohne dass spezielle Anpassungen oder Absprachen notwendig sind.

5.1 Ziele des Interworkings

Interworking sichert die Zusammenarbeit von Geräten unterschiedlicher Hersteller und unterschiedlicher Anwendungsbereiche. Beispielsweise steuert der Raumtemperaturregler des Herstellers A die Position der Ventile von Hersteller B an und die Wippe oben von Hersteller A schaltet die Lichter aus, die über Schaltaktoren der Hersteller B, C und D angesteuert werden.

Um dies zu erreichen, muss nicht nur das Protokoll standardisiert, sondern Regeln für die Codierung von Nutzdaten innerhalb der Telegramme festgelegt werden. Ohne diese Festlegung könnten die Geräte zwar über den KNX-Bus kommunizieren, aber die Interpretation der Nutzdaten bliebe herstellerspezifisch. So könnte der Hersteller A einen Temperaturwert als 2-Byte- und ein anderer Hersteller als 3-Byte-Wert codieren. Abgesehen davon, dass die Applikation so nicht funktionieren würde, könnte die ETS diese Objekte nicht miteinander verknüpfen.

Bereits im EIB hatte die EIBA damals Formate für allgemeine Funktionen, wie schalten, dimmen, Jalousiesteuerung, Integer und Float-Werte, Prozentwerte, Datum/Zeit, HKL Modi, Szenenregelung usw., festgelegt. Damals wurden diese Formate als EIS bezeichnet (EIB Interworking Standards). Mit der Entstehung und Weiterentwicklung des KNX wurde EIS in „KNX standardisierte Datenpunkttypen“ umbenannt. Der Interworkingansatz des KNX geht aber über die Standardisierung von Datentypen hinaus: Es wurde ein umfassendes Interworking-Modell entwickelt.

5.2 Applikationsorientiertes Interworking-Modell des KNX

Das KNX-Interworking Modell ist nach **Bild 5.1** hierarchisch in mehreren Ebenen strukturiert.

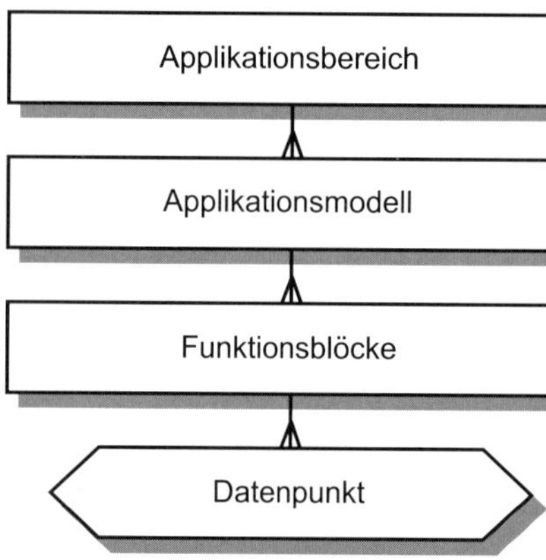

Bild 5.1: KNX-Interworking-Modell mit Mehrebenen-Struktur

Die *Applikationsbereiche* liegen unter anderem auf folgenden Gebieten:

- Heizung, Lüftung, Klima/Kälte (HLK),
- Warmwasser,
- Raumautomation,
- Beleuchtungstechnik,
- Verschattung.

Innerhalb der Applikationsbereiche gibt es spezielle anwendungsspezifische Lösungen, die als *Applikationsmodelle* bezeichnet werden. Hierzu zählen z. B.:

- Sensoren für die HLK-Technik, Zeitplanmodule,
- Warmwassererzeugung, -verteilung,
- Einzelraumtemperaturregelung,
- Dimmen,
- Jalousiesteuerung.

Die Applikationsmodelle werden nicht durch Produkte/Geräte beschrieben, sondern durch *Funktionsblöcke*. Eine Anwendung kann durch mehrere Funktionsblöcke realisiert werden, die im KNX-Netz verteilt liegen können. Ein Funktionsblock beschreibt die standardisierte Lösung einer bestimmten (Teil-) Aufgabe. Er transportiert seine Daten als Eingangsgrößen, Ausgangsgrößen oder Parameter über den Bus. Diese *Datenpunkte* sind wiederum als Datenpunkttypen (DPT) standardisiert.

5.3 Funktionsblöcke

Das wichtigste Instrument zur Sicherung des Interworkings sind die *Datenpunkttypen*, die in allen KNX-Realisierungen verwendet werden müssen. *Funktionsblöcke* kann man sich als eine Sammlung der Datenpunktbeschreibung, der Kommunikationsmechanismen und der funktionellen Eigenschaften für die Lösung einer Aufgabe vorstellen.

Für Geräte, die im *S-Mode* konfiguriert werden, ist die Verwendung von Funktionsblöcken nicht vorgeschrieben und auch nicht nötig. Durch den Zwang zur Verwendung von Funktionsblöcken würde man die Flexibilität und die Leistung solcher Geräte unnötig einschränken. Für diese Geräte ist aber die Verwendung der standardisierten Datenpunkttypen zwingend erforderlich.

In einigen Fällen ist allerdings neben den DPT auch die Funktionalität vorgeschrieben (z. B. dimmen, Jalousiesteuerung oder schalten mit Priorität). In diesem Fall ist die Spezifikation von Funktionsblöcken notwendig, um eine KNX-Produktzertifikation zu erreichen.

Für den *E-Mode* sind die Funktionsblöcke unbedingt notwendig. Insbesondere für den Anwendungsbereich Heizung, Lüftung und Klima wurde dieser Konfigurationsmodus stark ausgebaut (s. Abschnitt 2.4.6 zu LTE) und viele anwendungsspezifische Funktionsblöcke entwickelt.

Funktionsblöcke werden durch eine Sammlung von Datenpunkten und eine genau definierte Funktionalität definiert. Die standardisierte grafische Darstellung zeigt **Bild 5.2**. Für jeden Funktionsblock ist das funktionelle Verhalten genau spezifiziert. Damit wird die Behandlung der Datenpunkte sowie der physikalischen Ein- und Ausgänge beschrieben. Ein Datenpunkt ist, allgemein formuliert, ein Interface (Schnittstelle), über das Daten empfangen und gesendet werden können.

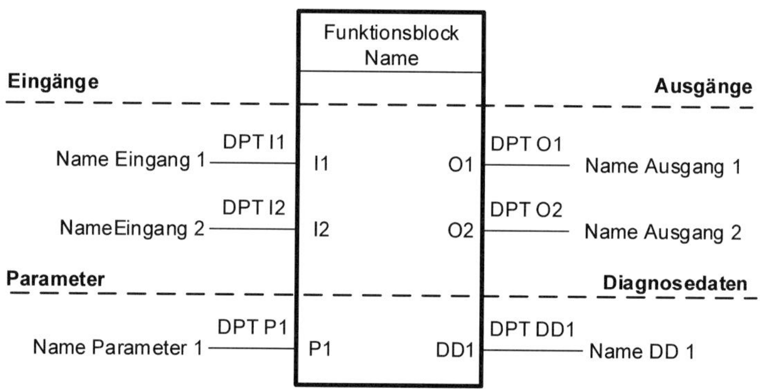

Bild 5.2: Grafische Darstellung eines Funktionsblocks

Aus der Sicht des *Zugriffs* auf die Datenpunkte kann man sie unterscheiden in:

- Eingangsvariable I,
- Ausgangsvariable O,
- Parameter P und
- Diagnosedaten DD.

Die Eingangsvariablen werden von anderen Funktionsblöcken empfangen. Ausgangsvariablen resultieren aus dem realisierten Prozess des Funktionsblocks und werden an einen oder mehrere weitere Funktionsblöcke gesendet. Die Parameter bestimmen die Abarbeitung der im Block implementierten Funktion. Diagnosedaten repräsentieren den internen Zustand eines

Funktionsblocks. Sie haben für den Normalbetrieb keine Bedeutung, werden aber für die Installation, Service und Wartung benötigt.

Aus der Sicht der *Kommunikationsart* können die Datenpunkte folgende Typen sein (s. **Bild 5.3**):

- Kommunikationsobjekt-Datenpunkt (Group Object Datapoint – GO). Dies sind die in der Runtime benutzten Datenpunkte zum Informationsaustausch zwischen den Funktionblöcken (s. Abschnitt 2.4.4);
- Interfaceobjekt-Eigenschafts-Datenpunkt (Interface Object Property Datapoint – PR). Ein Interface-Objekt ist eine Sammlung von verschiedenen System- und Applikationseigenschaften, wie Adresstabellen, Parametern. Es wird vorzugsweise für die Kommunikation zwischen einem Teilnehmer und der ETS oder einem Controller genutzt, ohne explizite Kenntnisse über den Speicher des Geräts zu erfordern. Außerdem sind sie für eine Punkt-zu-Punkt-Kommunikation vorgesehen (Beispiel: LTE-Modus);
- gepollter Datenpunkt (Polling Value Datapoint – PV), zyklisch abgefragter Datenpunkt;
- speichergebundener Datenpunkt (Memory Mapped Datapoint – MM). Dies ist ein Datenpunkt, der von der ETS oder einem Controller direkt in den Speicher (EEPROM oder Flash-ROM) eines Geräts geschrieben wird. Die Verwendung erfolgt ausschließlich für Konfigurationszwecke.

In den meisten Fällen wird man die Kommunikation über Kommunikationsobjekte und Gruppentelegramme bevorzugen.

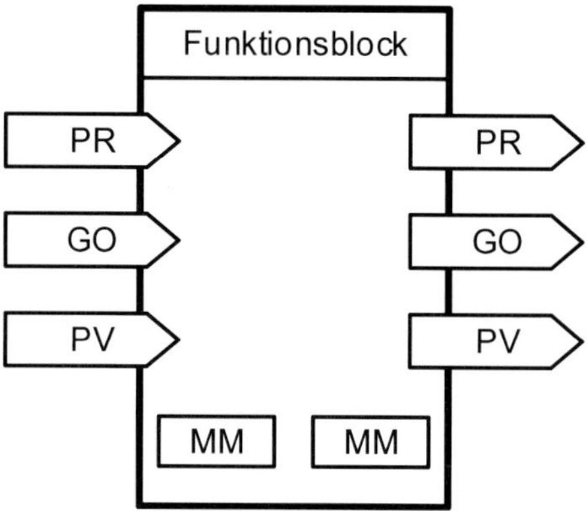

Bild 5.3: Kommunikationsarten der Datenpunkte

Innerhalb der Funktionsblockspezifikation werden die Datenpunkte durch einen Namen sowie durch einen genau festgelegten Datenpunkttyp (DPT) beschrieben (s. Abschnitt 5.4).

5.4 Datenpunkttypen

Die meistverwendeten Datentypen wurden auf europäischer Ebene standardisiert und sind in die DIN EN 5009033 integriert. Wenn ein standardisierter DPT für eine bestimmte Funktion existiert, muss ein Hersteller dieses Format verwenden, um ein zertifizierungsfähiges Produkt zu erstellen.

Um das Interworking in einer KNX-Installation zu gewährleisten, müssen alle in der Funktionsblockbeschreibung als notwendig deklarierten Datenpunkte einem standardisierten Datenpunkttyp (DPT) entsprechen. Die DPT sind durch eine vorgeschriebene Datencodierung definiert (s. **Bild 5.4**).

Die formale Beschreibung der DPT enthält folgende Elemente:

- Format: Anzahl und Länge von Feldern mit je einem oder mehreren Bits, z. B. 1 Feld, 8 Bit,
- Codierung: Art der Codierung der Daten,
- Wertebereich: Minimal- und Maximalwerte bzw. Listen gültiger Werte, z. B. 0 bis 100,
- Einheit: Einheit der Daten, z. B. %.

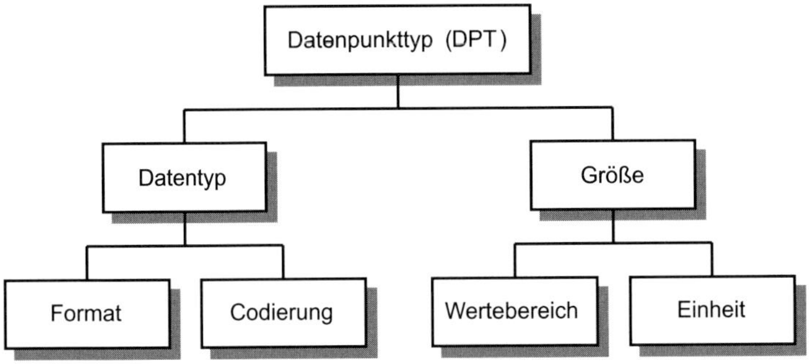

Bild 5.4: Datenpunkttypen

Die Kennzeichnung eines DPT geschieht durch die Zahlenkombination von Haupt- und Unternummer mit je 16-Bit-Wertebereich, getrennt durch einen Punkt. Ein Beispiel ist der DPT-Scaling 5.001. Die Hauptnummer kennzeichnet den Datentyp, d. h. das Format und die Codierung. Alle DPT mit der gleichen Hauptnummer haben das gleiche Format und die gleiche Codierung. In unserem Beispiel steht die 5 für den Datentyp *8 Bit ohne Vorzeichen, binär codiert.*

Die Unternummer beschreibt die Größe des Datenpunkts mit dem Wertebereich und der Einheit. Im Beispiel definiert die 001 einen Wertebereich von 0 bis 100 und die Maßeinheit %.

Außerdem enthält die Tabelle zur Beschreibung eines DPT noch die Verwendung bzw. den Einsatz (allgemeine Verwendung oder Funktionsblock intern). Im Folgenden werden exemplarisch einige DPT vorgestellt.

5.4.1 1-Bit-Datenpunkte

Der Datentyp 1.xxx enthält zurzeit 22 DPT (s. **Bild 5.5**). Als Beispiel soll hier der DPT_Switch (EIN/AUS) vorgestellt werden. Er dient zum Schalten einer Aktorfunktion.

Die Kommunikationsobjekte des Datentyps 1.xxx verwenden nur das niederwertige Bit innerhalb des letzten Nutzdatenbytes. Die nicht genutzten Bits sind auf 0 gesetzt. Das Bild 2.29 im Abschnitt 2.4.4 zeigte bereits das Telegrammbeispiel für das *Ein-Schalten* eines Aktors.

Format	1 Bit [1: b]
Codierung	siehe unten
Wertebereich	b={0,1}
Einheit	-

Datenpunkttypen

ID:	Name:	Codierung: b = 0	b = 1	Einsatz:
1.001	DPT_Switch	Aus	Ein	Allgemein
1.002	DPT_Bool	unwahr	wahr	Allgemein
1.003	DPT_Enable	gesperrt	freigegeben	Allgemein
1.004	DPT_Ramp	keine Rampe	Rampe	FB intern
1.005	DPT_Alarm	kein Alarm	Alarm	FB intern
1.006	DPT_BinaryValue	niedrig	hoch	FB intern
1.007	DPT_Step	abwärts	aufwärts	FB intern
1.008	DPT_UpDown	aufwärts	abwärts	Allgemein
1.009	DPT_OpenClose	öffnen	schließen	Allgemein
1.010	DPT_Start	Stop	Start	Allgemein
1.011	DPT_State	inaktiv	aktiv	FB intern
1.012	DPT_Invert	nicht invertiert	invertiert	FB intern
1.013	DPT_DimSendStyle	Start/stop	zyklisch	FB intern
1.014	DPT_InputSource	festgelegt	berechnet	FB intern
1.015	DPT_Reset	keine Aktion	reset	Allgemein
1.016	DPT_Ack	keine Aktion	Acknowledge	Allgemein
1.017	DPT_Trigger	Trigger	Trigger	Allgemein
1.018	DPT_Occupancy	nicht belegt	belegt	Allgemein
1.019	DPT_Window_Door	geschlossen	offen	Allgemein
1.021	DPT_LogicalFunction	OR	AND	FB intern
1.022	DPT_Scene_AB	Szene A	Szene B	FB intern
1.023	DPT_ShutterBlinds_Mode	Up/Down Modus (Jalousie)	Up/Down+Step Modus (Rollladen)	FB intern

Bild 5.5: 1-Bit-Datenpunkttypen

Andere Funktionen bzw. Erweiterungen zu der reinen Schaltfunktion (Invertierung, Zeitschalter-, Umschaltfunktionen usw.) sind nicht Bestandteil des Datenpunkttyps, sondern Parameter des Funktionsblocks, in dem der Datenpunkttyp zur Anwendung kommt (z. B. Funktionsblock Lichtschalter).

5.4.2 2-Bit-Datenpunkte

Der Datentyp 2.xxx enthält z. Z. 12 DPT (s. **Bild 5.6**). Hier soll der DPT_Switch_Control 2.001 vorgestellt werden. Dieser DTP ist vorgesehen für Anwendungen, bei denen ein Aktor, neben der normalen Bedienung über das Kommunikationsobjekt DPT Ein/Aus, durch eine übergeordnete Steuerung „zwangsgeführt" geschaltet werden soll. Dazu sind 2-Bit-Datenpunkttypen notwendig.

Die Schaltfunktion eines angeschlossenen Verbrauchers hängt vom Zustand seiner beiden Kommunikationsobjekte DPT_Switch *und* DPT Switch Control ab. Das Kommunikationsobjekt DPT_Switch_Control hat eine Länge von 2 Bit. Bei einer Bitkombination 00 oder 01, wird der angeschlossene Aktor über das Schaltobjekt gesteuert. Erhält der Datenpunkt die Bitkombination 10, so schaltet der Ausgang AUS, beim Wert 11 schaltet er EIN. Der Wert des Schaltobjekts ist in den beiden Fällen ohne Bedeutung.

Format	2 Bit — 1: C V
Codierung	siehe unten
Wertebereich	C={0,1}, V={0,1}
Einheit	-

Datenpunkttypen

ID:	Name:	Einsatz:	Codierung: C	V
			0 = ohne Zwangsführung 1 = mit Zwangsführung	Siehe DPT1.xxx
2.001	DPT_Switch_Control	Allgemein		
2.002	DPT_Bool_Control	Allgemein		
2.003	DPT_Enable_Control	FB intern		
2.004	DPT_Ramp_Control	FB intern		
2.005	DPT_Alarm_Control	FB intern		
2.006	DPT_BinaryValue_Control	FB intern		
2.007	DPT_Step_Control	FB intern		
2.008	DPT_Direction1_Control	FB intern		
2.009	DPT_Direction2_Control	FB intern		
2.010	DPT_Start_Control	FB intern		
2.011	DPT_State_Control	FB intern		
2.012	DPT_Invert_Control	FB intern		

C	V	
0	0	ohne Zwangsführung
0	1	ohne Zwangsführung
1	0	mit Zwangsführung, Funktion entspr. V = 0
1	1	mit Zwangsführung, Funktion entspr. V = 1

Bild 5.6: 2-Bit-Datenpunkte

Das **Bild 5.7** zeigt einen Ausschnitt aus dem Telegramm zur Übertragung eines zwangsgeführten AUS-Schaltens.

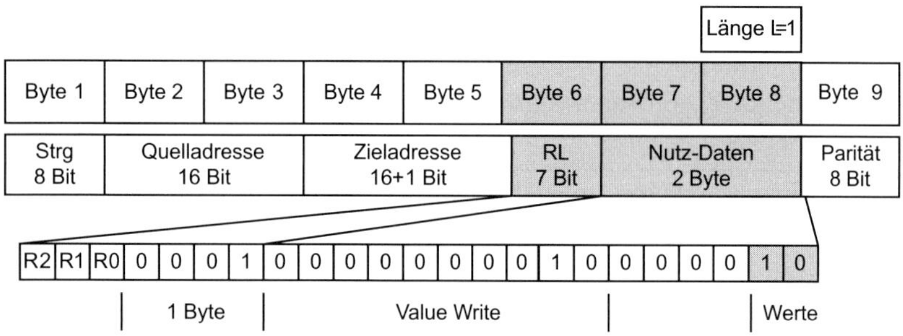

Bild 5.7: Auszug aus einem Telegramm zum Übertragen eines zwangsgeführten AUS-Befehls

5.4.3 4-Bit-Datenpunkte

Kommunikationsobjekte mit einer Größe von 4 Bit werden verwendet, um relativ zu dimmen oder um Jalousien (vertikal oder die Lamellen) relativ zu einer bestimmten Startposition zu bewegen (s. **Bild 5.8**).

Format	4 Bit — 1: C V V V
Codierung	siehe unten
Wertebereich	C={0,1}, V= siehe unten
Einheit	-

Datenpunkttypen				
ID:	**Name:**	**Einsatz:**	**Codierung:**	
			C	V V V
3.007	DPT_Control_Dimming	FB intern	Siehe 1.007	Bereich [000 …111] 001 … 111: Schritt 000: Stop
3.008	DPT_Control_Blinds	FB intern	Siehe 1.008	

Bild 5.8: 4-Bit-Datenpunkttypen

5.4.4 8-Bit-Datenpunkte ohne Vorzeichen

Datenpunkttypen 5.xxx umfassen Prozentwerte (skalierte Werte) und nicht-skalierte Werte.

Prozentwerte

Prozentwerte bzw. skalierte Werte sind im **Bild 5.9** dargestellt.

Format	8 Bit — 1: U U U U U U U U
Codierung	binär codiert

MSB LSB	
U U U U U U U U	
0 0 0 0 0 0 0 0	min. Bereich/ AUS
0 0 0 0 0 0 0 1	Wert „low“
: : : : : : : :	:
1 1 1 1 1 1 1 1	max. Bereich

Wertebereich	U=[0 … 255]
Einheit	Siehe unten

Datenpunkttypen

ID:	Name:	Bereich: [min…max]	Einheit:	Einsatz:
5.001	DPT_Scaling	[0…100]	%	Allgemein
5.003	DPT_Angle	[0…360]	°	Allgemein
5.004	DPT_Percent_U8	[0…255]	%	FB intern
5.005	DPT_DecimalFactor			Allgemein

Bild 5.9: 8-Bit-Datenpunkte (Prozentwerte)

Als Beispiel soll hier der DPT Scaling 5.001 vorgestellt werden. Er wird benutzt, um absolute Werte (entsprechende Prozentwerte) zu übertragen. Dieser DPT wird beim Funktionsblock „Dimmen“ zur Funktion „Absolut Dimmen“ genutzt. Er überträgt einen Helligkeitswert zwischen 1 (kleinster

Wert) und 255 (maximaler Wert). Je nach Herstellerapplikation besteht die Möglichkeit, einen angeschlossenen Verbraucher mit dieser Funktion auch einzuschalten (1 = Wert = 255) oder auszuschalten (Wert = 0). Das Kommunikationsobjekt hat eine Länge von 1 Byte.

Bild 5.10 zeigt das entsprechende Telegrammbeispiel zum Übertragen dieses DPT.

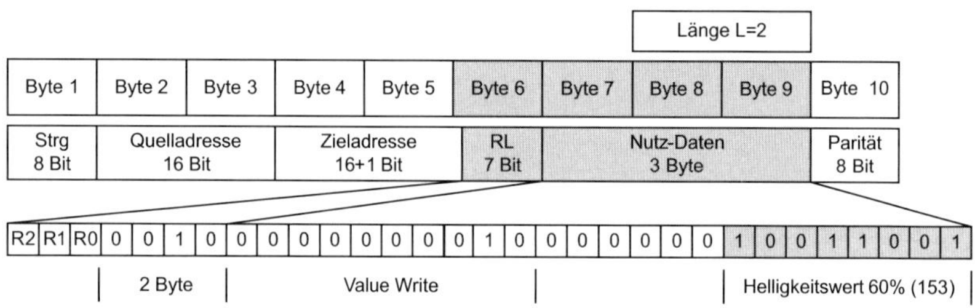

Bild 5.10: Auszug aus einem Telegramm zum Übertragen eines absoluten Helligkeitswerts

Nicht-skalierte Werte

Zu den nicht-skalierten Werten zählen:

- DPT 5.006 DPT_Tariff: Der Wertebereich von 0 bis 254 steht zur Kennzeichnung verschiedener Tarife zur Verfügung.
- DPT 5.010 DPT_Value_1_Ucount: Der Wertebereich von 0 bis 255 entspricht einem Zählerstand.

5.4.5 2-Byte-Gleitkommazahl

Mit diesem Datenformat können Daten, die physikalische Größen mit Wert und Einheit darstellen, übertragen werden. Abhängig von den unterschiedlichen physikalischen Größen sind unterschiedliche Datenpunkttypen definiert (s. **Bild 5.11**).

Format	2 Byte: 2 MSB: S E E E E M M M; 1 LSB: M M M M M M M M
Codierung	$(\ 1)^S \cdot (0{,}01 \cdot M) \cdot 2^E$ E=[0 … 15], M= [-2048 … 2047], Zweierkomplement
Wertebereich	[-671088,64 … 670760,96]
Einheit	Siehe unten

Datenpunkttypen

ID:	Name:	Bereich:	Einheit:	Einsatz:
9.001	DPT_Value_Temp	-273…+670 760	°C	Allgemein
9.002	DPT_Value_Tempd	-670 760…+670 760	K	Allgemein
9.003	DPT_Value_Tempa	-670 760…+670 760	K/h	Allgemein
9.004	DPT_Value_Lux	0…670 760	Lux	Allgemein
9.005	DPT_Value_Wsp	0…670 760	m/s	Allgemein
9.006	DPT_Value_Pres	0…670 760	Pa	Allgemein
9.007	DPT_Value_Humidity	0...670 760	%	Allgemein
9.008	DPT_Value_AirQuality	0...670 760	ppm	Allgemein
9.009	DPT_Value_AirFlow	-670 760…+670 760	m³/h	Allgemein
9.010	DPT_Value_Time1	-670 760…+670 760	s	FB intern
9.011	DPT_Value_Time2	-670 760…+670 760	ms	Allgemein
9.020	DPT_Value_Volt	-670 760…+670 760	mV	Allgemein
9.021	DPT_Value_Curr	-670 760…+670 760	mA	Allgemein
9.022	DPT_PowerDensity	-670 760…+670 760	W/m²	FB intern
9.023	DPT_KelvinPerPercent	-670 760…+670 760	K/%	FB intern
9.024	DPT_Power	-670 760…+670 760	kW	FB intern
9.025	DPT_Value_Volume_Flow	-670 760…+670 760	l/h	FB intern
9.026	DPT_Rain_Amount	-671 088,64…+670 760,96	l/m²	Allgemein
9.027	DPT_Value_Temp_F	-459,6…+670 760,96	°F	Allgemein
9.028	DPT_Value_Wsp_kmh	0…670 760,96	km/h	Allgemein

Bild 5.11: Datenpunkttypen 2-Byte-Gleitkommazahl

Die Codierung der Zahl geschieht nach der Vorschrift $(1)^S \cdot (0{,}01 \cdot M) \cdot 2E$. Dabei ist das Vorzeichenbit „S“ das Vorzeichen für die Mantisse „M“. Der Bitwert 1 kennzeichnet ein negatives, der Wert 0 ein positives Vorzeichen.

Der 4-Bitwert „E“ ist ein ganzzahliger Exponent zur Basis 2 (0…15). Für die Mantisse „M“ ist eine Auflösung von 0,01 definiert. Die Auflösung der physikalischen Größe ergibt sich aus $(0{,}01) \cdot 2E$.

Positive Werte („S“ = 0) werden als normale Binärzahl gebildet. Der Wertebereich für nicht-negative Zahlen ist [0...2047]. Diese Werte, binär dargestellt, ergeben für den Wert „0“:

S	M											Wert
0	0	0	0	0	0	0	0	0	0	0	0	0

und für den maximalen Wert 2047:

S	M											Wert
0	1	1	1	1	1	1	1	1	1	1	1	2047

Bei negativen Werten („S“ = 1) wird die Mantisse als Zweierkomplementzahl codiert. Ein negativer Wert wird wie folgt dargestellt:

Zuerst werden *alle* Bits des Absolutwerts invertiert (d. h. 1 → 0; 0 → 1) dann wird eine binäre „1“ addiert.

Der Wertebereich der negativen Zahlen ist [–2048...–1]. Der Unterschied zum Wertebereich der nicht-negativen Zahlen ergibt sich aus dem Umstand, dass das Vorzeichenbit „S“ mit dem Wert 1 einbezogen wird.

Der Wert –2048 ergibt sich zunächst aus dem Wert +2048 (aus dem S-Bit und der Mantisse):

S	M											Wert
1	0	0	0	0	0	0	0	0	0	0	0	2048

und durch Invertieren erhält man:

S	M										
0	1	1	1	1	1	1	1	1	1	1	1

und mit der Addition der binären „1“ ergibt sich:

S	M											Wert
1	0	0	0	0	0	0	0	0	0	0	0	–2048

Der Wert „-1“ ergibt sich zunächst aus der Binärdarstellung der “+1“:

S	M											Wert
0	0	0	0	0	0	0	0	0	0	0	1	1

und um „–1“. zu erhalten, werden alle Bits invertiert:

S	M										
1	1	1	1	1	1	1	1	1	1	1	0

und eine binäre „1“ addiert:

S	M											Wert
1	1	1	1	1	1	1	1	1	1	1	1	-1

In Sensoren ist es zulässig, mit einem festen Exponenten von 3 zu arbeiten.

Beispiel: Für eine Temperaturmessung im Messbereich von ±160 (°C) und einer Auflösung von 0,1 (°C) ist ein fester Exponent von 3 ausreichend. Dies lässt sich wie folgt nachvollziehen. Der Wertebereich der Mantisse [–2048…+2047] multipliziert mit 0,01 ergibt [–20,48…+20,47]. Mit dem Exponenten E = 3 ergibt sich ein Faktor von 23 = 8 und damit ein resultierender Wertebereich von [–163,84…+163,76]. Auch die Auflösung ist mit 0,08 ausreichend.

Ein weiteres *Beispiel* soll die Verwendung dieser Codierung erläutern. Es soll ein Temperaturwert von –30 °C mit einer Auflösung von 0,01 übertragen werden.

Wegen der Auflösung der Mantisse von 0,01 ergibt sich der zu übertragende Wert zu –3000. Der Wertebereich der Mantisse ist für negative Werte [–2048…–1]. Ein Exponent E = 1 ist ausreichend, da sich durch Multiplikation mit 21 damit ein Wertebereich der physikalischen Größe von [–4096…–2] ergibt. Mit dem Faktor 21 erhält man als zu übertragende Mantisse den Wert –1500.

Die Zweierkomplementdarstellung ergibt sich, wie oben bereits prinzipiell gezeigt wurde, zu:

S	M											Wert
0	1	0	1	1	1	0	1	1	1	0	0	1500

Um „-1500“ zu erhalten, werden alle Bits invertiert:

S	M										
1	0	1	0	0	0	1	0	0	0	1	1

und eine binäre „1“ addiert:

S	M											Wert
1	0	1	0	0	0	1	0	0	1	0	0	-1500

Als Ergebnis erhält man für die Übertragung von –30 °C folgende Darstellung mit 16 Bit:

S	E				M											Wert
1	0	0	0	1	0	1	0	0	0	1	0	0	1	0	0	-3000

Das **Bild 5.12** zeigt das zugehörige Telegramm zur Übertragung dieser Nutzdaten.

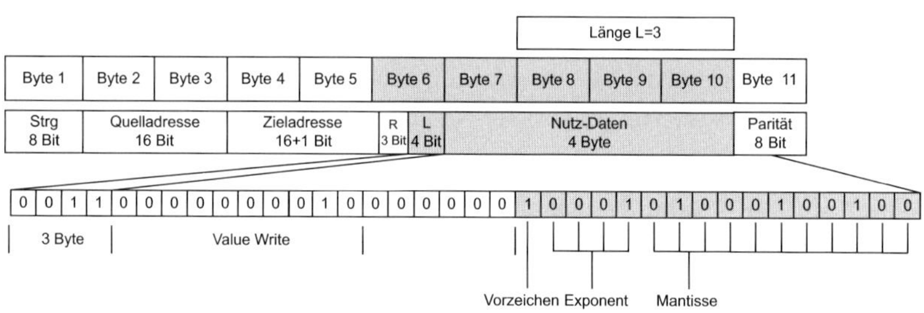

Bild 5.12: Auszug aus einem Telegramm zum Übertragen eines Temperaturwerts von –30 °C

Weitere, hier nicht näher aufgeführte, Datenpunkttypen sind z. B. (Auszug):

- DPT 4.xxx: 8-Bit-Zeichenkette
- DPT 6.xxx: relativer Wert mit Vorzeichen
- DPT 7.xxx: 2-Byte-Zählerwert ohne Vorzeichen
- DPT 8.xxx: 2-Byte-Zählerwert mit Vorzeichen
- DPT 10.xxx: Zeit
- DPT 11.xxx: Datum
- DPT 12.xxx: 4-Byte-Wert ohne Vorzeichen
- DPT 13.xxx: 4-Byte-Wert mit Vorzeichen
- DPT 14.xxx: 4-Byte-Gleitkommazahl
- DPT 15.xxx: Zutrittskontrolle
- DPT 16.xxx: 14-Byte-Zeichenkette
- DPT 17.xxx: Szenen-Nummer
- DPT 18.xxx: Szenen-Regelung
- DPT 19.xxx: Datum und Uhrzeit
- DPT 26.xxx: Szenen-Informationen
- DPT 29.xxx: DPT für elektrische Energie
- DPT 219.xxx: Alarminformationen
- DPT 221.xxx: Seriennummer

Die vollständige Liste der Datenpunkttypen kann von folgender Website heruntergeladen werden: www.knx.org/media/docs/downloads/KNX-Standard/Datapoint-Types.pdf.

Normen (Auswahl)

Errichten von Niederspannungsanlagen

DIN VDE 0100-100	Teil 1: Allgemeine Grundsätze, Bestimmungen allgemeiner Merkmale, Begriffe
DIN VDE 0100-200	Teil 200: Begriffe
DIN VDE 0100-410	Teil 4-41: Schutzmaßnahmen – Schutz gegen elektrischen Schlag
DIN VDE 0100-420	Teil 4-42: Schutzmaßnahmen – Schutz gegen thermische Auswirkungen
DIN VDE 0100-430	Teil 4-43: Schutzmaßnahmen – Schutz bei Überstrom
DIN VDE 0100-510	Teil 5-51: Auswahl und Errichtung elektrischer Betriebsmittel – Allgemeine Bestimmungen
DIN VDE 0100-520	Teil 5-52: Auswahl und Errichtung elektrischer Betriebsmittel – Kabel- und Leitungsanlagen
DIN VDE 0100-550	Auswahl und Errichtung elektrischer Betriebsmittel – Steckvorrichtungen, Schalter und Installationsgeräte
DIN VDE 0100-551	Teil 5-55: Auswahl und Errichtung elektrischer Betriebsmittel – Andere Betriebsmittel – Abschnitt 551: Niederspannungsstromerzeugungseinrichtungen
DIN VDE 0100-557	Teil 5-557: Auswahl und Errichtung elektrischer Betriebsmittel – Hilfsstromkreise
DIN VDE 0100-559	Teil 5-559: Auswahl und Errichtung elektrischer Betriebsmittel – Leuchten und Beleuchtungsanlagen
DIN VDE 0100-560	Teil 5-56: Auswahl und Errichtung elektrischer Betriebsmittel – Einrichtungen für Sicherheitszwecke
DIN VDE 0100-600	Teil 6: Prüfungen
DIN VDE 0105-100	Betrieb von elektrischen Anlagen – Teil 100: Allgemeine Festlegungen
DIN VDE 0108-100	Sicherheitsbeleuchtungsanlagen
DIN VDE 0110-4	Isolationskoordination für elektrische Betriebsmittel in Niederspannungsanlagen – Teil 4: Berücksichtigung von hochfrequenten Spannungsbeanspruchungen
DIN VDE 0160	Ausrüstung von Starkstromanlagen mit elektronischen Betriebsmitteln

DIN VDE 0165-1	Explosionsfähige Atmosphäre – Teil 14: Projektierung, Auswahl und Errichtung elektrischer Anlagen
DIN VDE 0170-1	Explosionsgefährdete Bereiche – Teil 0: Betriebsmittel – Allgemeine Anforderungen
Reihe DIN VDE 0185	Blitzschutz
DIN VDE 0185-561-1	Blitzschutzsystembauteile – Teil 1: Anforderungen an Verbindungsbauteile
DIN VDE 0185-561-2	Blitzschutzsystembauteile – Teil 2: Anforderungen an Leitungen und Erder
DIN VDE 0293-1	Kennzeichnung der Adern von Starkstromkabeln und isolierten Starkstromleitungen mit Nennspannungen bis 1 000 V – Teil 1: Ergänzende nationale Festlegungen
DIN VDE 0293-308	Kennzeichnung der Adern von Kabeln/Leitungen und flexiblen Leitungen durch Farben
DIN VDE 0293-334	Kennzeichnung der Adern von Kabeln und Leitungen durch Bedrucken
DIN VDE 0298-4	Verwendung von Kabeln und isolierten Leitungen für Starkstromanlagen – Teil 4: Empfohlene Werte für die Strombelastbarkeit von Kabeln und Leitungen für feste Verlegung in und an Gebäuden und von flexiblen Leitungen
DIN VDE 0413-1	Elektrische Sicherheit in Niederspannungsnetzen bis AC 1 000 V und DC 1500 V – Geräte zum Prüfen, Messen oder Überwachen von Schutzmaßnahmen – Teil 1: Allgemeine Anforderungen
DIN VDE 0470-1	Schutzarten durch Gehäuse (IP-Code)
DIN VDE 0472-509	Prüfung an Kabeln und isolierten Leitungen – Spannungsfestigkeit von Kabeln, Leitungen und Schnüren für Fernmelde- und Informationsverarbeitungsanlagen
DIN VDE 0603-1	Installationskleinverteiler und Zählerplätze AC 400 V – Installationskleinverteiler und Zählerplätze
DIN VDE 0604-1	Elektroinstallationskanalsysteme für elektrische Installationen – Teil 1: Allgemeine Anforderungen
DIN VDE 0605-1	Elektroinstallationsrohrsysteme für elektrische Energie und für Informationen – Teil 1: Allgemeine Anforderungen
DIN VDE 0606-1	Verbindungsmaterial bis 690 V – Teil 1: Installationsdosen zur Aufnahme von Geräten und/oder Verbindungsklemmen
DIN VDE 0641-11	Elektrisches Installationsmaterial – Leitungsschutzschalter für Hausinstallationen und ähnliche Zwecke – Teil 1: Leitungsschutzschalter für Wechselstrom (AC)
DIN VDE 0660-600-1	Niederspannungs-Schaltgerätekombinationen – Teil 1: Allgemeine Festlegungen

DIN VDE 0675 1	Überspannungsableiter – Teil 1: Überspannungsableiter mit nichtlinearen Widerständen für Wechselspannungsnetze
DIN VDE 0680-1	Persönliche Schutzausrüstungen, Schutzvorrichtungen und Geräte zum Arbeiten an unter Spannung stehenden Teilen bis 1000 V – Teil 1: Isolierende Schutzvorrichtungen
DIN VDE 0701-0702	Prüfung nach Instandsetzung, Änderung elektrischer Geräte – Wiederholungsprüfung elektrischer Geräte – Allgemeine Anforderungen für die elektrische Sicherheit
DIN VDE 0808-1	Signalübertragung auf elektrischen Niederspannungsnetzen im Frequenzbereich 3 kHz bis 148,5 kHz – Teil 1: Allgemeine Anforderungen, Frequenzbänder und elektromagnetische Störungen
DIN VDE 0829-1	Elektrische Systemtechnik für Heim und Gebäude (ESHG) – Teil 1: Aufbau der Norm
DIN 49073-1	Installationsmaterial; Unterputzdosen für Schraubbefestigung des Einsatzes, Hauptmaße
DIN EN 13321-2	Offene Datenkommunikation für die Gebäudeautomation und Gebäudemanagement – Elektrische Systemtechnik für Heim und Gebäude – Teil 2: KNXnet/IP-Kommunikation
DIN EN 60870-5-1	Fernwirkeinrichtungen und -systeme – Teil 5: Übertragungsprotokolle; Hauptabschnitt 1: Telegrammformate
DIN EN 60715	Abmessungen von Niederspannungsschaltgeräten – Genormte Tragschienen für die mechanische Befestigung von elektrischen Geräten in Schaltanlagen
ISO/IEC TR 8802	Informationstechnik – Telekommunikation und Informationsaustausch zwischen Systemen; Lokale und regionale Netze; Spezifische Anforderungen
ISO/IEC TR 8802-1	Teil 1: Überblick über die Normen für lokale Netze
ISO/IEC 8802-3	Teil 3: Steuerungsverfahren mit Vielfachzugriff, Aktivitätsüberwachung mit Kollisionserkennung (CSMA/CD) mit Beschreibung der Bitübertragungsschicht; Änderung 2: Datenendeinrichtung (DTE) – Energie über medienabhängige Schnittstelle (MDI)
ISO/IEC 8802-5	Teil 5: Zugriffsverfahren und Beschreibung der Bitübertragungsschicht für einen Token-Ring
ISO/IEC 8802-1AE	Teil 1AE: Sicherheit für die Mediumzugangskontrolle (MAC)
ISO/IEC 14543-3	Informationstechnik – Architektur für Heim-Elektronik-Systeme (HES)
ISO/IEC 14543-3-1	Teil 3-1: Kommunikationsschichten – Anwendungsschichten für HES Klasse 1

ISO/IEC 14543-3-2	Teil 3-2: Kommunikationsschichten – Transportschicht, Vermittlungsschicht und allgemeine Teile der Sicherungsschicht für HES Klasse 1
ISO/IEC 14543-3-3	Teil 3-3: Anwendungsprozess für netzwerkbasierte Kontrolle von HES Klasse 1
ISO/IEC 14543-3-4	Teil 3-4: Systemmanagement – Managementverfahren für netzwerkbasierte Kontrolle von HES Klasse 1
ISO/IEC 14543-3-5	Teil 3-5: Medien und medienabhängige Schichten – Signalübertragung auf elektrischen Niederspannungsnetzen für HES Klasse 1
ISO/IEC 14543-3-6	Teil 3-6: Medien und medienabhängige Schichten – Netzwerk basierend auf HES Klasse 1, Zweidrahtleitungen (Twisted Pair)
ISO/IEC 14543-3-7	Teil 3-7: Medien und medienabhängige Schichten – Signalübertragung über Funk für netzwerkbasierte Kontrolle von HES Klasse 1
ISO/IEC 14543-3-10	Teil 3-10: Drahtlosprotokoll für kurze Datenpakete (WSP), optimiert für Energy Harvesting – Architektur und untere Protokollebenen

Stichwortverzeichnis

VDE
VERLAG
Technik. Wissen.
Weiterwissen.
GERNOT WEBER
WÄRMEÜBERTRAGUNG
IN DER GEBÄUDE-
SYSTEMTECHNIK
Grundlagen und Anwendung
Auf Technikwissen bauen:
Grundlagenlehrbuch zu Wärme
und Wärmeströmen!
Das Werk untersucht die verschiedenen physikalischen Erscheinungsformen der Wärmeübertragung und enthält Praxisanforderungen sowie zahlreiche Berechnungsbeispiele.
2016. 189 Seiten
29,– € (Buch/E-Book)
40,60 € (Kombi)
Preisänderungen und Irrtümer vorbehalten. Das Kombiangebot bestehend aus E-Book und Buch ist ausschließlich auf www.vde-verlag.de erhältlich.
Dieses Buch ist für das Studium geeignet.
Bestellen Sie jetzt: (030) 34 80 01-222 oder www.vde-verlag.de/161128

VDE
VERLAG
Technik. Wissen.
Weiterwissen.
Getty-Images_Westend61/zerocreatives
www.
Sicherheit durch Normen im Abonnement
VDE-Auswahl für das E-Handwerk
Bestandteil der Werkstattausrüstung
Basisversion oder Erweiterte Auswahl
DVD oder online in der NormenBibliothek
Bestellen Sie jetzt: www.vde-verlag.de/elektro